住房城乡建设部土建类学科专业"十三五"规划教材
Autodesk 官方标准教程系列
建筑数字技术系列教材

AutoCAD 建筑制图教程 （第三版）

钱敬平 倪伟桥 栾 蓉 编著

中国建筑工业出版社

图书在版编目（CIP）数据

AutoCAD 建筑制图教程/钱敬平，倪伟桥，栾蓉编著．—3 版．—北京：中国建筑工业出版社，2018.6（2024.11 重印）

住房城乡建设部土建类学科专业"十三五"规划教材　Autodesk 官方标准教程系列　建筑数字技术系列教材

ISBN 978-7-112-22137-0

Ⅰ．①A…　Ⅱ．①钱…②倪…③栾…　Ⅲ．①建筑制图-计算机辅助设计-AutoCAD 软件-高等学校-教材　Ⅳ．①TU204

中国版本图书馆 CIP 数据核字（2018）第 084901 号

本书从建筑设计的角度出发，全面介绍了使用 AutoCAD® 2018 绘图软件绘制建筑总平面图、平面图、立面图、剖面图及建立三维模型的方法。

全书共 12 章，第 1 章绪论部分，介绍了 AutoCAD® 2018 绘图软件的概况；第 2 章常用绘图命令部分，介绍了 AutoCAD® 2018 常用的二维绘图命令；第 3 章常用辅助工具部分，介绍了缺省界面上出现的图层、特性、导航和状态栏命令的使用方法；第 4 章为常用编辑命令的使用；第 5 章建筑绘图环境部分，介绍了 AutoCAD® 2018 如何设置建筑绘图环境；第 6 章建筑平面图的绘制部分，介绍了如何绘制建筑总平面图和建筑平面图；第 7 章标注部分，介绍了如何进行文本标注及尺寸标注；第 8 章介绍了如何绘制建筑立面图及剖面图；第 9 章三维建模环境部分，介绍了如何显示、操作三维建模环境；第 10 章三维建模工具部分，介绍了各种三维建模方法及三维编辑方法；第 11 章三维建模实践部分，分别介绍了一般形体和复杂形体的建模方法；第 12 章图形接口部分，介绍了如何输入、输出各种图形。

为了更好地支持相应课程的教学，我们向采用本书作为教材的教师提供课件，有需要者可与出版社联系。

建工书院：http://edu.cabplink.com
邮箱：jckj@cabp.com.cn　电话：（010）58337285

责任编辑：王　惠　陈　桦
责任校对：党　蕾

住房城乡建设部土建类学科专业"十三五"规划教材
Autodesk 官方标准教程系列
建筑数字技术系列教材
AutoCAD 建筑制图教程（第三版）
钱敬平　倪伟桥　栾　蓉　编著
＊
中国建筑工业出版社出版、发行（北京海淀三里河路 9 号）
各地新华书店、建筑书店经销
霸州市顺浩图文科技发展有限公司制版
北京市密东印刷有限公司印刷
＊
开本：787×1092 毫米　1/16　印张：20½　字数：442 千字
2018 年 8 月第三版　　2024 年 11 月第十九次印刷
定价：**45.00** 元（赠教师课件）
ISBN 978-7-112-22137-0
（32035）

本系列教材编委会

特邀顾问：潘云鹤　张钦楠　邹经宇
顾　　问：高群耀

主　　任：李建成
副 主 任：（按姓氏笔画排序）
　　　　　卫兆骥　王　诂　王景阳　钱敬平
委　　员：（按姓氏笔画排序）
　　　　　卫兆骥　王　诂　王　朔　王景阳　尹朝晖　邓元媛　朱宁克
　　　　　汤　众　孙红三　苏剑鸣　杜　嵘　李　飚　李文勃　李建成
　　　　　李效军　邹　越　张三明　张艺新　张　帆　张红虎　张宏然
　　　　　陈仲林　陈　纲　易　坚　罗志华　俞传飞　饶金通　顾景文
　　　　　钱敬平　倪伟桥　栾　蓉　黄　涛　梅小妹　曹金波　彭　冀
　　　　　董　靓　虞　刚

序 言

近年来，随着产业革命和信息技术的迅猛发展，数字技术的更新发展日新月异。在数字技术的推动下，各行各业的科技进步有力地促进了行业生产技术水平、劳动生产率水平和管理水平在不断提高。但是，相对于其他一些行业，我国的建筑业、建筑设计行业应用建筑数字技术的水平仍然不高。即使数字技术得到一些应用，但整个工作模式仍然停留在手工作业的模式上。这些状况，与建筑业是国民经济支柱产业的地位很不相称，也远远不能满足我国经济建设迅猛发展的要求。

在当前数字技术飞速发展的情况下，我们必须提高对建筑数字技术的认识。

纵观建筑发展的历史，每一次建筑的革命都是与设计手段的更新发展密不可分的。建筑设计既是一项艺术性很强的创作，同时也是一项技术性很强的工程设计。随着经济和建筑业的发展，建筑设计已经变成一项信息量很大、系统性和综合性很强的工作，涉及建筑物的使用功能、技术路线、经济指标、艺术形式等一系列且数量庞大的自然科学和社会科学的问题，十分需要采用一种能容纳大量信息的系统性方法和技术去进行运作。而数字技术有很强的能力去解决上述的问题。事实上，计算机动画、虚拟现实等数字技术已经为建筑设计增添了新的表现手段。同样，在建筑设计信息的采集、分类、存贮、检索、分析、传输等方面，建筑数字技术也都可以充分发挥其优势。近年来，计算机辅助建筑设计技术发展很快，为建筑设计提供了新的设计、表现、分析和建造的手段。这是当前国际、国内层出不穷的构思独特、造型新颖的建筑的技术支撑。没有数字技术，这些建筑的设计、表现乃至于建造，都是不可能的。

建筑数字技术包括的内容非常丰富，涉及建筑学、计算机、网络技术、人工智能等多个学科，不能简单地认为计算机绘图就是建筑数字技术，就是CAAD 的全部。CAAD 的"D"不应该仅仅是"Drawing"，而应该是"Design"。随着建筑数字技术越来越广泛的应用，建筑数字技术为建筑设计提供的并不只是一种新的绘图工具和表现手段，而是一项能全面提高设计质量、工作效率、经济效益的先进技术。

建筑信息模型（Building Information Modeling，BIM）和建设工程生命周期管理（Building Lifecycle Management，BLM）是近年来在建筑数字技术中出现的新概念、新技术，BIM 技术已成为当今建筑设计软件采用的主流技术。BLM 是一种以 BIM 为基础，创建信息、管理信息、共享信息的数字化方法，能够大大减少资产在建筑物整个生命期（从构思到拆除）中的无效行为和各种风险，是建设工程管理的最佳模式。

建筑设计是建设项目中各相关专业的龙头专业，其应用 BIM 技术的水平将直接影响到整个建设项目应用数字技术的水平。高等学校是培养高水平技术人才的地方，是传播先进文化的场所。在今天，我国高校建筑学专业培养的毕业生除了应具有良好的建筑设计专业素质外，还应当较好地掌握先进的建筑数字技术以及 BLM-BIM 的知识。

而当前的情况是，建筑数字技术教学已经滞后于建筑数字技术的发展，这将非常不利于学生毕业后在信息社会中的发展，不利于建筑数字技术在我国建筑设计行业应用的发展，因此我们必须加强认识、研究对策、迎头赶上。

有鉴于此，为了更好地推动建筑数字技术教育的发展，全国高等学校建筑学学科专业指导委员会在 2006 年 1 月成立了"建筑数字技术教学工作委员会"。该工作委员会是隶属于专业指导委员会的一个工作机构，负责建筑数字技术教育发展策略、课程建设的研究，向专业指导委员会提出建筑数字技术教育的意见或建议，统筹和协调教材建设、人员培训等的工作，并定期组织全国性的建筑数字技术教育的教学研讨会。

当前社会上有关建筑数字技术的书很多，但是由于技术更新太快，目前真正适合作为建筑院系建筑数字技术教学的教材却很少。因此，建筑数字技术教学工委会成立后，马上就在人员培训、教材建设方面开展了工作，并决定组织各高校教师携手协作，编写出版《建筑数字技术系列教材》。这是一件非常有意义的工作。

系列教材在选题的过程中，工作委员会对当前高校建筑学学科师生对普及建筑数字技术知识的需求作了大量的调查和分析。而在该系列教材的编写过程中，参加编写的教师能够结合建筑数字技术教学的规律和实践，结合建筑设计的特点和使用习惯来编写教材。各本教材的主编，都是富有建筑数字技术教学理论和经验的教师。相信该系列教材的出版，可以满足当前建筑数字技术教学的需求，并推动全国高等学校建筑数字技术教学的发展。同时，该系列教材将会随着建筑数字技术的不断发展，与时俱进，不断更新、完善和出版新的版本。

全国十几所高校 30 多名教师参加了《建筑数字技术系列教材》的编写，感谢所有参加编写的老师，没有他们的无私奉献，这套系列教材在如此紧迫的时间内是不可能完成的。教材的编写和出版得到欧特克软件（中国）有限公司和中国建筑工业出版社的大力支持，在此也表示衷心的感谢。

让我们共同努力，不断提高建筑数字技术的教学水平，促进我国的建筑设计在建筑数字技术的支撑下不断登上新的高度。

高等学校建筑学专业指导委员会主任委员　仲德崑
建筑数字技术教学工作委员会主任　李建成
2006 年 9 月

第三版前言

　　《AutoCAD 建筑制图教程》是建筑数字技术教育系列丛书之一，由东南大学建筑学院钱敬平副教授、华中科技大学建筑与城市规划学院倪伟桥副教授和扬州大学建筑科学与工程学院栾蓉副教授编写。

　　该书从建筑设计的角度出发，全面介绍了使用 AutoCAD® 2018 绘图软件绘制建筑总平面图、平面图、立面图、剖面图及建立三维模型的方法。在内容安排上，尽量将 CAD 的知识点与专业绘图应用相互穿插，以增强实用性，提高学生的学习兴趣。学生学习时，从基本绘图命令开始，绘制一些简单的图形，进而熟悉一些常用的绘图辅助工具以及编辑命令，然后学习建筑绘图的环境设置。在此基础上，进一步学习各种建筑设计图形的绘制方法。

　　本书共分 12 章，其中的第 1～4 章由钱敬平老师编写，内容包括软件的基本情况介绍，常用的绘图命令、辅助工具及编辑命令的使用；第 5～8 章由倪伟桥老师编写，内容有建筑绘图环境的设置，平、立、剖面图的绘制，以及文字、尺寸标注；第 9～12 章由栾蓉老师编写，介绍了三维建模环境、建模工具、建模实践，以及图形的输入、输出接口。

　　书中的命令说明部分参照 AutoCAD® 2018 帮助信息。参照的国家标准有：《总图制图标准》GB/T 50103—2010；《建筑制图标准》GB/T 50104—2010；《房屋建筑制图统一标准》GB/T 50001—2010。

　　本书的编写过程中，东南大学卫兆骥教授提出了许多宝贵意见，在此表示感谢！

　　书中各章所配的练习题中，有些提供了初始的 AutoCAD 图形电子文件，读者可以从本书教师 QQ 群 627504705 下载。

　　由于水平有限，加上时间仓促，不当之处在所难免，敬请不吝赐教。

钱敬平

2017. 11

前 言

《AutoCAD 建筑制图教程》是建筑数字技术教育系列教材之一，由东南大学建筑学院钱敬平副教授、华中科技大学建筑与城市规划学院倪伟桥副教授和扬州大学建筑科学与工程学院栾蓉副教授编写。

该书从建筑设计的角度出发，全面介绍了使用 AutoCAD® 2007 绘图软件绘制建筑总平面图、平面图、立面图、剖面图及建立三维模型的方法。在内容安排上，尽量将 CAD 的知识点与专业绘图应用相互穿插，以增强实用性，提高学生的学习兴趣。学生学习时，从基本绘图命令开始，绘制一些简单的图形，进而熟悉一些常用的绘图辅助工具以及编辑命令，然后学习建筑绘图的环境设置。在此基础上，进一步学习各种建筑设计图形的绘制方法。

本书共分 12 章，其中的第 1~4 章由钱敬平老师编写，内容包括软件的基本情况介绍，常用的绘图命令、辅助工具及编辑命令的使用；第 5~8 章由倪伟桥老师编写，内容有建筑绘图环境的设置，平、立、剖面图的绘制，以及文字、尺寸标注；第 9~12 章由栾蓉老师编写，介绍了三维建模环境、建模工具、建模实践，以及图形的输入、输出接口。

书中的命令说明部分参照 AutoCAD® 2007 帮助信息。参照的国家标准有：《总图制图标准》GB/T 50103—2010；《建筑制图标准》GB/T 50104—2010；GB/T 50001—2010 房屋建筑制图统一标准；GB/T 18112—2000 房屋建筑 CAD 制图统一规则。其他资料见书后所列的参考文献。

本书的编写过程中，东南大学卫兆骥教授提出了许多宝贵意见，在此表示感谢！

书中各章所配的练习题中，有些提供了初始的 AutoCAD 图形电子文件，读者可以从 www.cabp.con.cn/td/cabo15202.rar 下载。

由于水平有限，加上时间仓促，不当之处在所难免，敬请不吝赐教。

钱敬平
2006. 9

目　录

第1章 绪论

1.1 概述

目前，使用计算机绘制工程技术图纸已相当普遍，计算机绘图技术已逐步成为工程技术人员必须掌握的基本技能。学习 AutoCAD 软件的使用是掌握计算机绘图的基础，是工程技术人员必须掌握的基本技能。

AutoCAD 软件自 1982 年面市以来，由早期初级阶段的基于 DOS 操作系统的二维平面绘图工具，经过 10 年的发展，进入了 Dos 版的最高顶峰，具有成熟完备的二维、三维功能；随后在 Windows 系统上得以完善，用户界面有了很大的改观——以下拉菜单和工具栏为主导的经典界面；2001 年之后，是对软件进一步完善的阶段；自 2009 版开始引入丝带界面（Ribbon），将经典模式保留到 2014 版，从 2015 版开始彻底取消了经典模式；目前的版本无论是使用功能还是用户界面都登上了一个全新的高度。

由于 AutoCAD 软件最初是基于 DOS 操作系统开发的，操作方式是由键盘输入命令的，而键盘输入始终是不受用户界面影响的，因此，在我们的教材中，绝大多数命令都提供这一输入模式；这样不仅可以使老用户可以使用本教程，而且对于新用户来说，如果今后的 AutoCAD 软件用户界面发生了改变，仍然可以采用键盘输入命令的方式进行设计绘图工作，减少因用户界面的更新而花费较多的跟进学习时间。

本书的适用读者为建筑类本科院校学生及工程技术人员。因此，全书以建筑设计图为主线，全面介绍了建筑平面图、立面图及剖面图的绘制，以及三维模型的建立方法。

考虑到读者水平的差异，书中对于新出现的命令，会较详尽地给出每一条提示及每一步输入，使得不太熟悉计算机操作的读者，也可以在教材的引导下学会使用计算机绘图；而对于已经有一定基础的读者，则可以从中了解某些命令的综合使用技巧。

对于命令的输入形式，本书提供了简捷的多种选择方法，以适应不同习惯的使用者，使之都可以找到自己熟悉的输入途径。

例如，要绘制一条直线，可以有如下几种输入命令的选择：

➤ 直接输入英文命令"LINE"；

➤ 简单输入其缩写字符"L"；

➤ 在 ✓ 草图与注释 工作空间中 默认 选项卡下从 绘图 ▼ 面板里单击 直线 图

标（在第 1～8、12 章中，√草图与注释 作为缺省工作空间，其余为 √三维建模）；

所有这些不同输入方法，除第一项及缩写（如果有）用大写加粗字体表示外，其余都放在后续的命令选择项表中，各自使用一对尖括号"＜ ＞"括起来，一目了然：

命令：LINE↵＜L↵＞＜ 默认 → 绘图 ▼ → 直线 ＞

1.2 建筑设计图内容及要求

广义地说，建筑设计图包含了表达建筑物艺术造型、外部形状的轴测图或透视图，描述内部布置、结构构造的正投影图，以及反映地理环境、施工要求的图形图案。建筑类不同专业之间，所表达的侧重点各有不同。规划专业以城市、街道、小区等建筑群体为主要对象；建筑设计以建筑物为主要对象；室内设计以建筑物内部空间为主要研究对象；建筑结构以建筑物内的基本构件为主要研究对象。另外，不同的设计阶段，建筑设计图内容也不一样。从方案设计开始，经过报件审批、施工图设计、到竣工完成，图纸内容也不断深化。

建筑方案设计图要求能够表达设计者的设计意图、建筑物尺寸等内容，以便与开发商或业主进行交流与沟通。从图面内容上，设计图包含了整个CAD 二维图形的绝大部分图形元素（对象），既有简单的直线、折线、曲线，又有各种填充图案，还有各种文字说明及尺寸标注等等。

其他不同专业、不同阶段的图纸，只是具体表达的专业含义或深度不同，而其绘图命令的使用方法大同小异。

1.3 AutoCAD2018 简介

1.3.1 AutoCAD2018 的用户界面

AutoCAD2018 用户界面采用"丝带界面"，如图 1-1。它先将不同类型的任务放置在不同的选项卡，如："默认""插入""管理""输出"等选项卡（或称标签），其作用相当于下拉菜单；然后将用于完成该任务的操作划分为若干个功能面板，例如在"默认"选项卡下有"绘图""修改""注释""图层"等面板，当命令图标过多时使用带有向下尖角的下拉式面板如 绘图 ▼（图 1-2）；再在对应的功能面板中放置不同的命令图标，如在"绘图"面板中，有 □ ▪（矩形）、（圆弧）、（圆）、（多段线）等命令图标，其中带有向下尖角 ▪ 的图标是具有不同参数形式的可以下拉的图标，如

（矩形）被点击右侧向下尖角 后所展开的下拉图标如图 1-3，又如

（圆）被点击下侧向下尖角 后所展开的下拉图标如图 1-4。

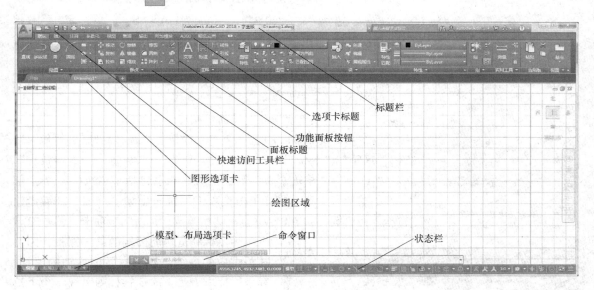

图 1-1　AutoCAD2018 的用户界面

图 1-2　"绘图"面板

图 1-3　"矩形"下拉图标

图 1-4　"圆"下拉图标

"丝带界面"可以使应用程序的功能更加易于发现和使用，它把相关的命令组织成一组标签，减少了点击鼠标的次数；有些标签，被称为"上下文相关标签"，只有当特定的对象被选择时才显示，在对象没有被选定的时候是隐藏的，从这一点来说，它似乎具有某种意义上的智能。因此，熟悉了这种启发式的软件操作方式后，会在一定程度上提高工作效率。但是，对于许多习惯于经典界面的用户来说，这种改变会使人更难找到所需命令，因而需要一段时间的熟悉过程。

1.3.2　AutoCAD2018 的组成部件

AutoCAD2018 软件开启后，在缺省的工作空间"草图与注释"中，窗口的顶部是快速访问工具栏和标题栏，第二行为选项卡标题，第三行为功能面板按钮，第四行为面板标题，第五行为图形标题，中间是绘图区域，绘图区域的下方是命令窗口，最下一行是模型、布局选项卡和状态栏，见图 1-1。

若选取不同的工作空间，界面将有所不同。

1）标题栏

标题栏用于显示当前正在运行的程序名及图形文件名等信息。标题栏最左边是应用程序的小图标（ ），单击它将会弹出一个应用程序菜单(图1-5)，可以执行与图形文件相关的操作，如新建、打开、保存等等；随后是快速访问工具栏 ，分别是新建 、打开 、保存 、另存为… 、打印 、放弃 与重做

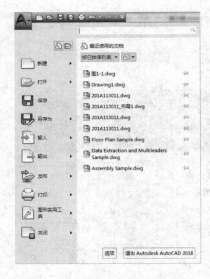

图1-5 应用程序菜单

等工具，并可以通过点击按钮 ▼ 选择其他工具或关闭现有工具；中间是软件名和图形文件名；文件名右侧的工具栏 分别是搜索 、Autodesk A360 、Autodesk App Store 、社区连接 与帮助 等工具；单击标题栏右端的按钮，可以最小化 、最大化 或关闭 应用程序窗口。如果窗口已被最大化，则最大化 会被还原 按钮所取代。

2）选项卡标题与功能面板按钮

AutoCAD2018 的选项卡（或称标签）由"默认"、"插入"、"注释"、"参数化"、"视图"、"管理"、"输出"、"附加模块"、"A360"、"精选应用"等项组成，几乎包括了 AutoCAD 中全部的功能和命令。鼠标单击选项卡的某一项如"视图"或键盘输入组合键（如 Alt＋V＋I），则切换至"视图"选项卡（图1-6）。

用鼠标单击功能面板的某一图标，即可执行相应的命令。对于有下拉按钮的图标，如果鼠标点击了下拉按钮，则出现一个下拉图标，需要再次从下拉图标中点选所需要的命令。例如 模型视口 中的 视口配置 图标，点击了

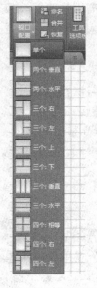

图1-7 视口配置下拉图标

视口配置 按钮后，出现如图 1-7 所示的视口配置下拉图标，再点选 三个：上 ，得到如图 1-8 所示的视口配置。

图1-6 "视图"选项卡

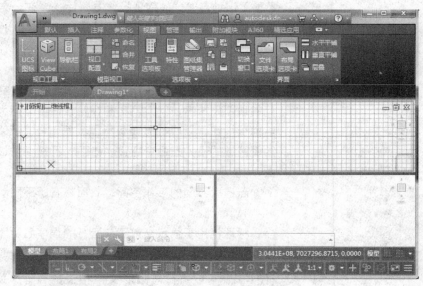

图1-8 三个视口：上

3）面板标题

面板标题标示某一类型的功能面板图标。如果功能面板图标比较多，面

图 1-9 绘图面板标题下的
更多命令

板区放不下，面板标题就会带有下拉按钮，点击此按钮，就会以下拉图标列出其余命令。如 默认 选项卡 绘图 ▼ 面板标题有下拉按钮，点击 绘图 ▼，就会显示更多的绘图命令（图 1-9）。

4）绘图区域

在 AutoCAD 中，绘图窗口是用户绘图的工作区域，所有的绘图结果都反映在这个窗口中。可以使用鼠标滚轮或 ZOOM 命令缩放图形，详见 §3.3.5 屏幕缩放下拉按钮。在绘图窗口中除了显示当前的绘图结果外，还显示了当前使用的坐标系类型以及坐标原点、X 轴、Y 轴、Z 轴的方向等。默认情况下，坐标系为世界坐标系（WCS），详见第 9 章。

5）命令窗口

命令窗口（或叫"命令行"窗口）位于绘图窗口的底部，用于接收用户输入的命令，并显示 AutoCAD 提示信息。在 AutoCAD2018 中，"命令行"窗口为浮动窗口，但也可以拖放为固定窗口。

"AutoCAD 文本窗口"是记录 AutoCAD 命令的窗口，是放大的"命令行"窗口，它记录了已执行的命令，也可以用来输入新命令。要打开"Auto-CAD 文本窗口"，可以执行如下命令：

命令：TEXTSCR↵＜F2＞

从"AutoCAD 文本窗口"中可以查看对文档进行的所有操作。

6）模型、布局选项卡

绘图窗口的下方有"模型"和"布局"选项卡，单击可以在模型或图纸空间之间来回切换。右击其标签将弹出快捷菜单，可以创建新的布局，或删除、重命名现有布局及其他一些操作。

7）状态栏

应用程序状态栏位于程序窗口底部，用来显示 AutoCAD 当前的状态，如光标的坐标值、辅助绘图工具，以及用于快速查看和注释缩放的工具。

在绘图窗口中移动光标时，状态栏的坐标区（图 1-10 的左端）将动态地显示当前坐标值。坐标显示取决于所选择的模式和程序中运行的命令，右击坐标区将弹出"相对（R)"、"绝对（A)"、"地理（G)"和"特定（S)"4种选项。

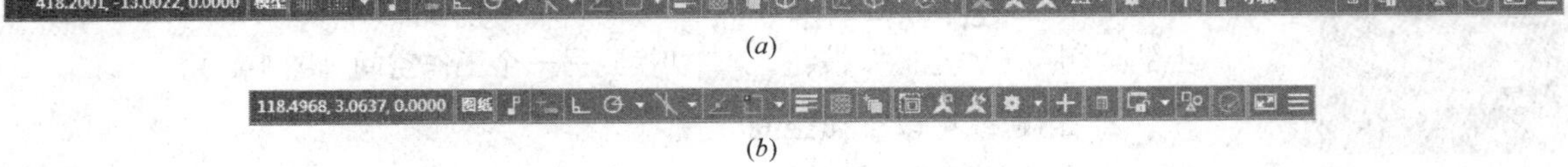

418.2001, -13.0022, 0.0000 模型

(a)

118.4968, 3.0637, 0.0000 图纸

(b)

图 1-10 状态栏
(a)"模型"选项卡下的状态栏；(b)"布局"选项卡下的状态栏

状态栏中还包括如 图标(如果没有某项图标，可以点击状态栏最右端"自定义"按钮 ，从弹出的菜单中勾选)，分别是"模型或图纸空间" 模型 、"显示图形栅格" 、"捕捉模式" ▼ 、"推断约束" 、"动态输入" 、"正交限制光标" 、

"按指定角度限制光标" 、"等轴测草图"、"显示捕捉参照线"、"将光标捕捉到二维参照点"、"显示/隐藏线宽"、"透明度"、"选择循环"、"将光标捕捉到三维参照点"、"将 UCS 捕捉到活动实体平面"、"过滤对象选择"、"显示小控件"等，用于辅助图形绘制。另外，图标分别用于"显示注释对象"、"在注释比例发生变化时，将比例添加到注释性对象"和"当前视图的注释比例"；图标是"切换工作空间"；图标是"注释监视器"开关；图标是"当前图形单位"选择菜单；图标是"快捷特性"；图标是"锁定用户界面"；图标是"隔离对象"；图标是"硬件加速"开关；图标分别是"全屏显示"开关和"自定义"菜单。

相关功能的详细说明见§3.4状态栏开关或参见帮助信息中的"状态栏快速参考"。

1.3.3 工作空间

工作空间是由分组组织的菜单、工具栏、选项板和功能区控制面板组成的集合，使用户可以在专门的、面向任务的绘图环境中工作。

使用工作空间时，只会显示与任务相关的菜单、工具栏和选项板。此外，工作空间还可以自动显示功能区，即带有特定于任务的控制面板的特殊选项板。

用户可以轻松地切换工作空间。AutoCAD2018 中已定义了以下三个基于任务的工作空间：

二维草图与注释；三维基础；三维建模。

例如，在创建三维模型时，可以使用"三维建模"工作空间，其中仅包含与三维相关的工具栏、菜单和选项板。三维建模不需要的界面项会被隐藏，使得用户的工作屏幕区域最大化。

更改图形显示（例如移动、隐藏或显示工具栏或工具选项板组）并希望保留显示设置以备将来使用时，用户可以将当前设置保存到工作空间中。

1）切换工作空间

如果需要处理另一项任务，可随时通过位于应用程序窗口右侧底部状态栏上的"切换工作空间"按钮切换到另一个工作空间（图 1-11）。

2）创建或更改工作空间

用户可以创建自己的工作空间，还可以修改默认工作空间。要创建或更改工作空间，请使用以下方法之一：

（1）显示、隐藏和重新排列工具栏和窗口、修改功能区设置，然后通过状态栏、"工作空间"工具栏或"窗口"菜单中的"工作空间切换"按钮或者使用 WORKSPACE 命令，保存当前工作空间。

（2）要进行更多的更改，请打开"自定义用户界面"对话框来设置工作空间环境。

图 1-11 "工作空间"选择菜单

可以控制所保存的工作空间和其他选项在"工作空间设置"对话框中的显示次序。

(3) 工作空间和配置

工作空间操作并补充对配置提供的绘图环境的控制。

*工作空间*控制菜单、工具栏和选项板在绘图区域中的显示。使用或切换工作空间时，就是改变绘图区域的显示。还可以通过"自定义用户界面"对话框来管理工作空间。

*配置*可保存环境设置，包括许多用户选项、草图设置、路径和其他值。每次更改选项、设置或其他值时，配置都会更新。用户可以在"选项"对话框中管理配置。

注：更改图形显示时，不管工作空间是如何设置的，所做的更改都将保存到用户的配置中并在下次启动此程序时显示出来。只有选择"工作空间设置"对话框中的"自动保存工作空间更改"选项，配置更改才会自动保存到工作空间中。要保留某工作空间中的配置设置，请从状态栏上"工作空间切换"图标的快捷菜单，单击"将当前工作空间另存为"。

更详细信息请在帮助信息中搜索"工作空间"有关内容。

1.3.4 坐标表示法

在 AutoCAD 绘图软件系统中，有二维平面的图形对象，也有三维空间的图形对象。二维对象的坐标采用二维笛卡儿坐标或二维极坐标表示，三维对象的坐标采用三维笛卡儿坐标或三维柱坐标或三维球坐标表示。

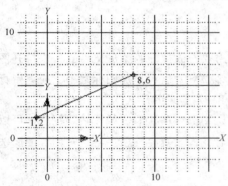

图 1-12　二维笛卡尔坐标

在二维中，笛卡尔坐标的 X 值指定水平距离，Y 值指定垂直距离，见图 1-12。要使用笛卡儿坐标指定点，请输入以逗号分隔的 X 值和 Y 值（X，Y）。原点（0，0）表示两轴相交的位置。正的 X 值表示从原点沿 X 轴向右的距离，负的 X 值表示从原点沿 X 轴向左的距离；正的 Y 值表示从原点沿 Y 轴向上的距离，负的 Y 值表示从原点沿 Y 轴向下的距离。这种基于原点的坐标称为绝对坐标。在输入绝对坐标时，如果动态输入在开启状态（详见§3.4.4"动态输入"），需要输入一个前缀♯号，然后再输入坐标数值。如果知道某点与前一点的坐标增量，则可以输入相对坐标。相对坐标是在坐标前面添加一个@号。如果动态输入在开启状态，这一@符由计算机自动输入，否则需要人工从键盘输入。

极坐标使用距离和角度来定位点，见图 1-13。要使用极坐标指定一点，请输入以角括号（＜）分隔的距离和角度（$d<a$，d 表示在 XY 平面中的点与原点的距离，a 表示在 XY 平面中的点与原点的连线与 X 轴的夹角）。默认情况下，角度按逆时针方向增大，按顺时针方向减小。要指定顺时针方向，请为角度输入负值。例如，输入 1＜315 和 1＜－45 都代表相同的点。绝对极坐标与相对极坐标的

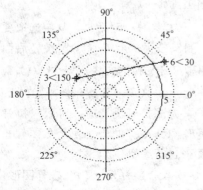

图 1-13　极坐标

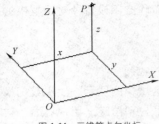

图 1-14　三维笛卡尔坐标

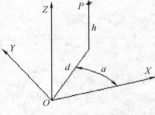

图 1-15　柱坐标

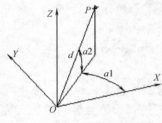

图 1-16　球坐标

输入规则同笛卡尔坐标。

三维笛卡尔坐标使用三个坐标值（X，Y，Z）来指定点的位置，见图 1-14。当仅输入 X，Y 值时，将从上一输入点复制 Z 值。因此，可以按 X，Y，Z 格式输入一个坐标，然后保持 Z 值不变，使用 X，Y 格式输入随后的坐标。三维笛卡尔坐标系的绝对与相对坐标输入规则同二维笛卡尔坐标系。

三维柱坐标格式为（d＜a,h），d 为 XY 平面中与坐标原点之间的距离，a 为 XY 平面中与 X 轴的角度，h 为 Z 值（图 1-15），如 1000＜30，1500。若 d 保持不变，a 和 h 的变化产生的轨迹是圆柱面。三维柱坐标系的绝对与相对坐标输入规则同二维笛卡尔坐标系。

三维球坐标格式为（d＜a1＜a2），d 为该点与坐标原点之间的直线距离，a1 为该点在 XY 平面上的投影点和原点的连线与 X 轴的角度，a2 为该点与 XY 平面的垂直夹角（图 1-16），如 1000＜30∠15。若 d 保持不变，a1 和 a2 的变化产生的轨迹是球面。三维球坐标系的绝对与相对坐标输入规则同二维笛卡尔坐标系。

以上所说的二维、三维坐标系，其原点、方向都是 AutoCAD 设定的，称为"世界坐标系"（World Coordinate System），简称 WCS。在绘图时，为了便于图形的输入，用户可以自己定义坐标系的参数，这种坐标系称为"用户坐标系"，简称 UCS。有关坐标系的内容详见§9.1 坐标系。

1.3.5　文件的存取

1）打开已有图形文件

在 Windows 系统环境下，可以采用双击欲打开的图形文件的方法打开图形，也可以将该图形文件拖放到 AutoCAD2018 运行程序图标之上，或者鼠标右击该图形文件，再从弹出的快捷菜单中选择"打开（O）"。

如果已经运行了 AutoCAD2018，则当图形选项卡在"开始"状态，可以使用如下的方式打开图形文件：＜快速访问工具栏→ 📂 ＞＜"开始"图形选项卡→ 🗂 打开文件… ＞

当图形选项卡在某一图形中时，可以使用 AutoCAD 命令打开图形文件：
命令：OPEN↵＜Ctrl＋O＞＜快速访问工具栏→ 📂 ＞

以上两种情况下都将弹出图1-17 所示"选择文件"对话框，从中选取要打开的文件，按"打开（O）"按钮即可。如果按下"打开（O）"按钮后面的下拉箭头 🔽，则会弹出图 1-18 所示的四种打开文件的方式："打开（O）"、"以只读方式打开（R）"、"局部打开（P）"和"以只读方式局部打开（T）"。

当以"打开（O）"或"局部打开（P）"方式打开图形时，可以对打开的图形进行编辑，如果以"以只读方式打开（R）"、"以只读方式局部打开（T）"方式打开图形时，则无法对打开的图形进行编辑。

如果选择以"局部打开（P）"、"以只读方式局部打开（T）"打开图形，这时将打开"局部打开"对话框（图 1-19）。可以在"要加载几何图形的视

图 1-17 "选择文件"对话框

图 1-18 打开方式选项

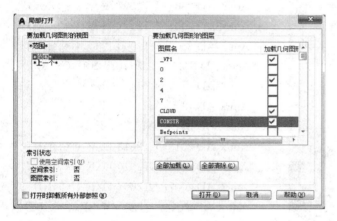

图 1-19 "局部打开"对话框

图 1-20 "选择样板"对话框

图"选项组中选择要打开的视图，在"要加载几何图形的图层"选项组中选择要打开的图层，然后单击"打开（O）"按钮，即可在视图中打开选中图层上的对象。

2）创建新的图形文件

创建新的图形时，可以利用样板文件、已绘制好的图形或标准文件。

命令：NEW↵＜Ctrl＋N＞＜快速访问工具栏→□＞

弹出"选择样板"对话框（图1-20）。点击"文件类型（T）"下拉列表，可以从"图形样板（* .dwt）"、"图形（* .dwg)"或"标准（* .dws）"三种类型中选取一种类型。然后从"文件名（N)"下拉列表框中选择所需的文件，按下"打开（O）"按钮创建新的图形。如果按下"打开（O）"按钮后面的下拉箭头▼，则会弹出图 1-21所示的三种打开文件的方式："打开（O）"、"无样板打开-英制（I)"、"无样板打开-公制（M）"。后两种方式创建的图形不使用样板文件。

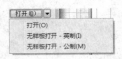

图 1-21　打开方式选项

3）保存图形文件

保存图形文件可以使用几种方法。方法之一：

命令：SAVEAS↵＜Ctrl＋Shift＋S＞＜快速访问工具栏→ ＞

弹出"图形另存为"对话框（图 1-22），在"文件名（N）："后的文本输入框中输入需要保存的文件名（可以使用中文文件名），并按下"保存（S）"按钮保存文件。文件名应尽量简单、明了，以便于管理。如果需要开发编程，最好用英文字符和数字命名。

另外，为了使图形文件可以在 AutoCAD 早期版本中能够打开，可以单击"文件类型（T）"后的下拉列表框，从下拉列表中选择不同的版本及不同的文件格式，如：

图 1-22　"图形另存为"对话框

"AutoCAD 2018 图形（＊.dwg）"、

"AutoCAD 2013/LT2013 图形（＊.dwg）"、

"AutoCAD 2010/LT2010 图形（＊.dwg）"、

"AutoCAD 2007/LT2007 图形（＊.dwg）"、

"AutoCAD 2004/LT2004 图形（＊.dwg）"、

"AutoCAD 2000/LT2000 图形（＊.dwg）"、

"AutoCAD R14/LT98/LT97 图形（＊.dwg）"、

"AutoCAD 图形标准（＊.dws）"、

"AutoCAD 图形样板（＊.dwt）"、

"AutoCAD 2018 DXF（＊.dxf）"、

"AutoCAD 2013/LT2013 DXF（＊.dxf）"、

"AutoCAD 2010/LT2010 DXF（＊.dxf）"、

"AutoCAD 2007/LT2007 DXF（＊.dxf）"、

"AutoCAD 2004/LT2004 DXF（＊.dxf）"、

"AutoCAD 2000/LT2000 DXF（＊.dxf）"、

"AutoCAD R12/LT2 DXF（＊.dxf）"。

如果保存文件类型为 DXF 文件格式，则可以从"工具（L）"下拉菜单

工具(L)▼ 中选取"选项（O)..."对话框（图 1-23），在弹出的"另存为选项"对话框中（图 1-24），设置"DXF 选项"的"格式"为"ASCII"码文本格式，或"二进制"格式。

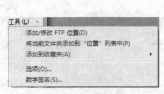

图 1-23　"工具"下拉菜单

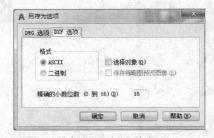

图 1-24　设定"DXF 选项"格式

保存图形文件方法之二：

命令：QSAVE↵＜Ctrl＋S＞＜快速访问工具栏→ ＞

将以原文件名重新存盘,而不出现对话框。注意:对于新创建的图形文件,如果是第一次保存文件,则无论是使用前述两种方法中的哪一种方法调用存盘命令,都将弹出"图形另存为"对话框(图1-21)以第一种方式保存文件。

4)关闭图形文件

绘图工作结束后,可以关闭图形文件:

命令:CLOSE↵<图形选项卡右首→▣><绘图窗口右上角→▣><应用程序窗口右上角→✖>

如果当前图形没有存盘或存盘后有改动,系统将弹出AutoCAD警告对话框(图1-25),询问是否保存文件。此时,单击"是(Y)"按钮或直接按Enter键,可以保存当前图形文件并将其关闭;单击"否(N)"按钮,可以关闭当前图形文件但不存盘;单击"取消"按钮,取消关闭当前图形文件操作,即不保存也不关闭。注意:如果以<应用程序窗口右上角→✖>关闭图形,则将逐一关闭所有被AutoCAD打开的图形,最后退出AutoCAD绘图软件;如果当前所编辑的图形文件没有命名,那么单击"是(Y)"按钮后,AutoCAD会打开"图形另存为"对话框(图1-22),要求用户确定图形文件存放的位置和名称。

图1-25　AutoCAD警告对话框

1.3.6　输入方式

AutoCAD的信息输入方式主要有键盘输入,鼠标或数字化仪输入。

1)键盘输入

键盘是人机交流的最通用设备。AutoCAD中所有的命令、数据都可以通过键盘输入。

➤ 从键盘输入绘图命令时,不区分大小写字符。

➤ 按下回车键(←Enter)后,ACAD开始执行命令。

➤ 一般情况下,空格键等效于回车键,只有在文本输入或文本编辑状态时例外。

➤ 在命令状态下直接输入回车或空格键,ACAD将再次执行前一条命令。

➤ AutoCAD中定义了许多快捷键,可以直接启动命令。

2)鼠标输入

对于双键鼠标,左键是拾取键,用于指定屏幕上的点,也可以用来选择Windows对象、AutoCAD对象、功能面板按钮、工具栏按钮和菜单命令等。

鼠标右键用于显示快捷菜单或等价于回车键以结束当前命令,这取决于光标位置和右键设置:

命令:OPTION↵<OP↵>

弹出"选项"对话框,选取"用户系统配置"选项卡后(图1-26),点击"自定义右键单击…"按钮,在"自定义右键单击"对话框中(图1-27)

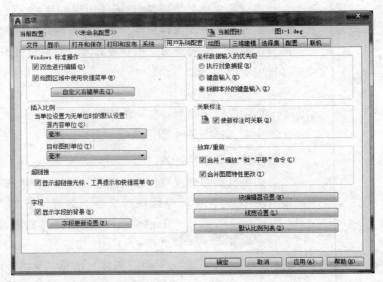

图 1-26 "选项"对话框的"用户系统配置"选项卡

使用单选按钮选定右键工作模式为"重复上一个命令"或"快捷菜单"。若选择了前者，则单击鼠标右键时等价于键盘的回车键。

如果按住 SHIFT 键并单击鼠标右键，将显示"对象捕捉"快捷菜单（图1-28)，关于"对象捕捉"详见§3.4.9将光标捕捉到二维参照点。

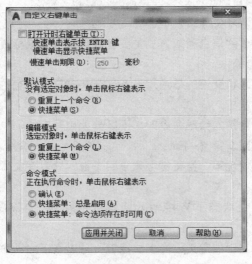

图 1-27 "自定义右键单击"对话框　　　　图 1-28 "对象捕捉"快捷菜单

如果使用三键鼠标，当系统变量 MBUTTONPAN＝1 时，单击中键可激活实时平移；当系统变量 MBUTTONPAN＝0 时，单击中键将显示"对象捕捉"快捷菜单。

如果使用带有滚轮的鼠标，则可以直接使用滚轮缩放和平移图形。缺省情况下，缩放因子设为 10%；每次转动滑轮都将按 10%的增量改变缩放级别。

1.3.7　帮助信息

AutoCAD 提供了系统全面的帮助信息，你可以随时得到所需的帮助。

1) 在待命状态下访问帮助信息

命令：HELP↵＜？↵＞＜F1＞

出现"AutoCAD2018帮助"窗口（图1-29，当Internet网络断开时，将显示本地的帮助文件内容），包含了有关如何使用此程序的完整信息，可以浏览查看所需主题。

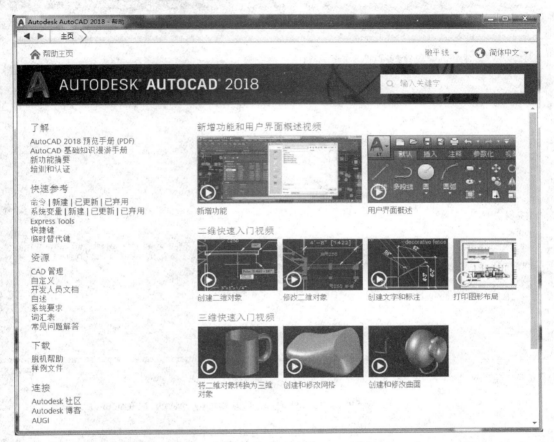

图1-29 "AutoCAD2018帮助"窗口

2) 在命令、系统变量或对话框中访问帮助信息

可以在命令和系统变量执行过程中或对话框中按F1键获得帮助信息，此时将显示"命令参考"中的完整信息，如在执行绘直线命令LINE时按下F1的情况（图1-30）。

3) 在对话框中单击"帮助"按钮

每个对话框中都有一个"帮助（H）"按钮，点击它将显示该对话框的说明。

4) Autodesk软件学生版

作为有效的占领软件市场的促销手段，Autodesk旗下的软件都可以免费下载。对于在校大学生，所有软件都有教育版可以免费注册使用（https：//www.autodesk.com.cn/education/home）。

5) Autodesk网站

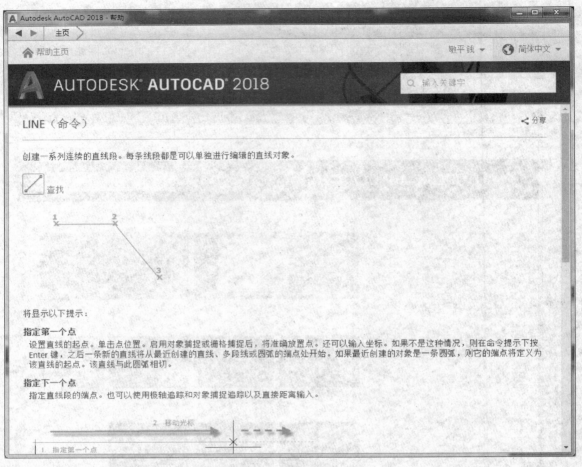

图 1-30 "LINE" 命令帮助窗口

可以访问 Autodesk 中文主页 http：//www. autodesk. com. cn。

6）AutoCAD 论坛

可以访问 Autodesk 中文社区 https：//forums. autodesk. com/t5/zhong-wen/ct-p/531，或通过搜索 AutoCAD 论坛、建筑 CAD 论坛，与其他 AutoCAD 用户进行交流。

【练习】

1. 在绘图区域、工具栏、状态行、模型与布局选项卡以及一些对话框上右击时，都将弹出一个_____菜单，该菜单中的命令与 AutoCAD 当前状态相关。使用它们可以在不启动菜单栏的情况下快速、高效地完成某些操作。

2. 要打开"AutoCAD 文本窗口"，可以执行如下命令：_____或_____。

3. 以"草图与注释"为基础创建新的工作空间"建筑"：在"视图"选项卡下选择"工具选项板"（图 1-31），在弹出的"工具选项板"中进一步选择"建筑"选项卡（图 1-32），从状态栏上点击"切换工作空间"按钮

图 1-31 在"视图"选项卡下选择"工具选项板"

，从菜单中点击"将当前空间另存为…"(图 1-33)，在"保存工作空间"对话框"名称"输入框中输入"建筑"(图 1-34)并点击保存。然后使用屏幕打印功能（Alt + PrintScreen）复制屏幕内容，再用 Ctrl + V 将其粘贴到图形中来，并保存图形文件。

图 1-33 选择"将当前空间另存为…"对话框

图 1-32 在"工具选项板"中选择"建筑"选项卡

图 1-34 在"名称"输入框中输入"建筑"

4.（150，210）是_____坐标，（150＜30）是_____坐标，（150，210，120）是_____坐标，（150＜35，120）是_____坐标，（150＜35＜20）是_____坐标，（@150，210）是____坐标，"#"前导字符是在动态输入时表示输入____坐标。

5. 打开图形文件方式有：_____、_____、_____和_____。

6. 创建新的图形时，可以从下列三种文件类型中选取一种：_____、____、____。

7. 保存图形文件的格式有__种，其文件后缀分别是____、____、____、____。

8. 从键盘输入绘图命令时，_____大小写字符；一般情况下，空格键_____回车键，只有在文本输入或文本编辑状态时例外。鼠标右键用于显示_____，或等价于_____以结束当前命令，这取决于_____和_____；如果按住 SHIFT 键并单击鼠标右键，将显示_____快捷菜单；如果使用三键鼠标，单击中键可激活实时平移或显示对象捕捉快捷菜单，这取决于系统变量_____的值；如果使用带有滚轮的鼠标，则可以直接使用滚轮____和____图形。

第 2 章　常用绘图命令

2.1　基本绘图命令

2.1.1　直线

图 2-1　"直线"按钮

直线绘图命令是 AutoCAD2018 中最基本的绘图命令。可以从命令行输入命令全称 LINE 或命令缩写 L；也可以从 默认 选项卡的 绘图▼ 面板中单击按钮 直线 (图 2-1)。

命令：LINE↵＜L↵＞＜ 默认 → 绘图▼ → 直线 ＞

指定第一点：指定点 1 (图 2-2) 或按 ENTER 键从上一条绘制的直线或圆弧继续绘制

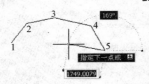

图 2-2　绘制直线

　　指定下一点或[放弃(U)]：指定点 2
　　指定下一点或[放弃(U)]：指定点 3
　　指定下一点或[闭合(C)/放弃(U)]：指定点 4
　　指定下一点或[闭合(C)/放弃(U)]：指定点 5
　　指定下一点或[闭合(C)/放弃(U)]：

说明：

(1) 指定点可以用两种方法，一是用鼠标直接在屏幕上拾取点，二是用键盘输入绝对坐标或相对坐标。后一种方法能够精确地定位点的位置 (指定点的两种方法同样适用于其他绘图命令)。

(2) 在使用键盘输入时，AutoCAD2018 缺省开启动态输入 (动态输入的开启与关闭详见§3.4.4"动态输入")，此时若要输入绝对坐标，需要输入一个前缀井号 (♯)，然后再输入坐标数值。如要输入相对坐标，则无需输入任何前缀。坐标输入完成后，将在命令行上显示输入的结果。软件自动将带有前缀♯号的值转换成绝对坐标，带前缀@号的值转换成相对坐标。

(3) 如果动态输入被关闭，则输入绝对坐标时直接输入坐标数值，输入相对坐标时需要输入前缀符号 (@)，输入的内容即时显示在命令行上。

(4) 在"指定第一点："提示后直接按 ENTER 键，AutoCAD2018 将从最后绘制的直线或圆弧的端点开始绘制新的线段。如果是从圆弧的端点开始绘制，则新的线段沿该点的切线方向绘出。

(5) 在"指定下一点或 [放弃 (U)]："提示后输入 U (放弃)，将删除直线序列中最近绘制的线段。多次输入 U，按绘制次序的逆序逐个删除线段。

图 2-3　直线闭合

(6) 在绘制了一系列线段（两条或两条以上）之后，提示为"指定下一点或［闭合（C）/放弃（U）］:"，可以使用"闭合（C）"选项。将以第一条线段的起始点作为最后一条线段的端点，形成一个闭合的线段环（图 2-3）。

2.1.2　多段线

多段线是 AutoCAD2018 中极具特色的绘图命令，它可以由直线与圆弧任意组合成一个整体，而每一段图元还可以设定不同的宽度。

1）多段线的绘制

命令:PLINE↵<PL↵><默认→绘图▼→多段线>

指定起点:指定点 1（图 2-4）

当前线宽为 0.0000

指定下一个点或[圆弧(A)/半宽(H)/长度(L)/放弃(U)/宽度(W)]:@1400<180↵(点 2)

指定下一点或[圆弧(A)/闭合(C)/半宽(H)/长度(L)/放弃(U)/宽度(W)]:@0,1500↵(点 3)

指定下一点或[圆弧(A)/闭合(C)/半宽(H)/长度(L)/放弃(U)/宽度(W)]:W↵

指定起点宽度<0.0000>:↵

指定端点宽度<0.0000>:200↵

指定下一点或[圆弧(A)/闭合(C)/半宽(H)/长度(L)/放弃(U)/宽度(W)]:A↵

指定圆弧的端点或[角度(A)/圆心(CE)/闭合(CL)/方向(D)/半宽(H)/直线(L)/半径(R)/第二个点(S)/放弃(U)/宽度(W)]:@1400,0↵(点 4)

指定圆弧的端点或[角度(A)/圆心(CE)/闭合(CL)/方向(D)/半宽(H)/直线(L)/半径(R)/第二个点(S)/放弃(U)/宽度(W)]:L↵

指定下一点或[圆弧(A)/闭合(C)/半宽(H)/长度(L)/放弃(U)/宽度(W)]:C↵

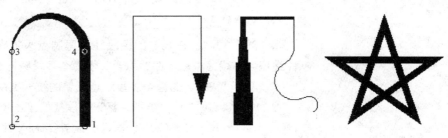

图 2-4　绘多段线

说明:

(1) PLINE 命令可以绘制直线段与弧线段的任意组合。

(2) PLINE 命令绘制的各线段组合成单一对象，而 LINE 命令绘制的每一段为一个对象。

(3) PLINE 的每一段可以指定不同宽度，而每一段的起点宽度与端点宽度也可以不同。如果不改变宽度，AutoCAD2018 将以最近一次指定的宽度绘制后续线段。

(4) 选择"闭合（C）"选项，从指定的最后一点到起点绘制直线段，从而创建闭合的多段线。必须至少指定两个点才能使用该选项。如果不选择此选项，则即使起点于最后一点重合，PLINE 也不是封闭的。如果此 PLINE 有宽度，则能看出端点处的缺口。

(5) 对于有宽度的 PLINE，缺省设置是将其用颜色填充。使用 FILL 命令，选择"关（OFF）"选项，可以关闭填充，而"开（ON）"可以开启填充。注意：在 FILL 命令后还要执行 REGEN 命令，开关操作才能生效。

(6) 对于有宽度的 PLINE，使用夹点编辑时，光标只能捕捉到中心线的端点上，而捕捉不到边缘的转角处。

(7) PLINE 的宽度与对象的线宽特性不同，前者是对象的实际宽度，随对象的缩放而变化。而后者仅是对象的图像显示宽度，对象缩放时宽度不变(见§3.4.10"显示/隐藏线宽")。

2）多段线的编辑

命令：PEDIT↵＜PE↵＞＜ 默认 → 修改 ▼ 面板标题→ ◇＞

选择多段线或[多条（M）]：选取直线、圆弧、二维多段线、三维多段线、三维多边形网格或输入 M

说明：

(1) 选择"多条（M）"选项，可以选取多个对象。

(2) 选取的对象若是直线或圆弧，则需选择将其转换为多段线，后续提示同（3）。

(3) 选取的对象若是二维多段线，则提示为"输入选项［闭合(C)/合并(J)/宽度(W)/编辑顶点(E)/拟合(F)/样条曲线(S)/非曲线化(D)/线型生成(L)/放弃(U)]:"，输入选项或按 ENTER 键。

① 对于未闭合的多段线，选项为"闭合（C）"，将多段线首尾相连。而对于闭合的多段线，选项为"打开（O）"，将多段线首尾分开（如右图）。〜〜〜 △△△

②"合并（J）"，在开放的多段线的尾端点添加直线、圆弧或多段线和从曲线拟合多段线中删除曲线拟合，使多个多段线连成一个整体。

③"宽度（W）"，为整个多段线指定新的统一宽度。

④"编辑顶点（E）"，绘制 X 标记多段线的第一个顶点。并提示"［下一个(N)/上一个(P)/打断(B)/插入(I)/移动(M)/重生成(R)/拉直(S)/切向(T)/宽度(W)/退出(X)]＜N＞:"。

A."下一个（N）"，将标记 X 移动到下一个顶点。标记不会从端点绕回到起点。

B. "上一个（P）"，将标记 X 移动到上一个顶点。标记不会从起点绕回到端点。

C. "打断（B）"，删除从当前标记的顶点开始，到新指定的顶点之间的所有线段和顶点。提示为"[下一个(N)/上一个(P)/执行(G)/退出(X)]<N>："。

a. "下一个（N）"，新指定的顶点为下一个顶点。

b. "上一个（P）"，新指定的顶点为上一个顶点。

c. "执行（G）"，删除指定的两个顶点之间的任何线段和顶点。

d. "退出（X）"，退出"打断（B）"选项并返回"编辑顶点（E）"模式。

D. "插入（I）"，在多段线的标记顶点之后添加新的顶点。需要指定顶点位置。

E. "移动（M）"，移动标记的顶点。需要指定顶点位置。

F. "重生成（R）"，重生成多段线。

G. "拉直（S）"，类似（C）"打断（B）"，并在指定的两个顶点之间用直线相连。

H. "切向（T）"，将切线方向附着到标记的顶点以便用于以后的曲线拟合。

I. "宽度（W）"，修改标记顶点之后线段的起点宽度和端点宽度。

J. "退出（X）"，退出"编辑顶点（E）"模式。

⑤"拟合（F）"，创建圆弧拟合多段线（如右图）。曲线经过多段线的所有顶点并使用任何指定的切线方向。

⑥"样条曲线（S）"，使用选定多段线的顶点作为近似 B 样条曲线的控制点或控制框架（如右图）。

⑦"非曲线化（D）"，删除由拟合曲线或样条曲线插入的多余顶点，拉直多段线的所有线段。保留指定给多段线顶点的切向信息，用于随后的曲线拟合。

⑧"线型生成（L）"，生成经过多段线顶点的连续图案线型。关闭此选项，将在每个顶点处以点划线开始和结束生成线型。"线型生成（L）"不能用于带变宽线段的多段线。

⑨"放弃（U）"，还原操作，可一直返回到 PEDIT 任务开始时的状态。

(4) 选取的对象若是三维多段线，则提示为"输入选项［闭合(C)/编辑顶点(E)/样条曲线(S)/非曲线化(D)/放弃(U)］："，输入选项或按 ENTER 键。详见帮助信息。

(5) 选取的对象若是三维多边形网格，则提示为"输入选项［编辑顶点(E)/平滑曲面(S)/非平滑(D)/M 向关闭(M)/N 向关闭(N)/放弃(U)］："，输入选项或按 ENTER 键。详见帮助信息。

2.1.3 圆

使用绘圆命令，可以根据圆心位置、半径或直径绘图，也可以根据圆周上的 2 点、3 点绘图。

命令：CIRCLE↵＜C↵＞＜ 默认 → 绘图 ▾ → 圆 ▾ ＞

指定圆的圆心或［三点（3P）/ 两点（2P）/ 相切、相切、半径（T）］：指定点 1
(图 2-5)

指定圆的半径或［直径（D）］＜当前＞：指定点、输入值、输入 D 或按 ENTER
键

说明：

(1) 直接指定圆心点 1，输入半径，或输入 D 再输入直径，绘制出的圆
如图 2-5 (a)。

(2) 选择"两点（2P）"选项，或点击下拉箭头 圆 ▾ 直接从下拉图标点选
按钮 两点 ，指定点 1、点 2，绘制出的圆如图 2-5 (b)。

(3) 选择"三点（3P）"选项，或点击下拉箭头 圆 ▾ 直接从下拉图标点选
按钮 三点 ，指定点 1、点 2、点 3，绘制出的圆如图 2-5 (c)。

(4) 选择"相切、相切、半径（T）"选项，或点击下拉箭头 圆 ▾ 直接从
下拉图标点选按钮 相切，相切，半径 ，指定点 1、点 2，再输入半径，绘制出的
圆如图 2-5 (d)。

(5) 选择"三点（3P）"选项，或点击下拉箭头 圆 ▾ 直接从下拉图标点选
按钮 相切，相切，相切 ，以"切点"对象捕捉模式捕捉三个对象（1、2、3），绘
制出的圆如图 2-5 (e)。

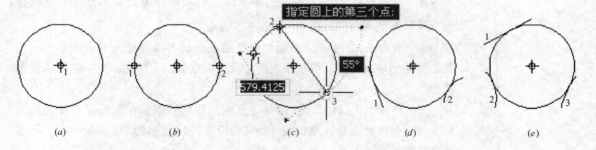

图 2-5 绘制圆
(a) 圆心、半径；(b) 两点；(c) 三点；(d) 相切、相切、半径；(e) 相切、相切、相切

2.1.4 圆弧

使用绘圆弧命令，可以根据圆心、半径、角度、方向、长度、起点、端
点等参数的适当组合绘出。根据选项的不同，对应有 11 种下拉菜单命令。

命令：ARC↵＜A↵＞＜ 默认 → 绘图 ▾ → 圆弧 ▾ ＞

指定圆弧的起点或［圆心（C）］：指定点 1(图 2-6)
指定圆弧的第二个点或［圆心（C）/ 端点（E）］：指定点 2

指定圆弧的端点:指定点3

说明：

（1）指定圆弧上的三个点（点击下拉箭头 圆弧 再从下拉图标点选按钮 三点），绘制出的圆弧如图2-6（a）。

（2）指定起点1，选择"圆心（C）"，指定圆心点2，再指定端点3（点击下拉箭头 圆弧 再从下拉图标点选按钮 起点，圆心，端点），绘制出的圆弧如图2-6（b）。

（3）指定起点1，选择"圆心（C）"，指定圆心点2，选择"角度（A）"，再输入角度（点击下拉箭头 圆弧 再从下拉图标点选按钮 起点，圆心，角度），绘制出的圆弧如图2-6（c）。

（4）指定起点1，选择"圆心（C）"，指定圆心点2，选择"弦长（L）"，再输入弦长（点击下拉箭头 圆弧 再从下拉图标点选按钮 起点，圆心，长度），绘制出的圆弧如图2-6（d）。

（5）指定起点1，选择"端点（E）"，指定端点2，选择"角度（A）"，再指定包含角（点击下拉箭头 圆弧 再从下拉图标点选按钮 起点，端点，角度），绘制出的圆弧如图2-6（e）。

（6）指定起点1，选择"端点（E）"，指定端点2，选择"方向（D）"，再指定圆弧的起点切向（点击下拉箭头 圆弧 再从下拉图标点选按钮 起点，端点，方向），绘制出的圆弧如图2-6（f）。

（7）指定起点1，选择"端点（E）"，指定端点2，选择"半径（R）"，再指定圆弧的半径（点击下拉箭头 圆弧 再从下拉图标点选按钮 起点，端点，半径），绘制出的圆弧如图2-6（g）。

（8）选择"圆心（C）"，指定圆弧的圆心点1，指定圆弧的起点2，再指定圆弧的端点3（点击下拉箭头 圆弧 再从下拉图标点选按钮 圆心，起点，端点），绘制出的圆弧如图2-6（h）。

（9）选择"圆心（C）"，指定圆弧的圆心点1，指定圆弧的起点2，选择"角度（A）"，再指定包含角（点击下拉箭头 圆弧 再从下拉图标点选按钮 圆心，起点，角度），绘制出的圆弧如图2-6（i）。

（10）选择"圆心（C）"，指定圆弧的圆心点1，指定圆弧的起点2，选择"弦长（L）"，再指定弦长（点击下拉箭头 圆弧 再从下拉图标点选按钮 圆心，起点，长度），绘制出的圆弧如图2-6（j）。

（11）直接按回车，再指定圆弧的端点，将绘制与上一条直线、圆弧或多段线相切的圆弧（点击下拉箭头 圆弧 再从下拉图标点选按钮 连续），绘制出的圆弧如图2-6（k）。

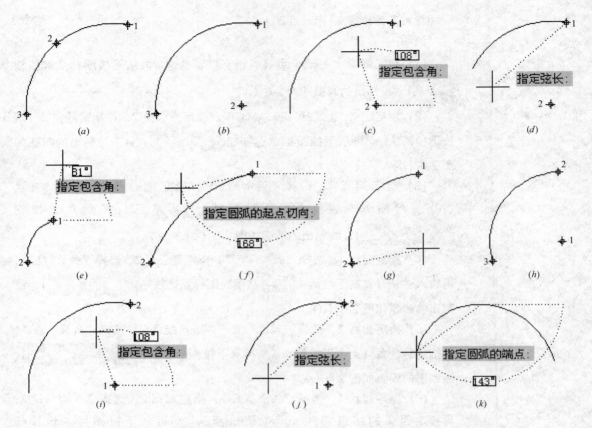

图 2-6 绘制圆弧

(a) 三点；(b) 起点、圆心、端点；(c) 起点、圆心、角度；(d) 起点、圆心、长度；(e) 起点、端点、角度；(f) 起点、端点、方向；
(g) 起点、端点、半径；(h) 圆心、起点、端点；(i) 圆心、起点、角度；(j) 圆心、起点、长度；(k) 连续

2.1.5　矩形与正多边形

1）矩形

使用绘制矩形命令，可以绘制常规矩形，也可以绘制带圆角或倒角的矩形。

命令：RECTANGLE↵＜RECTANG↵＞＜REC↵＞＜ 默认 → 绘图 ▾ → ▣ ▾＞

指定第一个角点或［倒角(C)/标高(E)/圆角(F)/厚度(T)/宽度(W)］：指定点 1（图 2-7）

指定另一个角点或［面积(A)/尺寸(D)/旋转(R)］：指定点 2

说明：

(1) 直接指定角点 1、角点 2，绘制出的矩形如图 2-7（a）。

(2) 选择"倒角（C）"选项，输入两个倒角距离，绘制出的矩形如图 2-7（b）。

(3) 选择"圆角（F）"选项，输入圆角半径，绘制出的矩形如图 2-7（c）。

(4) 选择"宽度（W）"选项，输入宽度，绘制出的矩形如图 2-7（d）。

(5) 在指定另一角点时，选择"旋转（R）"，输入旋转角度，绘制出的

矩形如图 2-7（*e*）。

（6）选择"标高（E）"选项，输入标高，绘制出的矩形如图 2-7（*f*），它离 *XY* 平面有一定的距离。处于平面视图状态时，图形效果如图 2-7（*a*），看不出立体效果。

（7）选择"厚度（T）"选项，输入厚高（高度），绘制出的矩形如图 2-7（*g*），它具有一定的高度。处于平面视图状态时，图形效果图 2-7（*a*），看不出立体效果。

（8）在指定另一角点时，若选择"面积（A）"选项，可以通过输入面积，再输入长或宽（可以为负，将向左、下方绘制矩形）。若选择"尺寸（D）"选项，可以输入长和宽（可以为负，将向左、下方绘制矩形）。

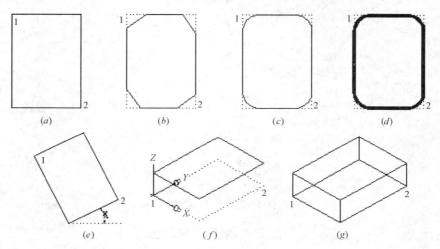

图 2-7　绘矩形

（*a*）指定两个角点；（*b*）倒角；（*c*）圆角；（*d*）宽度；（*e*）旋转；（*f*）标高；（*g*）厚度

2）正多边形

使用绘制正多边形命令，可以绘制正三角形、四边形、五边形、……、1024 边形。

命令：POLYGON↵＜POL↵＞＜ 默认 → 绘图 → □ 右首的 按钮→＞

输入边的数目＜当前＞：3↵ 输入介于 3 和 1024 之间的值或按 ENTER 键
指定正多边形的中心点或 ［边（E）］：指定点 1，见图 2-8。

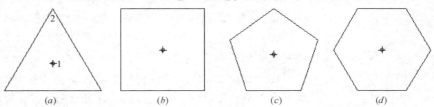

图 2-8　绘正多边形

（*a*）正三角形；（*b*）正四边形；（*c*）正五边形；（*d*）正六边形

输入选项［内接于圆（I）/外切于圆（C）］＜I＞:I↵ 输入 I 或 C 或按
ENTER 键

指定圆的半径：指定点 2 或输入值

说明：

(1) 在输入了正多边形的边数（5 边）及中心点 1 后，若选择"内接于圆（I）"选项（输入 I），然后指定半径，则按图 2-9 (a) 绘制正五边形。

(2) 在输入了正多边形的边数（5 边）及中心点 1 后，若选择"外切于圆（C）"选项（输入 C），然后指定半径，则按图 2-9 (b) 绘制正五边形。

(3) 在输入了正多边形的边数（5 边）后，若选择"边（E）"选项（输入 E），则要求指定边的第一个端点 1 及第二个端点 2，并按图 2-9 (c) 绘制正五边形。

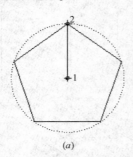 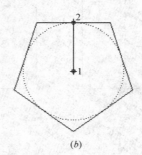 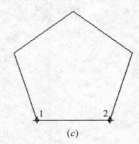

(a)   (b)   (c)

图 2-9 绘正多边形的不同选项
(a) 内接于圆；(b) 外切于圆；(c) 边

2.1.6 椭圆与椭圆弧

1) 椭圆

椭圆由定义其长度和宽度的两条轴决定。较长的轴称为长轴，较短的轴称为短轴。

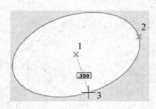

图 2-10 中心端点椭圆

命令：ELLIPSE↵＜EL↵＞<

指定椭圆的轴端点或［圆弧（A）/ 中心点（C）/ 等轴测圆（I）］:_c↵

指定椭圆的中心点：指定点 1（图 2-10）

指定轴的端点：指定点 2

指定另一条半轴长度或［旋转（R）］：指定点 3

说明：

(1) ＜ 默认 → 绘图 ▼ → ◉ ▼ 右首的 ▼ 按钮 → ◉ 轴，端点 ＞通过直接指定轴的两个端点和另一条半轴长度可以绘制图 2-11 的椭圆。

(2) 在指定另一条半轴长度前选择"旋转（R）"，可以通过绕第一条轴旋转圆来创建椭圆。

(3) 如果 SNAP 的"样式"选项设置为"等轴测"（或右击状态栏"捕捉到图形栅格"按钮，选取"捕捉设置（S）..."，在弹出的"草图设置"对话框中选择"捕捉和栅格"选项版，在"捕捉类型"中选中"栅格捕捉"及"等轴测捕捉"单选按钮），则 ELLIPSE 会出现选项"等轴测圆（I）"，可以在

图 2-11 三点椭圆

当前等轴测绘图平面绘制一个等轴测圆。当前等轴测绘图平面可以使用命令ISOPLANE进行设置，也可以通过按CTRL＋E组合键或按 F5 键，来在等轴测平面之间循环。

2）椭圆弧

椭圆弧是从椭圆上截取一段。其绘制命令也是 ELLIPSE，只是其选项必须为"圆弧（A）"。

命令：ELLIPSE←＜EL←＞＜ 右首的 按钮→

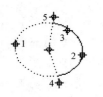

图2-12　绘制椭圆弧

指定椭圆的轴端点或[圆弧(A)/中心点(C)/等轴测圆(I)]:A←

指定椭圆弧的轴端点或[中心点(C)]:指定点 1(图 2-12)

指定轴的另一个端点:指定点 2

指定另一条半轴长度或[旋转(R)]:指定点 3

指定起始角度或[参数(P)]:指定点 4

指定终止角度或[参数(P)/包含角度(I)]:指定点 5

2.1.7　区域绘图

区域绘图包括图案填充、渐变色和边界。

1）图案填充

使用填充图案、实体填充或渐变填充来填充封闭区域或选定对象。如果功能区处于活动状态，将显示"图案填充创建"上下文选项卡（图 2-13）。如果功能区处于关闭状态，将显示"图案填充和渐变色"对话框（图 2-14）。如果用户希望使用"图案填充和渐变色"对话框，须将 HPDLGMODE 系统变量设置为 1。

图2-13　"图案填充创建"上下文选项卡

命令：HATCH←＜H←＞＜ 默认 → 绘图 → □ ＞

拾取内部点或[选择对象(S)/放弃(U)/设置(T)]:

说明：

（1）"拾取内部点"（图 2-15）：根据围绕指定点构成封闭区域的现有对象来确定边界。

（2）"选择对象（S）"（图 2-16）：根据构成封闭区域的选定对象确定边界。

（3）"删除边界"（仅当从"图案填充和渐变色"对话框中添加图案填充时可用）：删除在当前活动的 HATCH 命令执行期间添加的填充图案。单击要删除的图案。

（4）"添加边界"（仅当从"图案填充和渐变色"对话框中添加图案填充

图2-14 "图案填充和渐变色"对话框

时可用）：退出"删除边界"模式，以便用户可以再次添加填充图案。

(5)"放弃（U）"：删除用户使用当前活动的HATCH命令插入的最后一个填充图案。

(6)"设置（T）"：打开"图案填充和渐变色"对话框，用户可以在其中更改设置。

更多内容详见帮助信息。

2）渐变色

使用渐变填充填充封闭区域或选定对象。渐变填充创建一种或两种颜色间的平滑转场（图2-17）。如果功能区处于活动状态，将显示"图案填充创建"上下文选项卡（图2-18，"图案"功能面板定位在"渐变色"）。如果功能区处于关闭状态，将显示"图案填充和渐变色"对话框（图2-19，定位在"渐变色"选项卡）。如果用户希望使用"图案填充和渐变色"对话框，须将HPDLGMODE系统变量设置为1。

图 2-15 拾取内部点
(a) 选定内部点；(b) 图案填充边界；(c) 结果

图 2-16 选择对象
(a) 选定对象；(b) 图案填充边界；(c) 结果

图 2-17 渐变填充

命令：GRADIENT ←＜GD←＞＜ 默认 → 绘图 → □ 右首的 按钮 → □ 渐变色 ＞

拾取内部点或[选择对象(S)/放弃(U)/设置(T)]：

说明：

渐变色的操作选项与图案填充的操作选项相同，仅是图案不同而已。

图 2-18 "图案填充创建"上下文选项卡_渐变色

3）边界

从封闭区域创建面域或多段线。

命令：BOUNDARY ←＜BO←＞＜ 默认 → 绘图 → □ 右首的 按钮 → 边界 ＞

说明：

显示"边界创建"对话框（图2-20）。

指定的内部点1（图2-21）使用周围的对象来创建单独的多段线或面域（由对象类型控制）。

图2-19 "图案填充和渐变色"对话框_渐变色

图2-20 "边界创建"对话框

图2-21 创建闭合多段线边界

2.2 其他绘图命令

以下绘图命令在 默认 选项卡的 绘图 ▼ 面板中没有直接显示，需要点击 绘图 ▼ 面板标题，再从下拉面板中选取命令。

2.2.1 样条曲线

样条曲线是经过或接近一系列给定点的光滑曲线。SPLINE命令将创建一种称为非一致有理B样条（NURBS）曲线的特殊样条曲线类型。曲线与点的拟合程度是可以控制。

1）样条曲线拟合

创建经过或靠近一组拟合点定义的平滑曲线。

命令：SPLINE↵＜SPL↵＞＜ 默认 → 绘图 ▼ 面板标题→ ✿ ＞

当前设置：方式＝拟合 节点＝弦

指定第一个点或［方式(M)/节点(K)/对象(O)］：_M

输入样条曲线创建方式［拟合(F)/控制点(CV)］＜拟合＞：_FIT

当前设置：方式＝拟合 节点＝弦

指定第一个点或［方式(M)/节点(K)/对象(O)］：指定点1(图2-22)

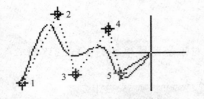
图 2-22　绘制拟合样条曲线

指定下一点或[起点切向(T)/公差(L)]:指定点 2

指定下一点或[端点相切(T)/公差(L)/放弃(U)]:L↵

指定拟合公差<0.0000>:5↵

指定下一点或[端点相切(T)/公差(L)/放弃(U)]:指定点 3

指定下一点或[端点相切(T)/公差(L)/放弃(U)/闭合(C)]:指定点 4

指定下一点或[端点相切(T)/公差(L)/放弃(U)/闭合(C)]:指定点 5

指定下一点或[端点相切(T)/公差(L)/放弃(U)/闭合(C)]:↵

说明:

(1) 在输入第一点前,若选取"对象（O）"选项,可以将二维或三维的二次或三次样条拟合多段线转换成等价的样条曲线。

(2) 输入三点后,可以选取"闭合（C）"使曲线首尾相连,或选取"公差（F）"选项以改变拟合程度。如果公差设置为 0,则样条曲线通过拟合点。

2) 样条曲线控制点

创建由控制框的顶点定义的平滑曲线。

命令:SPLINE↵<SPL↵><　默认　→绘图▼面板标题→　>

当前设置:方式＝拟合　节点＝弦

指定第一个点或[方式(M)/节点(K)/对象(O)]:_M

输入样条曲线创建方式[拟合(F)/控制点(CV)]<拟合>:_CV

当前设置:方式＝控制点　阶数＝3

指定第一个点或[方式(M)/阶数(D)/对象(O)]:指定点 1(图 2-23)

输入下一个点:指定点 2

输入下一个点或[放弃(U)]:指定点 3

输入下一个点或[闭合(C)/放弃(U)]:指定点 4～9

输入下一个点或[闭合(C)/放弃(U)]:↵

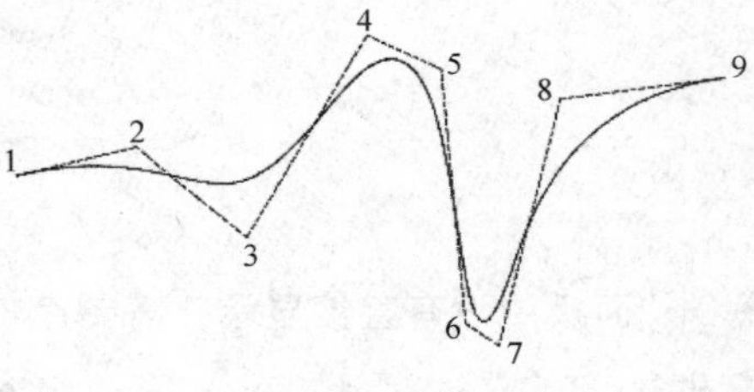

图 2-23　绘制控制点样条曲线

3) 样条曲线的编辑

命令:SPLINEDIT↵<SPE↵><　默认　→修改▼面板标题→　>

选择样条曲线:选取样条曲线

输入选项[闭合(C)/合并(J)/拟合数据(F)/编辑顶点(E)/转换为多段线(P)/反转(R)/放弃(U)/退出(X)]<退出>:输入选项

各选项的详细信息可以按下 F1 键查阅。

2.2.2　构造线

构造线是两端无限延伸的直线,主要用于辅助定位。可以将其放置于一个单独图层,待绘图完成后将其删除。

命令:XLINE↵<XL↵><　默认　→绘图▼面板标题→　>

指定点或[水平(H)/垂直(V)/角度(A)/二等分(B)/偏移(O)]:指定点 1(图 2-24)

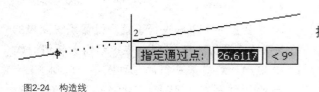

图2-24 构造线

指定通过点：指定构造线通过的点 2，或按 ENTER 键结束命令

指定通过点：↵

说明：

(1) 直接指定点 1、点 2，可以任意方向绘制构造线。

(2) 选择"水平（H)"选项，指定通过点，则以水平方向绘制构造线。

(3) 选择"垂直（V)"选项，指定通过点，则以垂直方向绘制构造线。

(4) 选择"角度（A)"选项，输入构造线角度，则以指定角度绘制构造线。

(5) 选择"二等分（B)"选项，分别指定一个角的顶点、起点、端点，则以平分该角度的方向绘制构造线。

(6) 选择"偏移（O)"选项，输入偏移距离，选取直线对象，指定向哪一侧偏移，则平行于原对象绘制构造线。

2.2.3 射线

射线是一端固定，另一端无限延伸的直线，主要用于辅助定位。可以与构造线一起放置于一个单独图层，待绘图完成后将其删除。

命令：RAY↵ ─ 默认 → 绘图 ▾ 面板标题→ ↗ >

指定起点：指定点 1(图 2-25)

指定通过点：指定射线通过的点 2，或按 ENTER 键

指定通过点：↵

图 2-25 射线

2.2.4 多点

点（POINT）没有大小，只有空间位置。点的位置可以精确的捕捉，只要使用"节点"捕捉模式既可。从理论上讲，点的尺度为 0，无法观察。而实际绘图时，为了能够看到点的存在，需要以某种图形表示出来，这就要使用点样式命令进行设置。

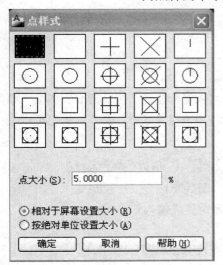

图 2-26 "点样式"对话框

1）点的绘制

命令：POINT↵<PO↵>< 默认 → 绘图 ▾ 面板标题→ ✕ >

当前点模式：PDMODE＝0 PDSIZE＝0.0000

指定点：输入坐标或在屏幕上指定点

2）点的样式

命令：PTYPE↵< 默认 → 实用工具 ▾ 面板标题→ □ 点样式... >

弹出"点样式"对话框(图 2-26)

说明：

(1) 对话框中列出的点样式有 20 种，可以用鼠标任意选取一种作为显示样式。

(2) 点的显示大小可以用相对于屏幕的百分比，也可以

用绝对单位大小设置。

(3) 点的样式也可以使用系统变量 PDMODE 进行设置。设置系统变量的方法是：在命令提示状态下输入系统变量名称 PDMODE，在提示输入新值时输入新的数值。PDMODE＝0／1／2／3／4，对应第一行的 5 种图案；PDMODE＝32／33／34／35／36，对应第二行的 5 种图案；PDMODE＝64／65／66／67／68，对应第三行的 5 种图案；PDMODE＝96／97／98／99／100，对应第四行的 5 种图案；

(4) 点的显示大小也可以使用系统变量 PDSIZE 进行设置，PDSIZE＝0，将以绘图区域高度5%生成点；PDSIZE＞0，将按绝对数值大小生成点；PDSIZE＜0，将按视口大小的百分比生成点。

2.2.5 定数等分

定数等分命令，可以沿着直线、圆、圆弧、椭圆、椭圆弧、多段线及样条曲线，以指定的数量将其等分。等分的标记可以是点，也可以是图块。

命令：DIVIDE↵＜DIV↵＞＜ 默认 →绘图 ▼面板标题→ ＞

选择要定数等分的对象：选定对象 1(图 2-27)

输入线段数目或［块（B）］：9↵输入从 2 到 32767 之间的值或输入 B

说明：

(1) 直接输入线段数目，则以点进行等分，如图 2-27（a）。

(2) 选择"块（B）"选项，输入图块名（如一个已事先定义的图块 TREE，创建图块的方法见 §6.3.4 绘制门窗中的相关内容），选择是否对齐块和对象为"否（N）"，再输入线段数目，则以图块进行等分，如图 2-27（b）。

（a）   （b）

图 2-27　定数等分
（a）点等分；（b）图块等分

2.2.6 定距等分

定距等分命令，类似于定数等分，可以等分直线、圆、圆弧、椭圆、椭圆弧、多段线及样条曲线，但是以指定的距离将其等分。等分的标记可以是点，也可以是图块。

命令：MEASURE↵＜ME↵＞＜ 默认 →绘图 ▼面板标题→ ＞

选择要定距等分的对象：选定对象 1(图 2-28)

指定线段长度或［块（B）］：900↵ 指定距离或输入 B

说明：

(1) 直接指定线段长度，则以点进行等分，如图 2-28（a）。

(2) 选择"块（B）"选项，输入图块名（如一个已事先定义的图块 SLOPE，

创建图块的方法见§6.3.4 绘制门窗中的相关内容），选择是否对齐块和对象为
"是（Y）"，再输入线段长度，则以图块进行等分，如图 2-28（b）。

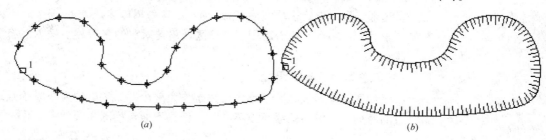

图 2-28　定距等分

（a）点等分；（b）图块等分

2.2.7　面域

将封闭区域的对象转换为二维面域对象。

命令：REGION↵＜REG↵＞＜ 默认 ▸ 绘图 ▾ 面板标题→ ▣ ＞

选择对象：找到 1 个

选择对象：↵

已提取 1 个环。

已创建 1 个面域。

说明：

面域是指用户从对象的闭合平面环创建的二维区域。有效对象包括多段
线、直线、圆弧、圆、椭圆弧、椭圆和样条曲线。每个闭合的环将转换为独
立的面域。拒绝所有交叉交点和自交曲线。

如果未将 DELOBJ 系统变量设置为 0（零），REGION 将在将原始对象转换
为面域之后删除这些对象。如果原始对象是图案填充对象，那么图案填充的
关联性将丢失。要恢复图案填充关联性，请重新填充此面域。

在将对象转换至面域后，可以使用求并、求差或求交操作将它们合并到
一个复杂的面域中。

也可以使用 BOUNDARY 命令创建面域（见§2.1.7：3）边界）。

2.2.8　区域覆盖

创建区域覆盖对象，并控制是否将区域覆盖框架显示在图形中。

命令：WIPEOUT↵＜ 默认 ▸ 绘图 ▾ 面板标题→ ▢ ＞

指定第一点或[边框(F)/多段线(P)]＜多段线＞：

说明：

（1）直接指定第一点，根据一系列点确定区域覆盖对象的
多边形边界（图 2-29）。

（2）选择"边框（F）"选项，确定是否显示所有区域覆盖
对象的边。可用的边框模式：

打开-显示和打印边框

关闭-不显示或不打印边框

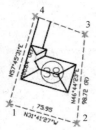

图 2-29　指定点区域覆盖

显示但不打印 - 显示但不打印边框

(3) 选择"多段线（P）"选项，根据选定的多段线确定区域覆盖对象的多边形边界。选定多段线后将提示："是否要删除多段线？[是（Y）/否（N）]＜否＞："，输入 y 将删除用于创建区域覆盖对象的多段线。输入 n 将保留多段线。

2.2.9　三维多段线

创建三维多段线。三维多段线是作为单个对象创建的直线段相互连接而成的序列。三维多段线可以不共面，但是不能包括圆弧段。

图2-30　三维多段线

命令：3DPOLY ←< 默认 → 绘图 ▾ 面板标题→ 🔲 >

指定多段线的起点：指定点 1(图 2-30)

指定直线的端点或[放弃（U）]：指定点 2

指定直线的端点或[放弃（U）]：指定点 3

指定直线的端点或[闭合（C）/放弃（U）]：指定点 4

指定直线的端点或[闭合（C）/放弃（U）]：←

说明：

(1) "指定多段线的起点"：指定三维多段线中的第一个点。

(2) "指定直线的端点"：从前一点到新指定的点绘制一条直线（图2-31）。将重复显示提示，直到按 Enter 键结束命令为止。

(3) "放弃（U）"：删除创建的上一线段。可以继续从前一点绘图（图2-32）。

(4) "闭合（C）"：从最后一点至第一个点绘制一条闭合线（图2-33），然后结束命令。要闭合的三维多段线必须至少有两条线段。

图 2-31　指定直线的端点

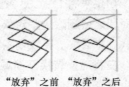
图 2-32　放弃

图 2-33　闭合

2.2.10　螺旋

创建二维螺旋或三维弹簧。可以将螺旋用作 SWEEP 命令的扫掠路径以创建弹簧、螺纹和环形楼梯。

命令：HELIX←< 默认 → 绘图 ▾ 面板标题→ 🔳 >

圈数 ＝ 3.0000　　扭曲＝CCW

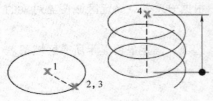
图 2-34　螺旋

指定底面的中心点：指定点 1(图 2-34)

指定底面半径或[直径（D）]＜514.6066＞：指定点 2

指定顶面半径或[直径（D）]＜358.2852＞：指定点 3

指定螺旋高度或[轴端点（A）/圈数（T）/圈高（H）/扭曲（W）]＜1034.1647＞：指定点 4

说明：

（1）"指定底面的中心点"：设置螺旋基点的中心。

（2）"指定底面半径"：指定螺旋底面的半径。最初，默认底面半径设定为 1。执行绘图任务时，底面半径的默认值始终是先前输入的任意实体图元或螺旋的底面半径值。

（3）指定底面"直径（D）"：指定螺旋底面的直径。最初，默认底面直径设定为 2。执行绘图任务时，底面直径的默认值始终是先前输入的底面直径值。

（4）"指定顶面半径"：指定螺旋顶面的半径。默认值始终是底面半径的值。底面半径和顶面半径不能都设定为 0（零）。

（5）指定顶面"直径（D）"：使用直径值来设置螺旋顶部的尺寸。顶面直径的默认值始终是底面直径的值。

（6）"指定螺旋高度"：输入螺旋高度。

（7）"轴端点（A）"：指定螺旋轴的端点位置。轴端点可以位于三维空间的任意位置。轴端点定义了螺旋的长度和方向。

（8）"圈数（T）"：指定螺旋的圈（旋转）数。螺旋的圈数不能超过500。最初，圈数的默认值为三。执行绘图任务时，圈数的默认值始终是先前输入的圈数值。

（9）"圈高（H）"：指定螺旋内一个完整圈的高度。当指定圈高值时，螺旋中的圈数将相应地自动更新。如果已指定螺旋的圈数，则不能输入圈高的值。

（10）"扭曲（W）"：指定螺旋扭曲的方向，有顺时针与逆时针两种。

2.2.11　圆环

圆环是填充环或实体填充圆，即带有宽度的闭合多段线。

命令：DONUT↵＜DO↵＞＜ 默认 → 绘图 ▼面板标题→ ◎ ＞

指定圆环的内径＜0.5000＞：5↵ 若内径为 0，则绘制实心圆

指定圆环的外径＜1.0000＞：10↵

指定圆环的中心点或＜退出＞：指定点 1（图 2-35）

指定圆环的中心点或＜退出＞：↵

图 2-35　绘制圆环

2.2.12　修订云线

修订云线是由连续圆弧组成的多段线，用于在检查阶段提醒用户注意图形的某个部分。

1）矩形修订云线

命令：REVCLOUD↵＜ 默认 → 绘图 ▼面板标题→ ▢ ▼＞

最小弧长：0.5　最大弧长：0.5　样式：普通　类型：矩形

指定第一个角点或[弧长（A）/对象（O）/矩形（R）/多边形（P）/徒手画（F）/样式（S）/修改（M）]＜对象＞：_R

指定第一个角点或[弧长（A）/对象（O）/矩形（R）/多边形（P）/徒手画（F）/样式（S）/修改（M）]＜对象＞：指定点 1(图 2-36)

指定对角点：指定点 2

图 2-36　矩形云线

说明：

(1) "指定第一个角点"：指定矩形修订云线的一个角点。

(2) "指定对角点"：指定矩形修订云线的对角点。

(3) "弧长（A）"：默认的弧长最小值和最大值为 0.5000。所设置的最大弧长不能超过最小弧长的三倍。

(4) "对象（O）"：指定要转换为云线的对象。

(5) "矩形（R）"：使用指定的点作为对角点创建矩形修订云线。

(6) "多边形（P）"：创建非矩形修订云线（由作为修订云线的顶点的三个点或更多点定义，见§2.2.12：2 多边形修订云线）。

(7) "徒手画（F）"：绘制徒手画修订云线（见§2.2.12：3）徒手画修订云线）。

(8) "样式（S）"：指定修订云线的样式。有普通与手绘两种（图2-37）。

(9) "修改（M）"：从现有修订云线添加或删除侧边。可以选择多段线以指定要修改的修订云线，也可以反转方向以反转修订云线上连续圆弧的方向。

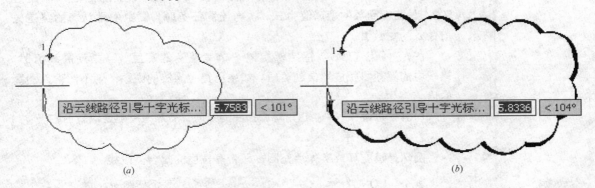

图 2-37　不同样式修订云线

(a) "普通"样式云线；(b) "手绘"样式云线

2）多边形修订云线

命令：REVCLOUD↵<　默认　→　绘图　面板标题→　　右首的　按钮→>

最小弧长：0.5　最大弧长：0.5　样式：普通　类型：矩形

指定第一个角点或[弧长（A）/对象（O）/矩形（R）/多边形（P）/徒手画（F）/样式（S）/修改（M）]<对象>：_P

最小弧长：0.5　最大弧长：0.5　样式：普通　类型：多边形

指定起点或[弧长（A）/对象（O）/矩形（R）/多边形（P）/徒手画（F）/样式（S）/修改（M）]<对象>：指定点 1（图 2-38）

指定下一点：指定点 2

指定下一点或[放弃（U）]：指定点 3、4、5

指定下一点或[放弃（U）]：↵

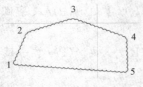

图 2-38　多边形云线

3）徒手画修订云线

命令:REVCLOUD↵<↵< 默认 → 绘图 ▾面板标题→ 🔲▾右首的▾按

钮→ 🔲徒手画 >

最小弧长:0.5　最大弧长:0.5　样式:普通　类型:矩形

指定第一个角点或[弧长(A)/对象(O)/矩形(R)/多边形(P)/徒手画(F)/样式(S)/修改(M)]<对象>:_F

最小弧长:0.5　最大弧长:0.5　样式:普通　类型:徒手画

指定第一个点或[弧长(A)/对象(O)/矩形(R)/多边形(P)/徒手画(F)/样式(S)/修改(M)]<对象>:指定点 1(图 2-37)

沿云线路径引导十字光标…

修订云线完成。

2.2.13　多线

本节的命令不包含在功能区,只能直接从命令行输入。

多线由 1～16 条平行线组成,这些平行线称为元素。

绘制多线时,可以使用包含两个元素的 STANDARD 样式,也可以指定一个新创建的样式。开始绘制之前,可以修改多线的对正和比例。多线对正确定将在光标的哪一侧绘制多线,或者是否位于光标的中心上。多线比例用来控制多线的全局宽度(使用当前单位)。多线比例不影响线型比例。如果要修改多线比例,可能需要对线型比例做相应的修改,以防点或划线的尺寸不正确。

多线的交接处可以使用多线编辑命令进行修改。

1) 多线的样式

命令:MLSTYLE↵

弹出"多线样式"对话框(图 2-39)

说明:

(1) 左侧的"样式(S):"列表框显示已加载到图形中的多线样式列表。

(2) 按下右侧的"新建(N)…"按钮,弹出"创建新的多线样式"对话框(图 2-40)。

① 在"新建样式名(N)"后的编辑框中,输入新的样式名 MLINE3。

② 按下"继续"按钮,弹出"新建多线样式:MLINE3"对话框(图 2-41)。

A. 在"说明(P):"后的文本框中,输入说明 3 Lines。

B. 按下按钮"添加(A):",添加一个图元,使多线变为三条平行线。图元列表框中将新添一条偏移为 0 的记录。同时,"删除(D)"按钮、"偏移(S):"后的文本输入框、"颜色(C):"后的下拉列

图 2-39　"多线样式"对话框

图 2-40　"创建新的多线样式"对话框

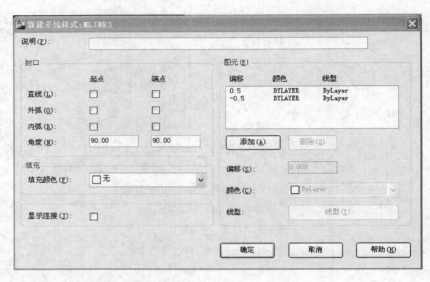

图 2-41 "新建多线样式：MLINE3"对话框

表以及"线型："后的"线型（Y）..."按钮都被激活。

C. 分别选中第一个图元与第三个图元，将"偏移（S）："后的偏移值由 0.5 改为 3.5m，−0.5 改为−3.5m。

D. 选中新添加的（第二个）图元，按下"颜色（C）："后的下拉列表框，从弹出的下拉列表（图 2-42）中选取"黄"色。注意：该下拉列表仅列出几种颜色。若所需颜色未被列出来，可以选取"选择颜色..."选项，从弹出的"选择颜色"对话框（图 2-43）中选取其他颜色。

图 2-42 颜色下拉列表

E. 继续选中新添加的图元，按下"线型（Y）..."按钮，弹出"选择线型"对话框（图 2-44）。在"已加载的线型"列表框中列出了现有的线型。我们需要的虚线线型不在其中，应将其加载进来：

a. 按下按钮"加载（L）..."，弹出"加载或重载线型"对话框（图 2-45）。

• 向下拖动"可用线型"列表框右侧的滑标，找到线型"DASHED"并选择它。

• 按下"确定"按钮或双击"DASHED"线型，则"加载或重载线型"对话框消失，返回到"选择线型"对话框（图 2-44）。

b. 在"已加载的线型"列表框中选中新添加的线型"DASHED"。

c. 按下"确定"按钮，"选择线型"对话框消失，返回到"新建多线样式：MLINE3"对话框（图 2-41）。

F. 左侧"封口"组中，可以勾选"起点"或"端点"下方的复选框，为多线端头使用"直线（L）"、"外弧（O）"、"内弧（R）"封口。也可以改变"角度（N）"的数值，使封口为斜角。

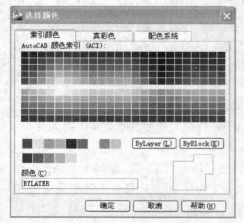

图 2-43 "选择颜色"对话框

G."填充颜色（F）"后面的下拉列表可以设置多线的背景填充色。颜色的选取方法同（D）。

H."显示连接（J）"后面的复选框控制每条多线线段顶点处连接的显示。

I. 按下"确定"按钮，"新建多线样式：MLINE3"对话框消失，返回到"多线样式"对话框（图2-39）。

（3）若按下右侧的"修改（M）..."按钮，则弹出"修改多线样式：MLINE3"对话框。其各项内容同"新建多线样式：MLINE3"对话框（图2-41）。

（4）用同样方法创建其他的多线样式。更多信息可以按 F1 键或按下"帮助（H）"按钮查阅。

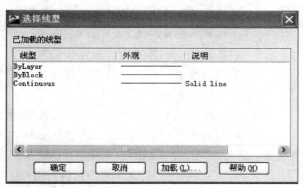

图2-44 "选择线型"对话框

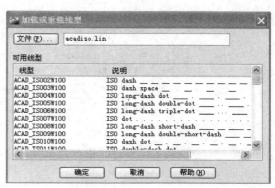

图2-45 "加载或重载线型"对话框

2）多线的绘制

命令：MLINE↵＜ML↵＞

当前设置：对正 = 上，比例 = 20.00，样式 = STANDARD

指定起点或[对正(J)/比例(S)/样式(ST)]：J↵ 修改对正方式

输入对正类型[上(T)/无(Z)/下(B)]＜上＞：Z↵ 选择中心对正方式

当前设置：对正 = 无，比例 = 20.00，样式 = STANDARD

指定起点或[对正(J)/比例(S)/样式(ST)]：S↵ 修改比例大小

输入多线比例＜20.00＞：1↵ 以米为单位，比例为 1∶1

当前设置：对正 = 无，比例 = 1.00，样式 = STANDARD

指定起点或[对正(J)/比例(S)/样式(ST)]：ST↵ 选择多线样式

输入多线样式名或[?]：MLINE3↵ 选取 MLINE3 样式

当前设置：对正 = 无，比例 = 1.00，样式 = MLINE3

指定起点或[对正(J)/比例(S)/样式(ST)]：指定点 1(图2-46)

指定下一点：@0,40↵ 指定点 2

指定下一点或[放弃(U)]：@30，-6↵ 指定点 3

指定下一点或[闭合(C)/放弃(U)]：@2，-20↵ 指定点 4

指定下一点或[闭合(C)/放弃(U)]：@-50，-10↵ 指定点 5

指定下一点或[闭合(C)/放弃(U)]：↵

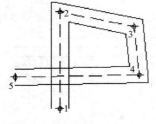

图2-46 绘制多线

说明：

（1）运行绘制多线命令后，要注意检查一下"当前设置："中的"对正"、"比例"、"样式"是否符合需要，如有不符，需逐项修改。

(2) 设置完毕后，按提示逐点绘制多线。操作提示与绘制直线相同。

3）多线的编辑

命令：MLEDIT←

弹出"多线编辑工具"对话框(图2-47)

说明：

(1)点击"十字打开"按钮,提示：

选择第一条多线：选取1,见图2-48(a)

选择第二条多线：选取2

选择第一条多线 或[放弃(U)]：选取3

选择第二条多线：选取4

选择第一条多线 或[放弃(U)]：←

将断开第一个多线的所有线条和第二个多线的外部线条，而保留第二个多线的内部线条。要注意选择的顺序。

(2) 点击"十字合并"按钮，按提示分别选取两对多线（图2-48b），将两对多线在交接处由外而内逐条结合各线条。第一、第二个多线的选择顺序可以交换。

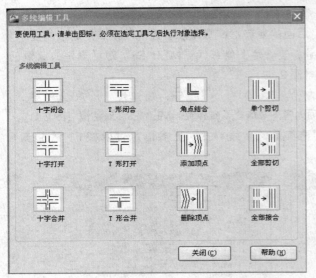

图 2-47 "多线编辑工具"对话框

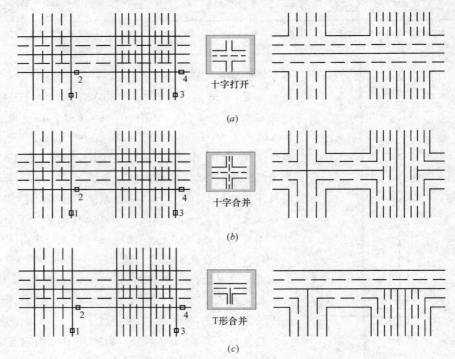

(a)

(b)

(c)

图 2-48 多线编辑效果
(a) 十字打开；(b) 十字合并；(c) T形合并

(3) 点击"T形合并"按钮，按提示分别选取两对多线（图2-48c），将第一条多线修剪或延伸到第二条多线的交点处，形成T形，并由外而内逐条结合各线条。

（4）其他按钮的功能如各自图标所示，可以完成多线的各种编辑。详细信息可以按 F1 键或按下"帮助（H）"按钮查阅。

2.3 应用实例

2.3.1 绘制灶台

使用前面所学的绘图命令，可以绘制图 2-49 所示的灶台。我们可以使用绘矩形命令绘制外框，用画线命令绘制下部横线以及圆中心线，用画圆命令绘制两个圆。

1）新建图形文件

命令：NEW↵＜Ctrl＋N＞＜快速访问工具栏→ 🗋 ＞

弹出"选择样板"对话框（图 1-20），选取"acadiso.dwt"，并按下"打开（O）"按钮。

2）绘制矩形外框

命令：RECTANGLE↵＜ RECTANG↵＞＜ REC↵＞＜ 默认 → 绘图▾ →
▭▾ ＞

指定第一个角点或[倒角（C）/标高（E）/圆角（F）/厚度（T）/宽度（W）]：0,0↵（图 2-50）

指定另一个角点或[面积（A）/尺寸（D）/旋转（R）]：@800,450↵

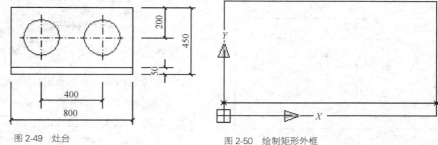

图 2-49　灶台　　　　　　　　　　　　图 2-50　绘制矩形外框

说明：

（1）为了以后重复利用此图形的方便，我们将左下角的顶点放在坐标原点（0，0），输入的数值就是"0，0"，称为绝对坐标；右上角的坐标为（800，450），输入的数值可以是绝对坐标"800，450"，或是相对坐标"@800，450"，表示 X 方向增量为 800，Y 方向增量为 450。相对坐标还可以采用极坐标输入法，如"@917.878＜29.358"，表示矢径为 917.878，方向角为 29.358 度。当动态输入开启时，若要输入绝对坐标，需要输入一个前缀井号（♯），然后再输入坐标数值。如要输入相对坐标，则无需输入任何前缀。每输完一项需要按一次回车键"↵"或空格键"▢"。

（2）如果绘制的图形超出了屏幕范围，可以使用缩放命令 ZOOM 将其调整到屏幕范围之内：

命令：ZOOM↵＜Z↵＞＜ 视图 → 导航 → 🔍 范围 ▾ 右首的 ▪ 按钮→

🔍 全部 ＞

指定窗口的角点，输入比例因子（nX 或 nXP），或者

［全部（A）/ 中心（C）/ 动态（D）/ 范围（E）/ 上一个（P）/ 比例（S）/ 窗口（W）/ 对象（O）］＜实时＞：A↵

注：若"视图"选项卡中没有"导航"面板，可以右击功能区空白处，从快捷菜单中选中它。更为快捷的缩放方法是在绘图区域双击鼠标中键。

3）绘制下部横线

命令：LINE↵＜L↵＞＜ 默认 → 绘图 ▾ → 直线 ＞

指定第一点：0,50↵

指定下一点或［放弃（U）］：　＜正交 开＞800↵ 按下 F8 打开正交，向右移动鼠标，然后输入数值

指定下一点或［放弃（U）］：↵

说明：

（1）首先关闭目标捕捉。第一点的位置坐标为（0，50），输入绝对坐标值"0，50"。

（2）第二点的坐标为（800，50），即在第一点的右侧 800。可用输入绝对直角坐标"800，0"，或相对直角坐标"@800，0"，表示 X 方向增量为 800，Y 方向增量为 0。或输入相对极坐标"@800＜0"，表示矢径为 800，方向角为 0 度。也可以在保证水平向右的前提下，直接输入距离"800"。

4）绘制圆孔

命令：CIRCLE↵＜C↵＞＜ 默认 → 绘图 ▾ → 圆 ＞

指定圆的圆心或［三点（3P）/ 两点（2P）/ 相切、相切、半径（T）］：200,250↵（图 2-51）

指定圆的半径或［直径（D）］：120↵

命令：↵ 重复执行同一命令，只要按回车或空格即可

CIRCLE 指定圆的圆心或［三点（3P）/ 两点（2P）/ 相切、相切、半径（T）］：600,250↵

指定圆的半径或［直径（D）］＜120.0000＞：↵

说明：

（1）从图 2-49 可以看出，左侧圆心位置坐标为（200，250），右侧位置坐标为（600，250），二圆的半径均为 120。

（2）在绘制第二个圆时，重复输入 CIRCLE 命令，此时可以在命令状态直接按回车或空格。

5）绘制圆中心线

命令：CENTERMARK↵＜CM↵＞＜ 注释 → 中心线 → 圆心标记 ＞

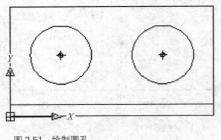

图 2-51　绘制圆孔

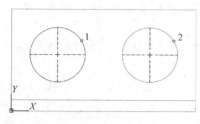

图2-52 绘制圆中心线

选择要添加圆心标记的圆或圆弧:选择圆 1、2(图 2-52)

选择要添加圆心标记的圆或圆弧:↵

6)调整线型比例

如果中心线呈现的是实线,可能是线型比例过大或过小,可以使用命令 LTSCALE 修改线型比例的大小:

命令:LTSCALE↵<LTS↵>

输入新线型比例因子<1.0000>:20↵(若仍显示为实线,可加大或减小该值)

7)保存图形文件

命令:SAVEAS↵<Ctrl+Shift+S><快速访问工具栏→🔲>

弹出"图形另存为"对话框(图 1-22),在"文件名(N):"后的文本输入框中输入"cooker",并按下"保存(S)"按钮。

对于已经保存过一次的图形,在后续的存盘操作中,可以使用如下命令:

命令:QSAVE↵<Ctrl+S><快速访问工具栏→💾>

将以原文件名重新存盘。

2.3.2 绘制浴缸

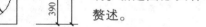

图 2-53 浴缸

对于如图 2-53 所示的浴缸,我们使用多段线 PLINE 命令绘制其外框和内框,圆角部分使用其"圆弧(A)"选项,水漏使用画圆命令 CIRCLE 绘制。新建图形文件与保存图形文件的方法与绘制灶台相同,此处不再赘述。

1)绘制矩形外框

命令:PLINE↵<PL↵><默认 → 绘图 ▾ → 📐>

指定起点:0,0↵(图 2-54,点 1)

当前线宽为 0.0000

指定下一个点或[圆弧(A)/半宽(H)/长度(L)/放弃(U)/宽度(W)]:@780,0↵(点 2)

指定下一点或[圆弧(A)/闭合(C)/半宽(H)/长度(L)/放弃(U)/宽度(W)]:@0,1860↵(点 3)

指定下一点或[圆弧(A)/闭合(C)/半宽(H)/长度(L)/放弃(U)/宽度(W)]:@−780,0↵(点 4)

指定下一点或[圆弧(A)/闭合(C)/半宽(H)/长度(L)/放弃(U)/宽度(W)]:C↵

注意:当动态输入打开时,相对坐标引导符"@"由 Auto-CAD2018 自动输入。

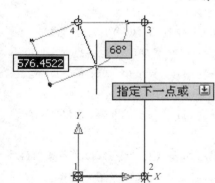

图 2-54 绘制矩形外框

2)绘制矩形内框

命令:PLINE↵<PL↵><默认 → 绘图 ▾ → 📐>

指定起点:60,390↵(图 2-55,点 1)

当前线宽为 0.0000

指定下一个点或[圆弧(A)/半宽(H)/长度(L)/放弃(U)/宽度(W)]:
<正交 开>1350↵ 竖直向上

指定下一点或[圆弧(A)/闭合(C)/半宽(H)/长度(L)/放弃(U)/宽度(W)]:A↵

指定圆弧的端点或[角度(A)/圆心(CE)/闭合(CL)/方向(D)/半宽(H)/直线(L)/半径(R)/第二个点(S)/放弃(U)/宽度(W)]:@30,30↵(图2-56)

指定圆弧的端点或[角度(A)/圆心(CE)/闭合(CL)/方向(D)/半宽(H)/直线(L)/半径(R)/第二个点(S)/放弃(U)/宽度(W)]:L↵

指定下一点或[圆弧(A)/闭合(C)/半宽(H)/长度(L)/放弃(U)/宽度(W)]:600↵(图2-57)

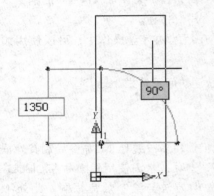

图2-55 绘制向上线段　　　　图2-56 绘制左上角圆角　　　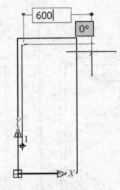

图2-57 绘制向右线段

指定下一点或[圆弧(A)/闭合(C)/半宽(H)/长度(L)/放弃(U)/宽度(W)]:A↵

指定圆弧的端点或[角度(A)/圆心(CE)/闭合(CL)/方向(D)/半宽(H)/直线(L)/半径(R)/第二个点(S)/放弃(U)/宽度(W)]:@30,-30↵(图2-58)

指定圆弧的端点或[角度(A)/圆心(CE)/闭合(CL)/方向(D)/半宽(H)/直线(L)/半径(R)/第二个点(S)/放弃(U)/宽度(W)]:L↵

指定下一点或[圆弧(A)/闭合(C)/半宽(H)/长度(L)/放弃(U)/宽度(W)]:1350↵(图2-59)

指定下一点或[圆弧(A)/闭合(C)/半宽(H)/长度(L)/放弃(U)/宽度(W)]:A↵

指定圆弧的端点或[角度(A)/圆心(CE)/闭合(CL)/方向(D)/半宽(H)/直线(L)/半径(R)/第二个点(S)/放弃(U)/宽度(W)]:CL↵(图2-60)

3) 绘制圆形水漏

命令:CIRCLE↵<C↵>

指定圆的圆心或[三点(3P)/两点(2P)/相切、相切、半径(T)]:390,1650↵(图2-61)

指定圆的半径或[直径(D)]:30↵

圆及圆弧的中心线绘制同§2.3.1.5绘制圆中心线，此处不再赘述。

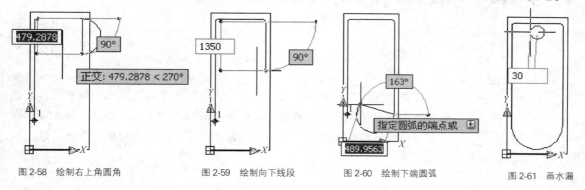

图 2-58　绘制右上角圆角　　　图 2-59　绘制向下线段　　　图 2-60　绘制下端圆弧　　　图 2-61　画水漏

【练习】

  1. 绘制图 2-4 所示的多段线。

  2. 绘制图 2-49 所示灶台。

  3. 绘制图 2-53 所示浴缸。

  4. 绘制图 2-62 所示的各种图形。

  5. 绘制图 2-63 所示茶几。

  6. 绘制图 2-64 所示水槽。

  7. 绘制并编辑图 2-65 所示多线。

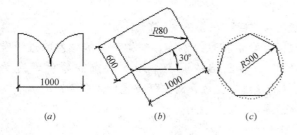

(a)　　　　　(b)　　　　　(c)

图 2-62　简单图形

(a) 门；(b) 桌子；(c) 正七边形

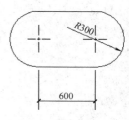

图 2-63　茶几

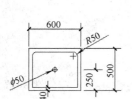

图 2-64　水槽

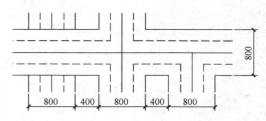

图 2-65　多线

第 3 章　常用辅助工具

本章介绍的命令不是直接绘制图形，而是用于辅助图形的绘制操作。包括将图形对象组织在不同的图层；设定图形对象的颜色、线型、线宽等；以及控制绘图区域的显示方式、图形对象捕捉模式、图形对象选择方式等。

3.1　"图层"面板

图层是 AutoCAD 用于管理其数据而引用的概念，如同把各种不同的信息逐类叠加起来。例如在建筑平面图中，可能需要将墙、柱、天花、管道、电线、家具等不同图形区分开来，另外，相关的符号、注释、尺寸标注等项内容也需要逐一分辨，以便根据不同需求，既可以单独显示出其中任一项内容，也可以显示出任意几项的组合。只要将各项内容放在不同的图层里，就可以方便地将任何一层关闭或打开，便于观察或修改。

3.1.1　"图层特性"按钮

显示图形中的图层的列表及其特性。主要功能有：

- 创建、重命名和删除图层
- 设置当前图层（新对象将自动在其中创建）
- 为该图层上的对象指定默认特性（例如，如果对象的颜色特性设定为"BYLAYER"，则对象将显示该图层的颜色。如果对象的颜色设定为"红"，则不管指定给该图层的是什么颜色，对象都将显示为红色）
- 设置图层上的对象是显示还是关闭
- 控制是否打印图层上的对象
- 设置图层是否锁定以避免编辑
- 控制布局视口的图层显示特性
- 对图层名进行排序、过滤和分组

命令：LAYER↵<LA↵>

弹出"图层特性管理器"对话框（图 3-1）。左侧为树状图，右侧为列表视图。

说明：

(1) 图层和图层特性

①"新建图层" ：使用默认名称创建图层，用户可以立即更改该名称。新图层将继承图层列表中当前选定图层的特性。

②"所有视口中已冻结的新图层" ：创建图层，然后在所有现有布局视口中将其冻结。可以在"模型"选项卡或"布局"选项卡上访问此按钮。

图 3-1 "模型"选项卡中的"图层特性管理器"对话框

③"删除图层"：删除选定图层。无法删除以下图层：

- 图层 0 和 Defpoints
- 包含对象（包括块定义中的对象）的图层
- 当前图层
- 在外部参照中使用的图层
- 局部已打开的图形中的图层（不适用于 AutoCAD LT）。

④"置为当前"：将选定图层设定为当前图层。将在当前图层上自动创建新对象（CLAYER 系统变量）。

（2）图层特性的设定（列表视图中）

①"状态"（只读）：指示项目的类型，可以是图层过滤器｛空｝（图 3-2，可以在列表视图中单击鼠标右键，从快捷菜单中选中"在图层列表中显示过滤器"，将在列表视图的顶部显示过滤器）、当前图层、非空图层、空图层、布局视口中的特性替代已打开的非空图层、布局视口中的特性替代已打开的空图层。

②"名称"：显示图层或过滤器的名称。按 F2 键输入新名称。注意：在 CAD 系统中图层名在共享范围内图层名应唯一，且中、英文命名格式不得混用。图层名不宜超过 31 个字符，可用字母、数字、连接符（-）、汉字及下划线（_）组成。图层名应具有可读性，便于记忆和检索。

③"开"：打开和关闭选定图层。当图层打开时，它可见并且可以打印。当图层关闭时，它不可见并且不能打印，即使"打印"列中的设置已打开也是如此。

④"冻结"：在所有视口中冻结或解冻选定的图层。可以冻结图层来提高 ZOOM、PAN 和其他若干操作的运行速度，提高对象选择性能并减

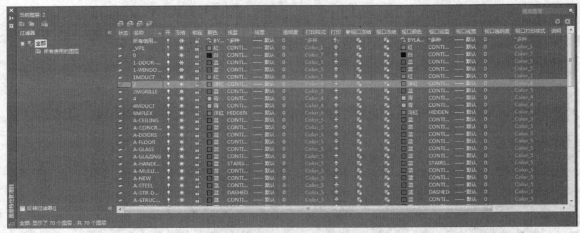

图 3-2 "布局"选项卡中的"图层特性管理器"对话框

少复杂图形的重生成时间。冻结后的图层将不会显示、打印或重生成该图层上的对象。在支持三维建模的图形中,将无法消隐、渲染冻结的图层。不能冻结当前层。

⑤"锁定":锁定🔒和解锁🔓选定图层。无法修改锁定图层上的对象。将光标悬停在锁定图层中的对象上时,对象显示为淡入并显示一个小锁图标。

⑥"颜色":弹出"选择颜色"对话框(图 2-43),可以从"索引颜色"、"真彩色"或"配色系统"选项卡中选定项的颜色。

⑦"线型":弹出"选择线型"对话框(图 2-44),更进一步的操作见"§2.2.13:1)多线的样式"中有关选择线型的说明。

⑧"线宽":弹出"线宽"对话框(图 3-3),从中选定线宽。如果设定宽度在图形中没有显示出来,可以按下状态栏上的"线宽"按钮(详见本章§3.4.10"显示/隐藏线宽"),或将系统变量 LWDISPLAY 设置为 1 以打开线宽的显示。注意:在模型空间中,线宽以像素显示,并且在缩放时不发生变化。因此,在模型空间中精确表示对象的宽度时不应该使用线宽。例如,如果要绘制一个实际宽度为 0.5 英寸的对象,就不能使用线宽而应该用宽度为 0.5 英寸的多段线表现对象。

图 3-3 "线宽"对话框

⑨"透明度":显示"透明度"对话框(图 3-4),可以在其中指定选定图层的透明度。有效值从 0~90,值越大,对象越显得透明。

⑩"打印样式":如果打印样式表类型为命名打印样式表(图形在创建时使用的"dwt"样板文件的文件名带有"Named Plot Styles"字符),则可以单击某一项的"打印样式"列,从弹出的"选择打印样式"对话框中(图 3-5)选择新的打印样式。对于使用颜色相关打印样式表的图形(PSTYLEPOLICY 系统变量设置为 1),"打印样式"列自动设置为与颜色号对应的打印样式,不能修改。

图 3-4 "透明度"对话框

⑪"打印":控制图层可打印🖨或不可打印🚫。即使关闭图层的打印,仍将显示该图层上的对象。将不会打印已关闭或冻结的图层,而不管"打

印"设置。

图3-5 "选择打印样式"对话框

⑫"新视口冻结"：在新布局视口中冻结🔳或解冻🔳选定图层。例如，若在所有新视口中冻结 DIMENSIONS 图层，将在所有新建的布局视口中限制标注显示，但不会影响现有视口中的 DIMENSIONS 图层。如果以后创建了需要标注的视口，则可以通过更改当前视口设置来替代默认设置。

⑬"视口冻结"（仅用于布局选项卡）：仅在当前布局视口中冻结🔳或解冻🔳选定的图层。如果图层在图形中已冻结或关闭，则无法在当前布局视口中解冻该图层。

⑭"视口颜色"（仅用于布局选项卡）：弹出"选择颜色"对话框（图2-43），设置与当前布局视口上的选定图层关联的颜色替代。

⑮"视口线型"（仅用于布局选项卡）：弹出"选择线型"对话框（图2-44），设置与当前布局视口上的选定图层关联的线型替代。

⑯"视口线宽"（仅用于布局选项卡）：弹出"线宽"对话框（图3-3），设置与当前布局视口上的选定图层关联的线宽替代。

⑰"视口透明度"（仅用于布局选项卡）：显示"透明度"对话框（图3-4），设置与当前布局视口上的选定图层关联的透明度替代。

⑱"视口打印样式"（仅用于布局选项卡）：设置与当前布局视口上的选定图层关联的打印样式替代。当图形中的视觉样式设定为"概念"或"真实"时，替代设置将在视口中不可见或无法打印。对于颜色相关打印样式（PSTYLEPOLICY 系统变量设置为 1），无法设置打印样式替代。

⑲"说明"：描述图层或图层过滤器。

⑳ 可以在列表视图中一次选择多个图层，然后统一修改各图层的特性：

A. 连续选择法：在选择了第一图层后，按住 Shift 键，再用鼠标选取最后一个图层（图 3-6 中间大块黑色部分）。注意：最后一层可以在第一层的下方，也可以在其上方。

B. 非连续选择法：按住 Ctrl 键，用鼠标逐个选取其他几个不连续的图层（图 3-6 上部的两项黑色部分及下部的三项黑色部分）。

（3）管理图层列表

①"搜索图层" 🔍：在框中输入字符时，按名称过滤图层列表。提供下列通配符：

字符	定义
# （磅字符）	匹配任意数字
@ （at）	匹配任意字母字符
. （句点）	匹配任意非字母数字字符
* （星号）	匹配任意字符串，可以在搜索字符串的任意位置使用
? （问号）	匹配任意单个字符，例如，? BC 匹配 ABC、3BC 等
～ （波浪号）	匹配不包含自身的任意字符串，例如，～ * AB * 匹配所有不包含 AB 的字符串
[ ]	匹配括号中包含的任意一个字符，例如，[AB] C 匹配 AC 和 BC
[～]	匹配括号中未包含的任意字符，例如，[～AB] C 匹配 XC 而不匹配 AC

[-]	指定单个字符的范围，例如，[A-G] C 匹配 AC、BC 直到 GC，但不匹配 HC
`（反引号）	逐字读取其后的字符；例如，`~AB 匹配~AB

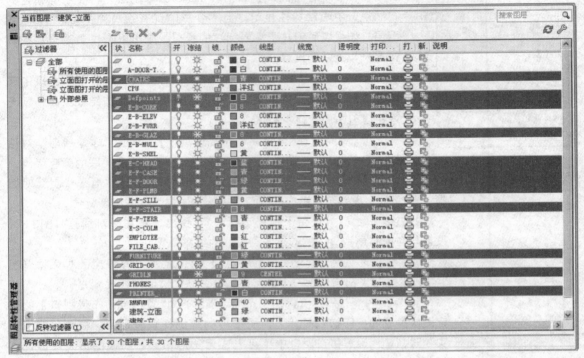

图 3-6　选取多个图层

②"新建特性过滤器" 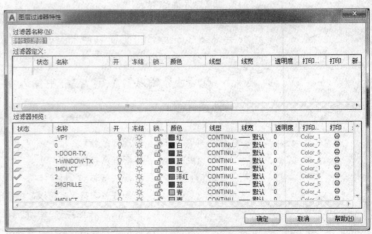：显示"图层过滤器特性"对话框（图 3-7），从中可以创建图层过滤器。图层过滤器将图层特性管理器中列出的图层限制为具有指定设置和特性的图层。例如，可以将图层列表限制为仅已打开和解冻的图层。

图 3-7　"图层过滤器特性"对话框

③"新建组过滤器" ：创建图层过滤器，其中仅包含拖动到该过滤

器的图层。

④"反转过滤器"：显示所有不满足选定图层过滤器中条件的图层。

(4) 过滤器列表（图3-1与图3-2中的左侧树状图）：显示图形中的图层过滤器列表。单击 >> << 可展开或收拢过滤器列表。当"过滤器"列表处于收拢状态时，请使用位于图层特性管理器左下角的"图层过滤器"按钮 来显示过滤器列表。

有六种预定义的过滤器：

- 全部：列出当前图形中的所有图层。
- 所有非外部参照图层：列出未从外部参照图形参照的所有图层。
- 所有使用的图层：列出包含对象的所有图层。
- 外部参照：列出从外部参照图形参照的所有图层。
- 视口替代：列出包含当前布局视口中特性替代的所有图层。
- 未协调的新图层：列出自上次打开、保存、重载或打印图形后添加的所有未协调的新图层。当图层通知功能已启用时，新图层将被视为未协调，直到用户以协调形式接受该图层。

(5) 其他工具

①"图层状态管理器" ：显示图层状态管理器（图3-8），从中可以保存、恢复和管理图层设置集（即，图层状态集）。

②"刷新" ：刷新图层列表的顺序和图层状态信息。

③"设置" ：显示"图层设置"对话框（图3-9），从中可以设置各

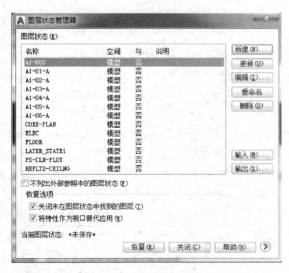

图3-8 "图层状态管理器"对话框

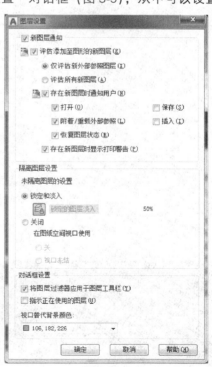

图3-9 "图层设置"对话框

图 3-10 列标签快捷菜单位置

种显示选项。

(6) 列标签快捷菜单（鼠标右击位置见图 3-10，快捷菜单见图 3-11）

① 列名：按名称列出所有列（从"状态"到"说明"）。复选标记指示该列包括在显示中。单击列名称可显示或隐藏列。仅当布局视口处于活动状态时，视口冻结、视口颜色、视口线型、视口线宽和视口打印样式才可用。

② "自定义..."：显示"自定义图层列"对话框（图 3-12），从中可以指定需隐藏或显示的列，或者更改列顺序。

③ "最大化所有列"：更改所有列的宽度，以使其适合列标题和数据内容。

④ "最大化列"：更改选定列的宽度，以使其适合该列的列标题和数据内容。

⑤ "优化所有列"：更改所有列的宽度，以使其适合每一列的内容。

⑥ "优化列"：更改选定列的宽度，以使其适合该列的内容。

图 3-11 列标签快捷菜单

图 3-12 "自定义图层列"对话框

⑦ "冻结列（或解冻列）"：通过冻结，可使列及左侧的所有列在滚动时均可见。解冻以便所有列均可滚动。

⑧ "将所有列恢复为默认值"：将所有列设置为其默认的显示和宽度设置。

(7) "图层列表"快捷菜单（鼠标右击位置见图 3-13，快捷菜单见图 3-14）：

① "显示过滤器树"：显示"过滤器"列表。清除此选项可以隐藏该列表，与 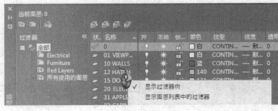 相同。

图 3-13 "图层列表"快捷菜单位置

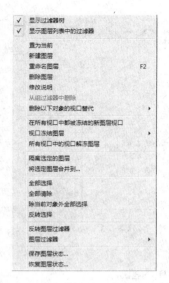

图 3-14 "图层列表"快捷菜单

②"在图层列表中显示过滤器"：显示位于图层列表顶部的图层过滤器。清除此选项以仅显示图层列表中的图层。

③"置为当前"：将选定图层设定为当前图层，与 📑 相同。

④"新建图层"：创建图层，与 📑 相同。

⑤"重命名图层"：编辑图层名。

⑥"删除图层"：从图形文件中删除选定图层，与 📑 相同。

⑦"修改说明"：编辑选定图层的说明。如果图层过滤器显示在图层列表中，则可以通过编辑过滤器的说明，在过滤器的所有图层上编辑它。

⑧"从组过滤器中删除"：将选定图层从"过滤器"列表中选定的图层组过滤器中删除。

⑨"协调图层"：从未协调的新图层过滤器中删除新图层。此选项仅在已选定未协调图层时可用。当图层通知功能已启用时，新图层将被视为未协调，直到用户以协调形式接受该图层。

⑩"删除视口替代"：此选项仅在布局视口中可用。删除当前视口或所有视口的选定图层（或所有图层）上的单个替代特性或所有特性替代。根据打开快捷菜单时光标所处的位置，在弹出菜单中将显示不同的选项。要删除单个特性替代，请在该特性替代上单击鼠标右键。

⑪"所有视口中已冻结的新图层"：创建图层，并在所有现有布局视口和新视口中将其冻结。与 📑 相同。

⑫"视口冻结图层"：冻结所有新的和现有布局视口中选定的图层。

⑬"视口 解冻所有视口中的图层"：解冻所有新的和现有布局视口中选定的图层。

⑭"隔离选定图层"：关闭选定图层之外的所有图层。

⑮"将选定的图层合并到…"：将选定的图层合并到指定的图层。选定图层上的对象将移动到新图层并继承该图层的特性。

⑯"全部选择"：选择显示在图层列表中的所有图层。

⑰"全部清除"：取消选择图层列表中的所有图层。

⑱"除当前外全部选择"：选择显示在图层列表中的所有图层，当前图层除外。

⑲"反向选择"：选择图层列表中显示的所有项目，当前选定的项目除外。

⑳"反向图层过滤器"：显示所有不满足活动图层特性过滤器中条件的图层。

㉑"图层过滤器"：显示包括默认图层过滤器在内的图层过滤器列表。单击过滤器可将其应用到图层列表。

㉒"保存图层状态…"：将当前图层设置另存为图层状态。

㉓"恢复图层状态…"：显示图层状态管理器，从中可以选择要恢复的图层状态。此操作仅恢复那些在保存图层状态时，已在图层状态管理器中指

定的设置。

(8) "过滤器列表"快捷菜单(鼠标右击位置见图 3-15,快捷菜单见图 3-16):

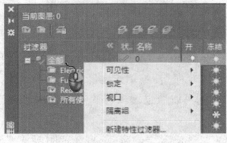

图 3-15 "过滤器列表"快捷菜单位置　　　　图 3-16 "过滤器列表"快捷菜单

① "可见性":更改选定过滤器中图层的可见性。

② "锁定":控制是锁定还是解锁选定过滤器中的图层。

③ "视口":在当前布局视口中,控制选定过滤器中图层的"视口冻结"设置。

④ "隔离组":冻结所有未包括在选定过滤器中的图层。

A. 所有视口:

a. 在所有布局视口中,将未包括在选定过滤器中的所有图层设置为"视口冻结"。

b. 在模型空间中,将冻结不在选定过滤器中的所有图层,当前图层除外。

B. 仅活动视口:

a. 在当前布局视口中,将未包括在选定过滤器中的所有图层设置为"视口冻结"。

b. 在模型空间中,将关闭未包括在选定过滤器中的所有图层,当前图层除外。

⑤ "新建特性过滤器 …":显示"图层过滤器特性"对话框(图3-7),与 [▼] 相同。

⑥ "新建组过滤器":创建图层组过滤器。与 [□] 相同。

⑦ "转换为组过滤器":将选定图层特性过滤器转换为图层组过滤器。

⑧ "重命名":编辑选定的图层过滤器名称。

⑨ "删除":删除选定的图层过滤器。无法删除"全部"、"所有使用的图层"或"外部参照"图层过滤器。

⑩ "特性":显示"图层过滤器特性"对话框,从中可以修改选定图层特性过滤器的定义。仅当选定了某一个图层特性过滤器后,此选项才可用。

⑪ "选择图层":添加或替换选定图层组过滤器中的图层。仅当选定了某一个图层组过滤器后,此选项才可用。

A. 添加:将图层从图形中选定的对象添加到选定图层组过滤器。

B. 替换:用图形中选定对象所在的图层替换选定图层组过滤器的图层。

3.1.2 "图层"下拉列表框

"图层"下拉列表框 ，可以用来设置新对象的缺省图层、编辑现有对象的图层和切换图层特性。其位置在 默认 选项卡 图层 ▼ 面板顶部。

1) 设置当前层（新对象的缺省图层）

(1) 单击图层下拉列表框，显示图层下拉列表（图3-17）；

(2) 移动亮条到新的对象图层名称位置；

(3) 选定该层作为新对象的缺省图层。

2) 编辑现有对象的图层

(1) 选择要修改图层的对象（可以选择多个对象）；

(2) 单击图层下拉列表框，弹出图层下拉列表（图3-18）；

(3) 选定新的图层作为被选取对象的图层（要取消对象的选取可以按下ESC键）。

图3-17 "建筑-立面"设置为新的当前层

图3-18 把选取的对象图层由"建筑-立面"改换到"建筑-立面-轮廓"

3) 切换图层特性

(1) 开/关图层：

① 单击图层下拉列表框，弹出图层下拉列表；

② 单击需要开/关图层的指示灯（💡或💡），使其由开启到关闭或由关闭到开启；

③ 在下拉列表之外单击鼠标，完成切换操作。

(2) 冻结/解冻图层：

① 单击图层下拉列表框，弹出图层下拉列表；

② 单击需要冻结/解冻图层的图标（❄️或☼），使其在太阳与雪花间切换；

③ 在下拉列表之外单击鼠标，完成切换操作。

(3) 锁定/解锁当前视口：

① 单击图层下拉列表框，弹出图层下拉列表；

② 单击需要冻结/解冻当前视口图层的图标（或），使其在太阳与雪花间切换；

③ 在下拉列表之外单击鼠标，完成切换操作。

(4) 锁定/解锁图层：

① 单击图层下拉列表框，弹出图层下拉列表；

② 单击需要锁定/解锁图层的图标（或），使其在锁定与解锁间切换；

③ 在下拉列表之外单击鼠标，完成切换操作。

3.1.3 "图层"特性操作分项按钮

1）关闭选定对象的图层

关闭选定对象所在的图层。关闭选定对象的图层可使该对象不可见。如果在处理图形时需要不被遮挡的视图，或者如果不想打印细节（例如参考线），则此命令将很有用。

命令：LAYOFF ← < 默认 → 图层 ▼ → >

当前设置：视口＝视口冻结，块嵌套级别＝块

选择要关闭的图层上的对象或[设置(S)/放弃(U)]：

说明：

(1)"选择要关闭的图层上的对象"：选择一个或多个要关闭其所在图层的对象。

(2)"设置（S)"：显示"视口和块定义"设置类型。选定的设置在会话期间保持不变。

①"视口"：显示视口设置类型。

A."视口冻结"：在图纸空间的当前视口中冻结选定的图层。

B."关"：在图纸空间的所有视口中关闭选定的图层。

②"块选择"：显示"块选择"设置类型，从中可以冻结选定对象所在的图层。

A."块"：关闭选定对象所在的图层。如果选定的对象嵌套在块中，则关闭包含该块的图层。如果选定的对象嵌套在外部参照中，则关闭该对象所在的图层。

B."图元"：即使选定对象嵌套在外部参照或块中仍将关闭选定对象所在的图层。

C."无"：关闭选定对象所在的图层。如果选定块或外部参照，则关闭包含该块或外部参照的图层。

(3)"放弃（U)"：取消上一个图层选择。

2）打开所有图层

打开图形中的所有图层。之前关闭的所有图层均将重新打开。在这些图层上创建的对象将变得可见，除非这些图层也被冻结。

命令：LAYON↵<　默认　→　图层　▼　→　≡＃＞

所有图层均已打开。

3）隔离

隐藏或锁定除选定对象所在图层外的所有图层。根据当前设置，除选定对象所在图层之外的所有图层均将关闭、在当前布局视口中冻结或锁定。保持可见且未锁定的图层称为隔离。

命令：LAYISO↵<　默认　→　图层　▼　→　≡＃＞

当前设置：锁定图层，Fade＝50

选择要隔离的图层上的对象或［设置（S）］：

说明：

（1）"选择要隔离的图层上的对象"：选择一个或多个对象后，根据当前设置，除选定对象所在图层之外的所有图层均将关闭、在当前布局视口中冻结或锁定。分项隔离保持可见和未锁定的图层。

注：默认情况下，将淡入锁定的图层。可以从此命令中的"锁定"选项指定淡入的百分比。可以稍后使用 LAYLOCKFADECTL 系统变量更改该值。

如果在会话期间更改了图层，并希望将图层立即恢复为输入 LAYISO 命令前的状态，则可以使用 LAYUNISO 命令。

（2）"设置（S）"：控制是在当前布局视口中关闭、冻结图层还是锁定图层。

①"关闭"：关闭或冻结除选定对象所在图层之外的所有图层。

A."视口冻结"：在布局中，仅冻结当前布局视口中除选定图层之外的所有图层。图形中的其他布局视口不变。如果不在布局中，则所有其他图层均将关闭。

B."关"：关闭所有视口中除选定图层之外的所有图层。

②"锁定和淡入"：锁定除选定对象所在的图层之外的所有图层，并设置锁定图层的淡入度。

4）取消隔离

恢复使用 LAYISO 命令隐藏或锁定的所有图层。反转之前的 LAYISO 命令的效果。使用 LAYISO 命令之后对图层设置所做的任何其他更改都将保留。

命令：LAYUNISO↵<　默认　→　图层　▼　→　≡＃＞

已恢复由 LAYISO 命令隔离的图层。

说明：

LAYUNISO 将图层恢复为输入 LAYISO 命令之前的状态。输入 LAYUNISO 命令时，将保留使用 LAYISO 后对图层设置的更改。如果未使用 LAYISO，LAYUNISO 将不恢复任何图层。

注：只要未更改图层设置，也可以通过使用"图层"工具栏上的"上一个图层"按钮（或在命令提示下输入 LAYERP）将图层恢复为上一个图层状态。

5）冻结

冻结选定对象所在的图层。冻结图层上的对象不可见。在大型图形中，冻结不需要的图层将加快显示和重生成的操作速度。在布局中，可以冻结各个布局视口中的图层。

命令：LAYFRZ←〈 默认 → 图层 ▼ → 🔆 〉

当前设置：视口＝视口冻结，块嵌套级别＝块

选择要冻结的图层上的对象或[设置(S)/放弃(U)]：

说明：

(1)"选择要冻结的图层上的对象"：指定要冻结的图层。

(2)"设置（S）"：显示视口和块定义的设置。选定的设置在会话期间保持不变。

①"视口"：显示视口的设置。

A."冻结"：冻结在所有视口中的所有对象。

B."视口冻结"：仅冻结当前视口中的一个对象。

②"块选择"：显示块定义的设置。

A."块"：如果选定的对象嵌套在块中，则冻结该块所在的图层。如果选定的对象嵌套在外部参照中，则冻结该对象所在的图层。

B."图元"：即使选定的对象嵌套在外部参照或块中，仍冻结这些对象所在的图层。

C."无"：如果选定块或外部参照，则冻结包含该块或外部参照的图层。

(3)"放弃（U）"：取消上一个图层选择。

6）解冻所有图层

解冻图形中的所有图层。之前所有冻结的图层都将解冻。在这些图层上创建的对象将变得可见，除非这些图层也被关闭或已在各个布局视口中被冻结。必须逐个图层地解冻在各个布局视口中冻结的图层。

命令：LAYTHW←〈 默认 → 图层 ▼ → 🔆 〉

所有图层均已解冻。

注：LAYTHW 不能在视口中解冻图层。使用 VPLAYER 命令在视口中解冻图层。

7）锁定

锁定选定对象所在的图层。使用此命令，可以防止意外修改图层上的对象。还可以使用 LAYLOCKFADECTL 系统变量淡入锁定图层上对象的显示。

命令：LAYLCK←〈 默认 → 图层 ▼ → 🔒 〉

选择要锁定的图层上的对象：

8）解锁

解锁选定对象所在的图层。

命令：LAYULK←〈 默认 → 图层 ▼ → 🔓 〉

选择要解锁的图层上的对象：

将光标悬停在锁定图层上的对象上方时，将显示锁定图标。

用户可以选择锁定图层上的对象并解锁该图层，而无需指定该图层的名称。可以选择和修改已解锁图层上的对象。

9）置为当前

将当前图层设定为选定对象所在的图层。可以通过选择当前图层上的对象来更改该图层。这是在图层特性管理器中指定图层名的又一简便方法。

命令：LAYMCUR←＜ 默认 → 图层 ▼ → 🖫 ＞

选择将使其图层成为当前图层的对象：

10）匹配图层

更改选定对象所在的图层，以使其匹配目标图层。如果在错误的图层上创建了对象，可以通过选择目标图层上的对象来更改该对象的图层。

命令：LAYMCH←＜ 默认 → 图层 ▼ → 🖾 ＞

选择要更改的对象：

选择对象：选择一个对象 找到 1 个

选择对象：选择一个对象 找到 1 个，总计 2 个

选择对象：选择一个对象 找到 1 个，总计 3 个

选择对象：←

选择目标图层上的对象或 ［名称(N)］：选择一个对象

3 个对象更改到图层 "E-B-CORE"

说明：

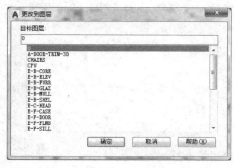

图 3-19 "更改到图层"对话框

（1）"选择要更改的对象"：选择要修改其图层的对象。

（2）"选择目标图层上的对象"：选择更改到图层的对象。

（3）"名称（N）"：显示"更改到图层"对话框（图3-19），从中选取目标图层。

3.1.4 其他"图层"命令

以下"图层"命令在 默认 选项卡的 图层 ▼ 面板中没有直接显示，需要点击 图层 ▼ 面板标题，再从下拉面板中选取命令。

1）"图层状态"下拉列表框

图 3-20 "图层状态"下拉列表

"图层状态"下拉列表框 未保存的图层状态 ▼ ，可以打开或关闭用于保存、恢复和管理命名图层状态的图层状态管理器。其位置在 默认 选项卡 图层 ▼ 下拉面板顶部。当图层状态未被保存过时，下拉列表框显示为"未保存的图层状态"，否则显示已保存的命名图层状态。单击"图层状态"下拉列表框，显示"图层状态"下拉列表（图 3-20）。

（1）"新建图层状态 ..."（LAYERSTATESAVE）：显示"要保存的新图层状态"对话框（图 3-21），通过提供名称、输入可选说明，可以在该对话框中创建图层状态。

（2）"管理图层状态 ..."（LAYERSTATE）：显示"图层状态管理器"对话框（图 3-8），保存、恢复和管理称为图层状态的图层设置的集合。详见帮

图 3-21 "要保存的新图层状态"对话框

助信息中的"图层状态管理器"。

2)"上一个"图层

放弃对图层设置所做的上一个或上一组更改。

命令：LAYERP← < 默认 → 图层 ▼ 面板标题→ >

已恢复上一个图层状态。

说明：

(1) 若图层已到初始状态，则提示："*没有上一个图层状态*"。

(2) 如果重命名图层并更改其特性，该命令将恢复原特性，但不恢复原名称。

(3) 如果对图层进行了删除或清理操作，则该命令将无法恢复该图层。

(4) 如果将新图层添加到图形中，则该命令不能删除该图层。

3)"更改为当前图层"

将选定对象的图层特性更改为当前图层的特性。如果发现在错误图层上创建的对象，可以将其快速更改到当前图层上。

命令：LAYCUR← < 默认 → 图层 ▼ 面板标题→ >

选择要更改到当前图层的对象：选择一个对象 找到 1 个

选择要更改到当前图层的对象：选择一个对象 找到 1 个，总计 2 个

选择要更改到当前图层的对象：←

2 个对象已更改到图层"0"（当前图层）。

4)"将对象复制到新图层"

将一个或多个对象复制到其他图层。在指定的图层上创建选定对象的副本。用户还可以为复制的对象指定其他位置。

命令：COPYTOLAYER← < 默认 → 图层 ▼ 面板标题→ >

选择要复制的对象：选择一个对象 找到 1 个

选择要复制的对象：选择一个对象 找到 1 个，总计 2 个

选择要复制的对象：←

选择目标图层上的对象或[名称(N)]<名称(N)>:选择一个对象

2 个对象已复制并放置在图层"E-F-TERR"上。

指定基点或[位移(D)/退出(X)]<退出(X)>:指定一点

指定位移的第二个点或<使用第一点作为位移>:指定一点

5)"图层漫游"

显示选定图层上的对象并隐藏所有其他图层上的对象。

命令：LAYWALK← < 默认 → 图层 ▼ 面板标题→ >

显示"图层漫游"对话框（图 3-22）。其中包含图形中所有图层的列表。对于包含大量图层的图形，用户可以过滤显示在对话框中的图层列表。使用此命令可以检查每个图层上的对象和清理未参照的图层。

默认情况下，效果是暂时性的，关闭对话框后图层将恢复。

图 3-22 "图层漫游"对话框

6)"视口冻结当前视口以外的所有视口"

冻结除当前视口外的所有布局视口中的选定图层。通过在除当前视口之外的所有视口中冻结图层,隔离当前视口中选定对象所在的图层。可以选择隔离所有布局或仅隔离当前布局。

此命令将自动化使用图层特性管理器中的"视口冻结"的过程。用户可以在每个要在其他布局视口中冻结的图层上选择一个对象。

注:仅当将 TILEMODE 设定为 0 并且已定义两个或多个图纸空间视口时,LAYV-PI 才有效。

命令:LAYVPI↵<　默认　→　图层　▼　面板标题→ ⬚ >

当前设置:布局=当前布局,块嵌套级别=块

选择要在视口中隔离的图层上的对象或[设置(S)/放弃(U)]:

说明:

(1)"选择要在视口中隔离的图层上的对象":选择要在视口中隔离其所在图层的对象。

(2)"设置":显示"视口和块定义"设置类型。选定的设置在会话期间保持不变。

①"布局":显示用于隔离图层的布局选项。

A."所有布局":在所有布局中,在除当前视口之外的所有视口中隔离选定对象所在的图层。

B."当前布局":在当前布局中,在除当前视口之外的所有视口中隔离选定对象所在的图层。该选项在会话期间保持不变。

②"块选择":显示"块选择"设置类型,从中可以冻结选定对象所在的图层。

A."块":隔离选定对象所在的图层。如果选定的对象嵌套在块中,则隔离包含该块的图层。如果选定的对象嵌套在外部参照中,则隔离该对象所在的图层。

B."图元":即使选定对象嵌套在外部参照或块中,仍将隔离选定对象所在的图层。

C."无":隔离选定对象所在的图层。如果选定块或外部参照,则隔离包含该块或外部参照的图层。

7)"合并"图层

将选定图层合并为一个目标图层,并从图形中将它们删除。可以通过合并图层来减少图形中的图层数。将所合并图层上的对象移动到目标图层,并从图形中清理原始图层。

命令:LAYMRG↵<　默认　→　图层　▼　面板标题→ 🖫 >

选择要合并的图层上的对象或[命名(N)]:选择对象

选定的图层:PANELS_201。

选择要合并的图层上的对象或[名称(N)/放弃(U)]:选择对象

选定的图层:PANELS_201,E-B-FURR。

选择要合并的图层上的对象或[名称(N)/放弃(U)]:↵

选择目标图层上的对象或[名称(N)]:选择对象

＊＊＊＊＊＊＊＊＊警告＊＊＊＊＊＊＊＊＊

将要把 2 个图层合并到图层"E-F-TERR"中。

是否继续？[是(Y)/否(N)]＜否(N)＞:Y↵

删除图层"PANELS_201"。

删除图层"E-B-FURR"。

已删除 2 个图层。

说明：

(1) 要合并的图层：

①"选择要合并的图层上的对象"：选择图层上的对象，该图层的对象将移动到目标图层。

②"命名（N）"或"名称（N）"：显示"合并图层"对话框（图3-23），从中可以选择要移动其对象的图层的名称。按住 Ctrl 键并单击可选择多个图层。

③"放弃（U）"：从要合并的图层列表中删除之前的选择。

(2) 目标图层：

①"选择目标图层上的对象"：选择要保留其特性的图层上的对象。

②"名称（N）"：显示"合并到图层"对话框（图3-24），从中可以选择要移动其对象的图层的名称。

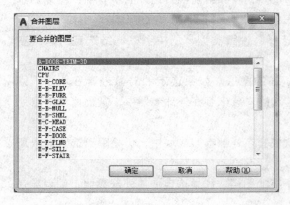

图 3-23 "合并图层"对话框

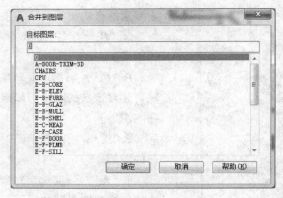

图 3-24 "合并到图层"对话框

8)"删除"图层

删除图层上的所有对象并清理该图层。此命令还可以更改使用要删除的图层的块定义。还会将该图层上的对象从所有块定义中删除并重新定义受影响的块。

命令:LAYDEL↵＜ 默认 ► 图层 ▼ 面板标题 ► ＞

选择要删除的图层上的对象或[名称(N)]:选择对象

选定的图层:E-F-STAIR。

选择要删除的图层上的对象或[名称(N)/放弃(U)]:选择对象

选定的图层:E-F-STAIR,E-B-CORE。

选择要删除的图层上的对象或[名称(N)/放弃(U)]:↵

＊ ＊ ＊ ＊ ＊ ＊ ＊ ＊ 警告 ＊ ＊ ＊ ＊ ＊ ＊ ＊ ＊

将要从该图形中删除以下图层。

E-F-STAIR

E-B-CORE

是否继续?[是(Y)/否(N)]<否(N)>:Y↵

删除图层"E-F-STAIR"。

删除图层"E-B-CORE"。

已删除 2 个图层。

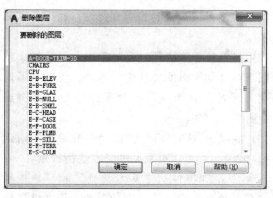

图 3-25 "删除图层"对话框

说明:

(1)"选择要删除的图层上的对象":指定要删除的图层上的对象。

(2)"名称(N)":显示"删除图层"对话框(图 3-25),从中可以选择要删除的图层的名称。按住 Ctrl 键或 Shift 键并单击可选择多个图层。

9)"锁定的图层淡入"

控制锁定图层上对象的淡入程度。淡入锁定图层上的对象以将其与未锁定图层上的对象进行对比,并降低图形的视觉复杂程度。锁定图层上的对象仍对参照和对象捕捉可见。

命令:LAYLOCKFADECTL(系统变量)↵< 默认 → 图层 ▼ 面板标题→

多 锁定的图层淡入 50% >

控制锁定图层上对象淡入度的范围为从 -90~90。

值   说明

0   锁定图层不淡入

>0   当该值为正时,将淡入度的百分比控制到最高淡入 90%

<0   当该值为负时,不淡入锁定图层,但是将保存该值,以通过更改符号切换至该值

注:将淡入度值限制到 90%,以免与关闭或冻结的图层混淆。

3.2 "特性"面板

"特性"面板中的命令主要用于设定与修改图形对象的颜色、线型、线宽等。

3.2.1 "特性匹配"按钮

将选定对象的某些或所有特性复制到其他若干对象。可应用的特性类型包含颜色、图层、线型、线型比例、线宽、打印样式、透明度和其他指定的特性。

命令：MATCHPROP←<MA←><PAINTER←>< 默认 → 特性 ▼ →

>

选择源对象：选择要复制其特性的对象

当前活动设置： 颜色 图层 线型 线型比例 线宽 透明度 厚度 打印样式 标注 文字 图案填充 多段线 视口 表格材质 多重引线中心对象

选择目标对象或[设置(S)]：选择一个或多个目标对象或输入 S

说明：

(1) 输入特性匹配命令后，提示选择要复制其特性的源对象。选择了源对象后，会在"当前活动设置"后显示可以被复制的所有特性，并提示"选择目标对象或 [设置 (S)]："。

图 3-26 "特性设置"对话框

(2) 如果接下来选择目标对象，则目标对象就会依照当前活动设置的特性进行修改，使其与源对象一致。可以继续选择目标对象或按 ENTER 键或 ESC 键结束该命令。

(3) 如果输入 S，将会弹出"特性设置"对话框（图 3-26)，对可以被复制的特性进行设置。

① 可复制的特性有"基本特性"和"特殊特性"。"基本特性"适用于大多数对象，而"特殊特性"一般仅适用于某一种对象。各个特性具体的使用范围详见帮助信息。

② 缺省的设置是所有特性全部选中，都可以修改。如果某项特性不想被复制，需要将该特性前的复选框取消勾选。

3.2.2 "特性"设置操作分项下拉列表

1) 对象颜色< 默认 → 特性 ▼ → ⬤ □ ByLayer ▼ >

(1) 单击对象颜色下拉列表框，弹出对象颜色下拉列表（图 3-27）；

(2) 移动光标到某一颜色或选项，并单击以选定之；

(3) 若选中"更多颜色..."，则弹出"选择颜色"对话框（图 2-43），可以选取更多颜色。

2) 线宽< 默认 → 特性 ▼ → ☰ ———ByLayer ▼ >

(1) 单击线宽下拉列表框，弹出线宽下拉列表（图 3-28）；

(2) 移动亮条到某一线宽或选项，并单击以选定之。

3) 线型< 默认 → 特性 ▼ → ☰ ——BYLAY... ▼ >

(1) 单击线型下拉列表框，弹出线型下拉列表（图 3-29）；

(2) 移动亮条到某一线型或选项，并单击以选定之；

(3) 若选中"其他..."，则弹出"线型管理器"对话框（图 3-30)：

① 点击"加载（L)..."按钮，弹出"加载或重载线型"对话框（图 2-45）。

图 3-27 对象颜色下拉列表　　　　图 3-28 线宽下拉列表　　　　图 3-29 线型下拉列表

② 双击图 2-45 中的某一线型，或单击后按下"确定"按钮以选定之。

（4）选中图 3-30 中的某一线型，按下"确定"按钮以选定之。

3.2.3 "特性"选项板

查看和修改对象所有的特性。

命令：PROPERTIES←＜鼠标双击大多数对象＞＜Ctrl + 1＞＜CH←＞＜MO
←＞＜PR←＞＜PROPS←＞＜ 默认 → 特性 ▼　　　　　　　　面板标题
右首之 ▣ ＞

弹出"特性"选项板（图 3-31），显示选定对象或对象集的特性。

图 3-30 "线型管理器"对话框

图 3-31 "特性"选项板

说明：

（1）如果未选择对象，"特性"选项板将只显示当前图层和布局的基本
特性、附着在图层上的打印样式表名称、视图特性和 UCS 的相关信息。如
果选择多个对象时，"特性"选项板只显示选择集中所有对象的公共特性。

（2）"切换 PICKADD 系统变量的值" ▣：打开/关闭（1/0）PICKADD
系统变量。打开 PICKADD 时，每个选定对象（无论是单独选择或通过窗口选择的对象）都将添加到当前选择集中。关闭 PICKADD 时，选定对象将替换当前选择集。

(3)"选择对象" 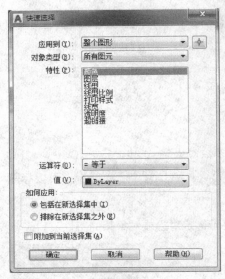：使用任意选择方法选择所需对象。然后可以在"特性"选项板中修改选定对象的特性，或输入编辑命令对选定对象做其他修改。

(4)"快速选择" ：显示"快速选择"对话框（图 3-32）。使用"快速选择"创建基于过滤条件的选择集（详见§4.1.4：1）。

图 3-32 "快速选择"对话框

(5)可以指定新值以修改任何可以更改的特性。单击该值并使用以下方法之一：

① 输入新值。

② 单击右侧的向下箭头 并从列表中选择一个值。

③ 单击"拾取点"按钮 ，使用定点设备修改坐标值。

④ 单击"快速计算"计算器按钮 可计算新值。

⑤ 单击 中的 上或下 箭头可增大或减小该值。

⑥ 单击 按钮并在对话框中修改特性值。

(6)单击标题栏上的"特性"按钮 或在标题栏上单击鼠标右键时，将显示图 3-33 快捷菜单；单击标题栏上的"自动隐藏"按钮 将自动隐藏选项板；拖动标题栏使选项板靠近右边框，将使标题栏置于选项板右侧，反之在左侧。

3.2.4 其他"特性"命令

以下"特性"命令在 默认 选项卡的 特性 面板中没有直接显示，需要点击 特性 面板标题，再从下拉面板中选取命令。

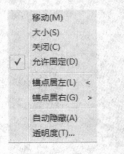

图 3-33 快捷菜单

1)"打印样式"下拉列表框

对于使用颜色相关打印样式表的图形（PSTYLEPOLICY 系统变量设置为1），"打印样式"下拉列表框 ByColor 为不可用，不能修改。如果打印样式表类型为命名打印样式表（图形在创建时使用的"dwt"样板文件的文件名带有"Named Plot Styles"字符），则"打印样式"下拉列表框 ByLayer 可用。单击"打印样式"下拉列表框 ByLayer ，显示"打印样式"下拉列表（图 3-34），从中选取打印样式。若点击"其他...",则显示"当前打印样式"对话框（图 3-35），可以点击"活动打印样式表："下拉列表框，从下拉列表（图 3-36）从中选取其他打印样式表，进而选择其他的打印样式。

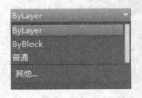

图 3-34 "打印样式"下拉列表

2)"透明度"下拉列表按钮

单击"透明度"下拉列表按钮 ，显示"透明度"下拉列表（图 3-37），从中选取透明度设置。该设置保存在系统变量 CETRANSPARENCY

中，其值有：ByLayer、ByBlock 与透明度值。

图 3-35 "当前打印样式"对话框

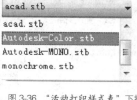

图 3-36 "活动打印样式表"下拉列表

图 3-37 "透明度"下拉列表

如果用鼠标拖动"透明度"下拉列表按钮 右边的"透明度"游标 或直接在其右端输入框中输入数值，则可以直接将 CETRANSPARENCY 设定为 0～90 的透明度值。其中，0 为完全不透明，1～90 定义为透明度的百分比值。

3）"列表"按钮

为选定对象显示特性数据。用户可以使用该命令显示选定对象的特性，然后将其复制到文本文件中。

命令：LIST←< 默认 → 特性 ▼ 面板标题→ 列表 >

选择对象：

说明：

文本窗口将显示对象类型、对象图层、相对于当前用户坐标系（UCS）的 X、Y、Z 位置以及对象是位于模型空间还是图纸空间。

LIST 还报告以下信息：

颜色、线型、线宽和透明度信息（如果这些特性未设定为"BYLAYER"）。

对象的厚度（如果不为零）。

标高（Z 坐标信息）。

拉伸方向（UCS 坐标）（如果该拉伸方向与当前 UCS 的 Z 轴（0，0，1）方向不同）。

与特定对象类型相关的其他信息。例如，对于标注约束对象，LIST 将列出约束类型（注释约束或动态约束）、参照类型（是或否）、名称、表达式以及值。

3.3 "导航"面板

AutoCAD2018 的各个工作空间中，"导航"面板位于"视图"选项卡下。

在缺省状态下，"导航"面板不显示。若要使其显示，需要选中"视图"选项卡，然后右击功能区空白处或面板标题，从弹出的快捷菜单中将光标移至"显示面板"，从弹出的菜单中勾选"导航"。

"导航"面板中的命令主要用于绘图区域的显示控制，包括平移、缩放等功能。

3.3.1 "后退"按钮

移动至上一次的视图位置。该命令在初始视图中不可用，只有当视图发生改变后才可用。

命令：VIEWBACK←┘< 视图 → 导航 → 后退 >

3.3.2 "前进"按钮

移动至下一次的视图位置。该命令只有在使用了"后退"按钮（VIEWBACK 命令）之后才可用。

命令：VIEWFORWARD←┘< 视图 → 导航 → 前进 >

3.3.3 "平移"按钮

移动显示在当前视口的图形。

命令：PAN←┘<P←┘>< 视图 → 导航 → 平移 >

按 Esc 或 Enter 键退出，或单击右键显示快捷菜单。

说明：

(1) 按下鼠标左键并拖动画面。

(2) 也可以不必执行该命令，直接按下鼠标中键并拖动鼠标。

3.3.4 "动态观察"下拉按钮

以三维视图方式观察图形。详见§9.6.2 动态观察。

3.3.5 屏幕缩放下拉按钮

可以滚动鼠标中间的滑轮进行屏幕缩放，也可以使用 ZOOM 命令进行屏幕缩放。如果从键盘输入 ZOOM 命令，则需要根据提示输入不同的选项进行不同的操作，如果从屏幕缩放下拉按钮输入命令，则操作选项由绘图软件自动输入。

1) "范围"缩放

缩放以显示所有对象的最大范围（图 3-38）。

命令：ZOOM←┘<Z←┘>< 视图 → 导航 → 范围 ▾ >

指定窗口的角点，输入比例因子（nX 或 nXP），或者

［全部（A）/中心（C）/动态（D）/范围（E）/上一个（P）/比例（S）/窗口（W）/对象（O）]<实时>：_e←┘

等价命令：在绘图区域双击鼠标中键。

2) "窗口"缩放

缩放显示由两个角点定义的矩形窗口框定的区域（图 3-39）。

命令：ZOOM←┘<Z←┘>< 视图 → 导航 → 范围 ▾ 右首的 ▾ 按钮 →

范围缩放之前　　范围缩放之后

图 3-38 "范围"缩放

缩放窗口之前　　　缩放窗口之后

图 3-39　"窗口"缩放

指定窗口的角点,输入比例因子(nX 或 nXP),或者

[全部(A)/中心(C)/动态(D)/范围(E)/上一个(P)/比例(S)/窗口(W)/对象(O)]<实时>:_w↵

指定第一个角点:指定一点　指定对角点:指定另一点

3)"上一个"

缩放显示上一个视图。最多可恢复此前的 10 个视图。

命令:ZOOM↵<Z↵>< 视图 → 导航 → 范围 右首的 按钮→ 上一个 >

指定窗口的角点,输入比例因子(nX 或 nXP),或者

[全部(A)/中心(C)/动态(D)/范围(E)/上一个(P)/比例(S)/窗口(W)/对象(O)]<实时>:_p↵

4)"实时"缩放

交互缩放以更改视图的比例。光标将变为带有加号（＋）和减号（－）的放大镜 实时 。

命令:ZOOM↵<Z↵>< 视图 → 导航 → 范围 右首的 按钮→ Q+　Q->

指定窗口的角点,输入比例因子(nX 或 nXP),或者

[全部(A)/中心(C)/动态(D)/范围(E)/上一个(P)/比例(S)/窗口(W)/对象(O)]<实时>:↵

按 Esc 或 Enter 键退出,或单击右键显示快捷菜单。

在窗口的中点按住拾取键并垂直移动到窗口顶部则放大 100％。反之,在窗口的中点按住拾取键并垂直向下移动到窗口底部则缩小 100％。达到放大极限时,光标上的加号将消失,表示将无法继续放大。达到缩小极限时,光标上的减号将消失,表示将无法继续缩小。松开拾取键时缩放终止。可以在松开拾取键后将光标移动到图形的另一个位置,然后再按住拾取键便可从该位置继续缩放显示。若要退出缩放,请按 Enter 键或 Esc 键。

5)"全部"缩放

全部缩放之前　　　全部缩放之后

图 3-40　"全部"缩放

缩放以显示所有可见对象和视觉辅助工具（图 3-40）。调整绘图区域的放大,以适应图形中所有可见对象的范围,或适应视觉辅助工具（例如栅格界限 LIMITS 命令）的范围,取两者中较大者。在右图中,栅格界限被设置为比图形范围更大的区域。因为它始终重生成图形,所以无法透明地使用"全部缩放"选项。

命令:ZOOM↵<Z↵>< 视图 → 导航 → 范围 右首的 按钮→ 全部 >

指定窗口的角点,输入比例因子(nX 或 nXP),或者

[全部(A)/中心(C)/动态(D)/范围(E)/上一个(P)/比例(S)/窗口(W)/对象(O)]<实时>:_all↵

视图框　　　　新视图

图3-41　"动态"缩放

6)"动态"缩放

使用矩形视图框进行平移和缩放（图3-41）。视图框表示视图，可以更改它的大小，或在图形中移动。

命令:ZOOM←＜Z←＞＜ 视图 ➡ 导航 ➡ 范围 右首的 按钮→ 动态 ＞

指定窗口的角点,输入比例因子(nX 或 nXP),或者

[全部(A)/中心(C)/动态(D)/范围(E)/上一个(P)/比例(S)/窗口(W)/对象(O)]＜实时＞:_d←

移动视图框或调整它的大小,将其中的视图平移或缩放,以充满整个视口。在透视投影中不可用。

7)比例缩放

使用比例因子缩放视图以更改其比例。输入的值后面跟着x,根据当前视图指定比例。输入值并后跟 xp,指定相对于图纸空间单位的比例。输入的值后面没有字符,指定相对于图形界限的比例。

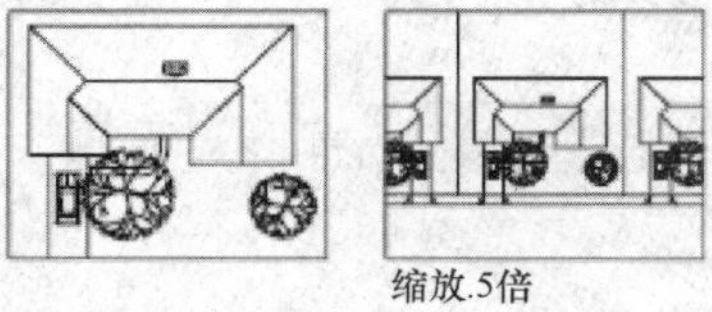

缩放.5倍

图3-42　比例缩放.5x

例如,输入 .5x 使屏幕上的每个对象显示为原大小的二分之一（图 3-42）。

输入 .5xp 以图纸空间单位的二分之一显示模型空间。创建每个视口以不同的比例显示对象的布局。

输入值,指定相对于图形栅格界限的比例（此选项很少用）。例如,如果缩放到图形界限,则输入 2 将以对象原来尺寸的两倍显示对象（图 3-43）。

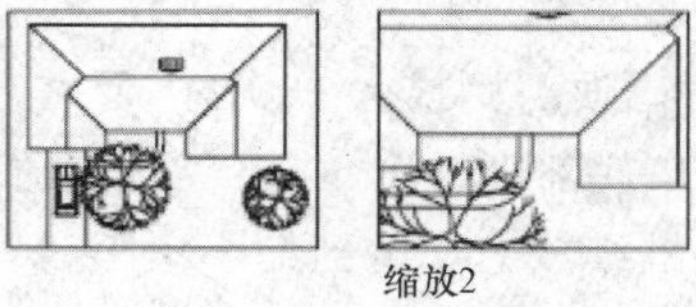

缩放2

图3-43　比例缩放2

命令:ZOOM←＜Z←＞＜ 视图 ➡ 导航 ➡ 范围 右首的 按钮→ 缩放 ＞

指定窗口的角点,输入比例因子(nX 或 nXP),或者

[全部(A)/中心(C)/动态(D)/范围(E)/上一个(P)/比例(S)/窗口(W)/对象(O)]＜实时＞:_s←

输入比例因子(nX 或 nXP):.5x←

8)"圆心"缩放

缩放以显示由中心点和比例值或高度所定义的视图（图3-44）。高度值较小时增加放大比例。高度值较大时减小放大比例。在透视投影中不可用。

中心缩放之前　　中心缩放之后,
　　　　　　　　放大比例增加

图3-44　"圆心"缩放

命令:ZOOM←＜Z←＞＜ 视图 ➡ 导航 ➡ 范围 右首的 按钮→ 圆心 ＞

指定窗口的角点,输入比例因子(nX 或 nXP),或者

[全部(A)/中心(C)/动态(D)/范围(E)/上一个(P)/比例(S)/窗口(W)/对象(O)]＜实时＞:_c←

指定中心点:指定一点

输入比例或高度＜2440.0068＞:2x←

9)"对象"缩放

缩放以便尽可能大地显示一个或多个选定的对象并使其位于视图的中心。

命令:ZOOM↵<Z↵><![视图]→[导航]→[范围]右首的[按钮→![对象]>

指定窗口的角点,输入比例因子(nX 或 nXP),或者

[全部(A)/中心(C)/动态(D)/范围(E)/上一个(P)/比例(S)/窗口(W)/对象(O)]<实时>:_c↵

选择对象:选择一个对象 找到 1 个

选择对象:↵

正在重生成模型。

10)"放大"

将视图放大 2 倍。

命令:ZOOM↵<Z↵><![视图]→[导航]→[范围]右首的[按钮→![放大]>

指定窗口的角点,输入比例因子(nX 或 nXP),或者

[全部(A)/中心(C)/动态(D)/范围(E)/上一个(P)/比例(S)/窗口(W)/对象(O)]<实时>:2x↵

11)"缩小"

将视图缩小 0.5 倍。

命令:ZOOM↵<Z↵><![视图]→[导航]→[范围]右首的[按钮→![缩小]>

指定窗口的角点,输入比例因子(nX 或 nXP),或者

[全部(A)/中心(C)/动态(D)/范围(E)/上一个(P)/比例(S)/窗口(W)/对象(O)]<实时>:.5x↵

3.4　状态栏开关

状态栏位于 AutoCAD 绘图软件窗口区域最下方（图 1-1），用于显示光标在绘图区域的坐标、各种绘图状态控制开关以及其他的一些状态显示（见§1.3.2.7 状态栏）。

在坐标值区域单击鼠标,可以开关光标跟踪。右击鼠标,可以选择"相对"、"绝对"、"地理"及"特定"。

单击某一状态按钮（如"捕捉模式"）,可以开关此状态。右击该按钮可以选择其他操作。

单击"锁定用户界面"按钮![图标]右首的[按钮弹出快捷菜单,可以锁定工具栏及窗口的位置。

单击"自定义"按钮![图标],可以在快捷菜单中设置将在状态栏上显示哪

些按钮。

单击"全屏显示"按钮![icon]，可以将 AutoCAD 绘图软件窗口充满整个屏幕（再次点击还原屏幕）。

在"布局"选项卡下，可以单击"最大化视口"按钮![icon]使视口最大化，单击"最小化视口"按钮![icon]使视口还原。

3.4.1 "显示图形栅格"（"栅格"）![icon]

显示覆盖 UCS 的 XY 平面的栅格填充图案，以帮助直观地显示距离和对齐方式。

栅格仅用于视觉参考。它既不能被打印，也不被认为是图形的一部分。

要打开或关闭栅格模式，可单击状态栏上的"显示图形栅格"开关（图 1-10）、按 F7 键、CTRL＋G 键或使用 GRID 命令、DSETTINGS 命令，也可以右击"显示图形栅格"开关，再选"网格设置..."选项。

1) 栅格设置对话框

命令：DSETTINGS↵＜DS↵＞＜右击"显示图形栅格"按钮![icon]→"网格设置..."＞

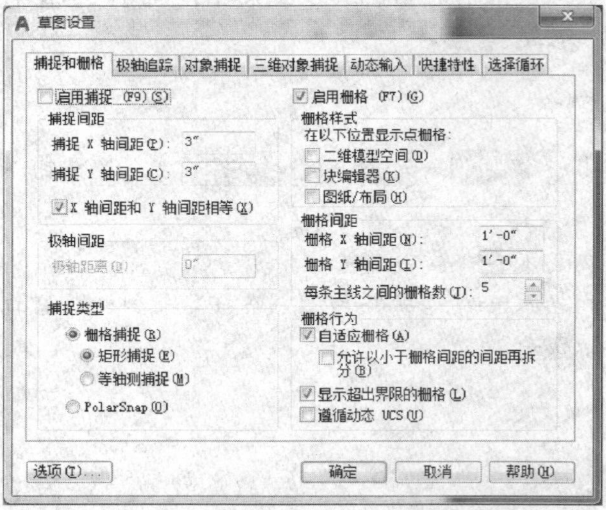

图 3-45 "草图设置"对话框："捕捉和栅格"

弹出"草图设置"对话框（图 3-45）。

说明：

(1) 选取"捕捉和栅格"选项卡。

(2) 勾选"启用栅格（F7）"。

(3) "栅格间距"：

① 在"栅格 X 轴间距："后指定 X 方向上的栅格间距。如果该值为 0，则栅格采用"捕捉 X 轴间距："的值。当捕捉样式为"等轴测"时，该项禁用。

② 在"栅格 Y 轴间距："后指定 Y 方向上的栅格间距。如果该值为 0，则栅格采用"捕捉 Y 轴间距："的值。

③ 在"每条主线的栅格数："后指定主栅格线相对于次栅格线的频率。视觉样式 VSCURRENT 为"二维线框"时，将显示栅格点；为其他任何视觉样式时，将显示栅格线。

(4) "栅格行为"：控制当 VSCURRENT 不是"二维线框"时，所显示栅格线的外观。

①"自适应栅格"：缩小时，限制栅格密度。

"允许以小于栅格间距的间距再拆分"：放大时，生成更多间距更小的栅格线。主栅格线的频率确定这些栅格线的频率。

②"显示超出界线的栅格"：显示超出 LIMITS 命令指定区域的栅格。

③"跟随动态 UCS"：更改栅格平面以跟随动态 UCS 的 XY 平面。

2) 栅格设置命令行

命令:GRID↵

指定栅格间距(X)或[开(ON)/关(OFF)/捕捉(S)/主(M)/自适应(D)/界限(L)/跟随(F)/纵横向间距(A)]<10.0000>:ON↵

说明:

(1)"捕捉(S)",将栅格间距设置为由 SNAP 命令指定的捕捉间距。

(2)"主(M)",指定主栅格线与次栅格线比较的频率,见对话框说明。

(3)"界限(L)",显示超出 LIMITS 命令指定区域的栅格。

(4)"跟随(F)",更改栅格平面以跟随动态 UCS 的 XY 平面。

(5)"纵横向间距(A)",更改 X 和 Y 方向上的栅格间距。在输入值之后输入 x 将栅格间距定义为捕捉间距的倍数,而不是以绘图单位定义栅格间距。

3.4.2 "捕捉模式"

"捕捉模式"用于控制十字光标,使其按照用户定义的间距移动(跳动,图 3-46)。当捕捉模式打开时,光标似乎附着或捕捉了一个不可见的栅格。捕捉模式有助于使用键盘或定点设备来精确地定位点。通过设置 X 和 Y 的间距可控制捕捉精度。捕捉模式有开关控制,并且可以在其他命令执行期间打开或关闭。

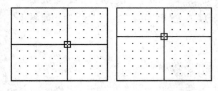

图 3-46 启用捕捉后光标以设定间距跳动

要打开或关闭捕捉模式,可单击状态栏上的"捕捉模式"开关(图 1-10)、按 F9 键、CTRL + B 键或使用 SNAP 命令、DSETTINGS 命令,也可以右击"捕捉模式"开关或点击按钮右侧的向下箭头,再选"捕捉设置..."选项。

1)捕捉设置对话框

命令:DSETTINGS↵<DS↵><右击"捕捉模式"按钮→"捕捉设置..."

弹出"草图设置"对话框(图 3-45)。

说明:

(1)选取"捕捉和栅格"选项卡。

(2)勾选"启用捕捉(F9)"。

(3)设置"捕捉类型":

①"栅格捕捉":

A."矩形捕捉":在"捕捉 X 轴间距:"后输入 100。如果要为垂直捕捉间距设置相同的值,可按勾选"X 和 Y 间距相等"。否则,在"捕捉 Y 轴间距:"后输入一个新值。

B."等轴测捕捉":仅需输入"捕捉 Y 轴间距:"。可以输入命令 ISO-PLANE 用以指定当前等轴测平面,也可以通过按 CTRL + E 组合键或按 F5 键,来在等轴测平面之间循环。

②"极轴捕捉":仅需输入"极轴距离",光标将沿极轴角度按指定增量进行移动。

2)捕捉设置命令行

命令：SNAP↵＜SN↵＞

指定捕捉间距或[打开(ON)/关闭(OFF)/纵横向间距(A)/传统(L)/样式(S)/类型(T)]＜10.0000＞:100↵

命令：↵

指定捕捉间距或[打开(ON)/关闭(OFF)/纵横向间距(A)/传统(L)/样式(S)/类型(T)]＜10.0000＞:ON↵

说明：

(1)"类型(T)"，提示"输入捕捉类型[极轴(P)/栅格(G)]＜栅格＞:"，见上文对话框说明。

(2)"样式(S)"，提示"输入捕捉栅格类型[标准(S)/等轴测(I)]＜S＞:"，当捕捉类型为"栅格捕捉"时，"标准(S)"对应上文的"矩形捕捉"，"等轴测(I)"对应"等轴测捕捉"。

(3)"传统(L)"，提示"保持始终捕捉到栅格的传统行为吗？[是(Y)/否(N)]＜否＞:"，指定"是"将导致旧行为，光标将始终捕捉到捕捉栅格；指定"否"将导致新行为，光标仅在操作正在进行时捕捉到捕捉栅格。

(4)其他选项不言自明。

3.4.3 "推断约束"

约束是应用至二维几何图形的关联和限制。有两种常用的约束类型：几何约束与标注约束，前者控制不同对象间彼此的关系，后者控制对象的距离、长度、角度和半径值（图3-47）。

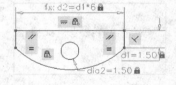

图3-47 几何约束与标注约束

启用"推断约束"模式会自动在正在创建或编辑的对象与对象捕捉的关联对象或点之间应用约束。

几何约束无法修改，但可以删除并应用其他约束。在图形中的约束图标上单击鼠标右键时显示的快捷菜单中提供了多个约束选项（包括"删除"）。

只需通过一次DELCONSTRAINT操作，便可从选择集中删除所有的约束。

3.4.4 "动态输入"

动态输入在光标附近提供了一个命令界面，以帮助用户专注于绘图区域。

启用动态输入时，工具栏提示将在光标附近显示信息，该信息会随着光标移动而动态更新。当某条命令为活动时，工具栏提示将为用户提供输入的位置。如果提示包含多个选项，可按下箭头键查看这些选项，然后单击选择一个选项，或按下箭头键或上箭头键指定某项，再按ENTER。

在输入字段中输入值并按TAB键后，该字段将显示一个锁定图标，并且光标会受用户输入的值约束。随后可以在第二个输入字段中输入值。另外，如果用户输入值然后按ENTER键，则第二个输入字段将被忽略，且该值将被视为直接距离；如果输入第一个值后按"，"，则第二个输入字段为Y值，若再按"，"，则可以输入Z值；如果输入第一个值后按"＜"，则第二个输入字段为 XY 平面内与 X 轴所成的角度，若再按 "<"，则可以输入与 XY 平面所成的角度。

完成命令或使用夹点所需的动作与命令行中的类似，但用户的注意力可以保持在光标附近。

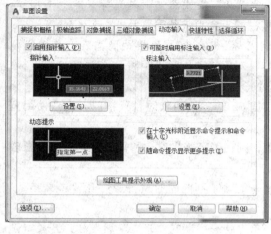

图 3-48 "草图设置"对话框："动态输入"

动态输入不会取代命令窗口（可以使用 Ctrl + 9 隐藏命令窗口以增加绘图屏幕区域）。

动态输入有三个组件：一是指针输入，用于输入坐标值；另一个是标注输入，用于输入距离和角度值；第三个是动态提示，用于显示命令提示和命令输入。

若想打开或关闭动态输入，可以单击状态栏上的"动态输入"开关（图 1-10）、按 F12 键，或使用 DYNMODE 及 DYNPROMPT 命令，或右击状态栏上的"动态输入"开关并选择"动态输入设置..."，在弹出的"草图设置"对话框（图 3-48）中勾选"启用指针输入"、"可能时启用标注输入"及"在十字光标附近显示命令提示和命令输入"。

1）指针输入

当启用指针输入且有命令在执行时，十字光标的位置将在光标附近的工具栏提示中显示为坐标。可以在工具栏提示中输入坐标值，而不用在命令行中输入。

第二个点和后续点的默认设置为相对极坐标（对于 RECTANG 命令，为相对笛卡尔坐标）。不需要输入@符号。如果需要使用绝对坐标，请使用井号（#）前缀。例如，要将对象移到原点，请在提示输入第二个点时，输入 #0，0。

使用指针输入"设置（S）..."按钮可修改坐标的默认格式，以及控制指针输入工具栏提示何时显示。

2）标注输入

启用标注输入时，当命令提示输入第二点时，工具栏提示将显示距离和角度值。在工具栏提示中的值将随着光标移动而改变。按 TAB 键可以移动到要更改的值。标注输入可用于 ARC、CIRCLE、ELLIPSE、LINE 和 PLINE。

使用标注输入"设置（S）..."按钮可修改希望看到的内容。

在使用夹点来拉伸对象或在创建新对象时，标注输入仅显示锐角，即，所有角度都显示为小于或等于 180 度。创建新对象时指定的角度需要根据光标位置来决定角度的正方向。

3）动态提示

启用动态提示时，提示会显示在光标附近的工具栏提示中。用户可以在工具栏提示（而不是在命令行）中输入响应。按下箭头键可以查看和选择选项。按上箭头键可以显示最近的输入。

注意：要在动态提示工具栏提示中使用 PASTECLIP，可键入字母然后在粘贴输入之前用空格键将其删除。否则，输入将作为文字粘贴到图形中。

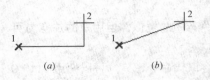

图 3-49 "正交"模式
(a) 正交开启；(b) 正交关闭

3.4.5 "正交限制光标"（"正交模式"）

"正交限制光标"约束光标在水平或垂直方向上移动（图 3-49）。当前用户坐标系（UCS）的方向确定水平方向和垂直方向。

在三维视图中，"正交"模式额外限制光标只能上下移动。在这种情况下，工具栏提示会为该角度显示＋Z 或－Z。

打开"正交限制光标"时，使用直接距离输入方法以创建指定长度的正交线或将对象移动指定的距离。

输入坐标或指定对象捕捉时将忽略"正交模式"。要临时打开或关闭"正交模式"，可以按住临时替代键 SHIFT。使用临时替代键时，无法使用直接距离输入方法。

如果已打开等轴测捕捉设置，则在确定水平方向和垂直方向时该设置较 UCS 具有优先级。

注意："正交模式"和"极轴追踪"不能同时打开。打开"正交模式"将关闭"极轴追踪"。

要打开或关闭正交模式，可单击状态栏上的"正交限制光标"开关（图 1-10）、按 F8 键，或使用 ORTHO 命令并选择"开"或"关"。

3.4.6 "按指定角度限制光标"（"极轴追踪"）

使用"按指定角度限制光标"，光标将按指定角度进行移动。使用"极轴捕捉"（见 §3.4.2 "捕捉模式"），光标将沿极轴角度按指定增量进行移动。

创建或修改对象时，可以使用"极轴追踪"以显示由指定的极轴角度所定义的临时对齐路径。在三维视图中，极轴追踪额外提供上下方向的对齐路径。在这种情况下，工具栏提示会为该角度显示＋Z 或－Z。

极轴角与当前用户坐标系（UCS）的方向和图形中基准角度法则的设置相关。在"图形单位"对话框（UNITS 命令）中设置角度基准方向。

注意："正交模式"和极轴追踪不能同时打开。打开极轴追踪将关闭"正交模式"。同样，极轴捕捉和栅格捕捉不能同时打开。打开极轴捕捉将关闭栅格捕捉。

要打开或关闭极轴追踪，可单击状态栏上的"按指定角度限制光标"开关（图 1-10）或按 F10 键。

要对"极轴追踪"进行设置，可以执行如下命令：

命令:DSETTINGS↵＜DS↵＞＜右击"按指定角度限制光标"按钮 ➔"正在追踪设置..."＞

弹出"草图设置"对话框（图 3-50）。

说明：

(1) 选取"极轴追踪"选项卡。

图 3-50 "草图设置"对话框："极轴追踪"

（2）勾选"启用极轴追踪（F10）"。

（3）"极轴角设置"：

① 点击"增量角（I：）"下的输入框，输入一个角度数值，或点击右侧下拉列表箭头，从弹出的下拉列表中选取一个数值。

② 若欲设置的极轴角不是所输入增量角的整数倍，可以单击"新建（N）"按钮（"附加角（D）"将被勾选），输入附加的极轴角。

（4）"对象捕捉追踪设置"：

① "仅正交追踪（L）"：当对象捕捉追踪打开时，仅显示已获得的对象捕捉点的正交（水平/垂直）对象捕捉追踪路径。

② "用所有极轴角设置追踪（S）"：将极轴追踪设置应用于对象捕捉追踪。使用对象捕捉追踪时，光标将从获取的对象捕捉点起沿极轴对齐角度进行追踪。

（5）"极轴角测量"：设置测量极轴追踪对齐角度的基准。

① "绝对（A）"：根据当前用户坐标系（UCS）确定极轴追踪角度。

② "相对上一段（R）"：根据上一个绘制线段确定极轴追踪角度。

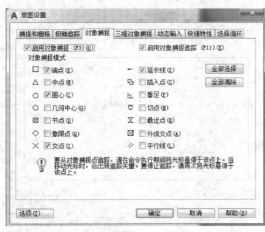

图 3-51 等轴测平面

3.4.7 "等轴测草图"

通过沿三个主要的等轴测轴对齐对象，模拟三维对象的等轴测视图。要开启等轴测视图，可以右击"等轴测草图"按钮或点击按钮右侧的向下箭头，在弹出的菜单中（图 3-51）指定用户要在其中工作的等轴测平面。共有三种：左等轴测平面、顶部等轴测平面和右等轴测平面。

3.4.8 "显示捕捉参照线"（"对象捕捉追踪"）

使用"显示捕捉参照线"，在命令中指定点时，光标可以沿基于其他对象捕捉点的对齐路径进行追踪。要使用对象捕捉追踪，必须打开一个或多个对象捕捉。该设置也受系统变量 AUTOSNAP 控制。

若想打开或关闭对象捕捉追踪，可以单击状态栏上的"显示捕捉参照线"开关（图 1-10）、按 F11 键，或使用 OSNAP 命令或右击状态栏上的"显示捕捉参照线"开关并选择"对象捕捉追踪设置..."，在弹出的"草图设置"对话框（图3-52）中勾选"启用对象捕捉追踪（F11）"。

对象捕捉追踪的方式有两种：一种是"仅正交追踪"，一种是"用所有极轴角设置追踪"。设置方法见§3.4.6"按指定角度限制光标"之"对象捕捉追踪设置"。

图 3-52 "草图设置"对话框："对象捕捉"

3.4.9 "将光标捕捉到二维参照点"（"对象捕捉"）

在绘图命令运行期间，可以用光标捕捉对象上的几何点，如端点、中点、圆心和交点。例如，打开对象捕捉，可以快速绘制一条线通过圆心、多段线线段的中点或两条直线的外观交点。

可以通过以下两种方式之一实施对象捕捉：

第一种是单一（或替代）对象捕捉：设置一次使用的对象捕捉。

第二种是执行（或永久）对象捕捉：一直运行对象捕捉，直至将其关闭。选择多个选项后，将应用选定的捕捉模式，以返回距离靶框中心最近的点。

1）单一对象捕捉

（1）启动需要指定点的命令（例如，LINE、CIRCLE、ARC、COPY 或 MOVE）。

（2）当命令提示指定点时，使用以下方法之一选择一种对象捕捉：

① 按 SHIFT 键并在绘图区域中单击鼠标右键，再从弹出菜单（图 3-53）中选择选项；

② 在命令行中输入一种对象捕捉方式的缩写（表 3-1）：

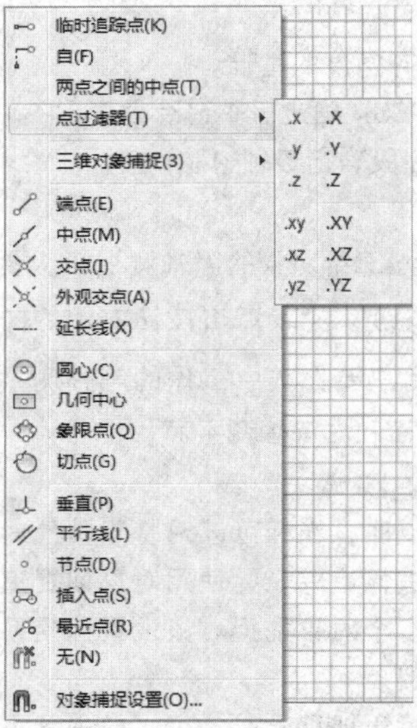

图 3-53　SHIFT + 鼠标右键

对象捕捉方式及缩写表　　　　　表 3-1

名称	英文名称	缩写
临时追踪点	Temporary track point	TT
自	From	FRO
两点之间的中点	Mid between 2 points	M2P 或 MTP
点过滤器. X	Point filter. X	. X
点过滤器. Y	Point filter. Y	. Y
点过滤器. Z	Point filter. Z	. Z
点过滤器. XY	Point filter. XY	. XY
点过滤器. XZ	Point filter. XZ	. XZ
点过滤器. YZ	Point filter. YZ	. YZ
端点	Endpoint	END
中点	Midpoint	MID
交点	Intersection	INT
外观交点	Apparent intersection	APP
延长线	Extension	EXT
圆心	Center	CEN
几何中心	Geometrical center	GCE
象限点	Quadrant	QUA
切点	Tangent	TAN
垂直	Perpendicular	PER
平行线	Parallel	PAR
节点	Node	NOD
插入点	Insert	INS
最近点	Near	NEA
无	None	NON

A. 临时追踪点 ↦（TT）：输入 tt 后，指定一个临时追踪点。该点上将出现一个小的加号（＋）。移动光标时，将相对于这个临时点显示自动追踪对齐路径。要将这点删除，请将光标移回到加号

(+) 上面。

B. 自 (FRO)：输入 fro 后，输入临时参照或基点（可以指定自该基点的偏移以定位下一点）。输入自该基点的偏移位置作为相对坐标，或使用直接距离输入。注意：在命令（如 MOVE 和 COPY）中进行拖动时不能使用此方法。通过键盘输入或使用定点设备指定绝对坐标值，可取消 FROM 命令。

C. 两点之间的中点（M2P 或 MTP）：输入 m2p 或 mtp 后，指定两个点。

D. 点过滤器 .X（.X）：输入 .x 后，提取指定点的 X 坐标，并提示再输入 YZ 坐标。可以一次输入 YZ 坐标，也可以单个输入 .y 或 .z，提取第二个坐标，再输入第三个坐标。

E. 点过滤器 .XY（.XY）：输入 .xy 后，提取指定点的 XY 坐标，并提示再输入 Z 坐标。

F. 端点 (END)：输入 end 后，捕捉到圆弧、椭圆弧、直线、多线、多段线线段、样条曲线、面域或射线最近的端点，或捕捉宽线、实体或三维面域的最近角点。

G. 中点 (MID)：输入 mid 后，捕捉到圆弧、椭圆、椭圆弧、直线、多线、多段线线段、面域、实体、样条曲线或参照线的中点。

H. 交点 (INT)：输入 int 后，捕捉到圆弧、圆、椭圆、椭圆弧、直线、多线、多段线、射线、面域、样条曲线或参照线的交点。若两个对象沿其自然路径延长后交于一点，则 AutoCAD 自动开启"延伸交点"功能进行捕捉：当光标移近第一个对象时，出现模式符号 延伸交点 ，此时可以选取第一个对象。然后移动光标到第二个对象，在两个对象的延长线交点处会出现模式符号 交点 ，此时可以选取第二个对象，该交点即被确定（"延伸交点"只适用于单点对象捕捉，不能用作执行对象捕捉模式）。另外，"交点"和"延伸交点"不能和三维实体的边或角点一起使用。

I. 外观交点 (APP)：输入 app 后，捕捉到不在同一平面但是可能看起来在当前视图中相交的两个对象的外观交点（图 3-54）。外观交点在捕捉两个对象时，由于在三维空间不相交，交点的位置有可能落在第一个对象上，也有可能落在第二个对象上，这取决于它们在数据库中的排列顺序。若想让交点落在特定对象上，可以先选定该对象，在出现提示"_appint 于和"后，选取第二个对象或其交点（会出现模式符号 外观交点 ），则该外观交

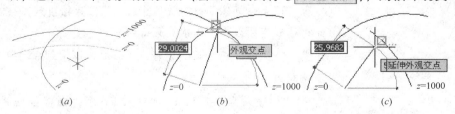

图 3-54　在三维空间不相交的两端圆弧

（a）两条不同标高圆弧的轴测图；（b）外观交点（平面投影交点）；（c）延伸外观交点

点必定落在第一个对象上。和"延伸交点"相类似,"延伸外观交点"将两个在当前视图不相交的对象(在三维空间也可能不相交),沿其自然路径延长后交于其外观交点(操作方法同"延伸交点",且不能用作执行对象捕捉模式)。"外观交点"和"延伸外观交点"不能和三维实体的边或角点一起使用。

J. 延长线 ---- (EXT):输入 ext 后,当光标经过对象的端点时,显示临时延长线或圆弧,以便用户在延长线或圆弧上指定点。注意:在透视视图中进行操作时,不能沿圆弧或椭圆弧的尺寸界线进行追踪。

K. 圆心 ◎ (CEN):输入 cen 后,捕捉到圆弧、圆、椭圆或椭圆弧的圆点。

L. 几何中心 ▣ (GCE):输入 gce 后,捕捉到任意闭合多段线和样条曲线的质心。

M. 象限点 ◈ (QUA):输入 qua 后,捕捉到圆弧、圆、椭圆或椭圆弧的象限点。

N. 切点 ○ (TAN):输入 tan 后,捕捉到圆弧、圆、椭圆、椭圆弧或样条曲线的切点。当正在绘制的对象需要捕捉多个垂足时,将自动打开"递延垂足"捕捉模式。例如,可以用"递延切点"来绘制与两条弧、两条多段线弧或两条圆相切的直线,或绘制与三个直线、圆弧、圆或多段线等对象相切的圆。当靶框经过"递延切点"捕捉点时,将显示标记和 AutoSnap 工具栏提示。

O. 垂足 ⊥ (PER):输入 per 后,捕捉圆弧、圆、椭圆、椭圆弧、直线、多线、多段线、射线、面域、实体、样条曲线或参照线的垂足。当正在绘制的对象需要捕捉多个垂足时,将自动打开"递延垂足"捕捉模式。可以用直线、圆弧、圆、多段线、射线、参照线、多线或三维实体的边作为绘制垂直线的基础对象。可以用"递延垂足"在这些对象之间绘制垂直线。当靶框经过"递延垂足"捕捉点时,将显示 AutoSnap 工具栏提示和标记。

P. 平行线 ∥ (PAR):指定矢量的第一个点后,输入 par,如果将光标移动到另一个对象的直线段上,将出现平行线标记和 AutoSnap 工具栏提示,并会在该线段上留下一个小十字黄点,表明该线段已经被记录作为平行线的参考对象。如果创建的对象的路径与这条直线段平行,将显示一条对齐路径,可用它创建平行对象。此时,可以直接键入直线的长度,也可与其他捕捉模式连用以确定矢量的第二点。

Q. 节点 ○ (NOD):输入 nod 后,捕捉到点对象、标注定义点或标注文字起点。

R. 插入点 ⊡ (INS):输入 ins 后,捕捉到属性、块、形或文字的插入点。

S. 最近点 ⋌ (NEA):输入 nea 后,捕捉到圆弧、圆、椭圆、椭圆弧、直线、多线、点、多段线、射线、样条曲线或参照线的最近点。

T. 无 （NON）：输入 non 后，关闭所有对象捕捉模式。

（3）将光标移动到被捕捉位置上（通常会出现相应标记），然后单击定点设备。

2）执行对象捕捉（永久对象捕捉）

打开执行对象捕捉的方法有：单击状态栏上的"将光标捕捉到二维参照点"开关（图 1-10）、按 F3 键，或使用 OSNAP 命令或右击状态栏上的"将光标捕捉到二维参照点"开关或点击按钮右侧的向下箭头 并选择"对象捕捉设置 ..."，在弹出的"草图设置"对话框（图 3-52）中勾选"启用对象捕捉（F3）"。该对话框同时还可以设置对象捕捉的模式（模式设置被保存在 OSMODE 系统变量中），按 TAB 键以在这些选项之间循环，各种捕捉模式的功能参见单点对象捕捉所列出的对应项。

注意：如果同时打开"交点"和"外观交点"对象捕捉，可能会得到不同的结果。

3.4.10 "显示/隐藏线宽"（"线宽"）

使用线宽，可以用粗线和细线清楚地表现出截面的剖切方式、标高的深度、尺寸线和小标记，以及细节上的不同。例如，通过为不同图层指定不同的线宽，可以很方便地区分新建的、现有的和被破坏的结构。

除了 TrueType 字体、光栅图像、点和实体填充（二维实体）以外的所有对象都可以显示线宽。在平面视图中，宽多段线忽略所有用线宽设置的宽度值。仅当在视图而不是在"平面"中查看宽多段线时，多段线才显示线宽。可以将图形输出到其他应用程序，或者将对象剪切到剪贴板上并保留线宽信息。

在模型空间中，线宽以像素显示，并且在缩放时不发生变化。因此，在模型空间中精确表示对象的宽度时不应该使用线宽。例如，若要绘制一个实际宽度为 0.5 英寸的对象，就不能使用线宽而应该用宽度为 0.5 英寸的多段线表现对象。在图纸空间布局中，线宽以实际打印宽度显示。

也可以使用自定义线宽值打印图形中的对象。使用打印样式表编辑器调整固定线宽值，以使用新值打印。

具有线宽的对象将以指定的线宽值打印。这些值的标准设置包括"随层"、"随块"和"默认"。它们的单位可以是英寸或毫米，默认单位是毫米。所有图层的初始设置均由 LWDEFAULT 系统变量控制，其值为 0.25mm。

线宽值为 0.025mm 或更小时，在模型空间显示为 1 个像素宽，并将以指定打印设备允许的最细宽度打印。在命令行所输入的线宽值将舍入到最接近的预定义值。

若想打开或关闭线宽的显示，可以单击状态栏上的"显示/隐藏线宽"开关（图 1-10），或使用 LWDISPLAY 命令，或使用 LWEIGHT 命令、或右击状态栏上的"显示/隐藏线宽"开关并选择"线宽设置 ..."，在弹出的"线宽设置"对话框（图 3-55）中勾选"显示线宽"。

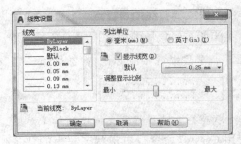

图 3-55 "线宽设置"对话框

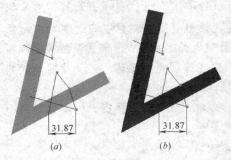

图 3-56 "显示/隐藏透明度"的开关效果
（a）显示透明度；（b）隐藏透明度

可以在"线宽设置"对话框中设置当前线宽，设置线宽单位，控制"模型"选项卡中线宽的显示和显示比例，以及设置图层的默认线宽值。

3.4.11 "透明度" ▨

"透明度"开关可以控制重叠对象的显示（图 3-56）。用户可以通过透明度特性来控制对象和图层的透明度级别，以提升图形品质或降低仅用于参照的区域的可见性。

3.4.12 "选择循环" ▤

"选择循环"允许用户选择重叠的对象。右击状态栏上的"选择循环"开关，并选择"选择循环设置..."，在弹出的"草图设置"对话框中可以配置"选择循环"列表框的显示设置（图 3-57）。可以使用 SUBOBJSELECTIONMODE 系统变量过滤显示的子对象（顶点、边或面）的类型。

还可以通过 SELECTIONCYCLING 系统变量设定此选项：当 SELECTIONCYCLING 为 0 时，"选择循环"关闭；当 SELECTIONCYCLING 为 1 时，"选择循环"打开，当 SELECTIONCYCLING 为 2 时，"选择循环"打开且在列表对话框中显示可以循环浏览的选定对象。

3.4.13 "将光标捕捉到三维参照点"（"三维对象捕捉"）▧ ▾

控制三维对象的执行对象捕捉设置。右击状态栏上的"三维对象捕捉"开关或点击按钮右侧的向下箭头 ▾ 并选择"对象捕捉设置..."，弹出"草图设置"对话框（图 3-58）。

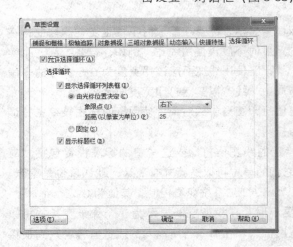

图 3-57 "草图设置"对话框："选择循环"

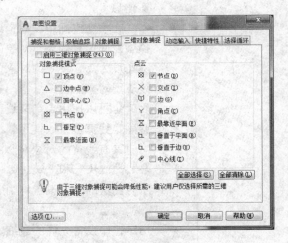

图 3-58 "草图设置"对话框："三维对象捕捉"

1）三维"对象捕捉模式"

(1)"顶点"：捕捉到三维对象的最近顶点（图 3-59a）。

(2)"边中点"：捕捉到面边的中点（图 3-59b）。

(3)"面中心"：捕捉到面的中心（图 3-59c）。

(4) "节点": 捕捉到样条曲线上的节点（图 3-59d）。

(5) "垂足": 捕捉到垂直于面的点（图 3-59e）。

(6) "最靠近面": 捕捉到最靠近三维对象面的点（图 3-59f）。

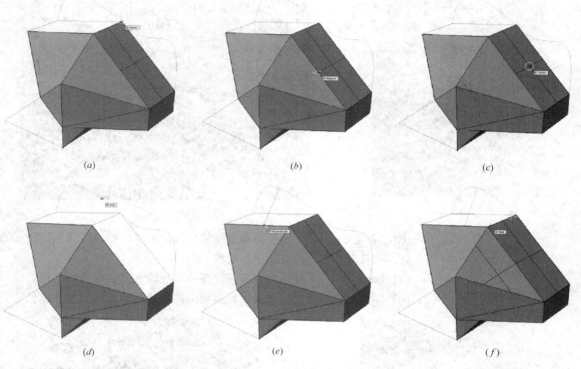

图 3-59 不同的三维对象捕捉模式

(a) 顶点; (b) 边中点; (c) 面中心; (d) 节点; (e) 垂足; (f) 最靠近面

2) "点云"

(1) "节点": 不论点云上的点是否包含来自 Autodesk ReCap 处理期间的分段数据，都可以捕捉到它。

(2) "交点": 捕捉到使用截面平面对象剖切的点云的推断截面的交点（图 3-60）。放大可增加交点的精度。

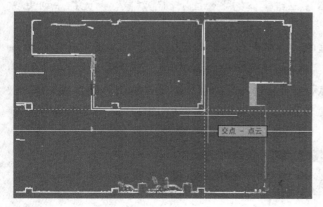

图 3-60 "点云"捕捉："交点"

(3) "边": 捕捉到两个平面线段之间的边上的点（图 3-61）。当检测到边时，Auto-CAD 沿该边进行追踪，而不会查找新的边，直到将光标从该边移开。如果在检测到边时长按 Ctrl 键，则 AutoCAD 将沿该边进行追踪，即使将光标从该边移开也是如此。

(4) "角点": 捕捉到检测到的三条平面线段之间的交点（角点，图 3-62）。

(5) "最靠近平面": 捕捉到平面线段上最近的点（图 3-63）。如果线段亮显处于启用状态，在获取点时，将显示平面线段。

图3-61 "点云"捕捉："边"

图3-62 "点云"捕捉："最靠近平面"

(6)"垂直于平面"：捕捉到垂直于平面线段的点。如果线段亮显处于启用状态，在获取点时，将显示平面线段。

(7)"垂直于边"：捕捉到垂直于两条平面线段之间的相交线的点。

(8)"中心线"：捕捉到点云中检测到的圆柱段的中心线（图3-64）。

图3-63 "点云"捕捉："角点"

图3-64 "点云"捕捉："中心线"

3.4.14 "将UCS捕捉到活动实体平面"（"动态UCS"）

可以使用动态UCS在三维实体的平整面上创建对象，而无需手动更改UCS方向。

在执行命令的过程中，当将光标移动到面上方时，动态UCS会临时将UCS的XY平面与三维实体的平整面对齐。动态UCS激活后，指定的点和绘图工具（例如极轴追踪和栅格）都将与动态UCS建立的临时UCS相关联。

若想打开或关闭动态UCS，可以单击状态栏上的"将UCS捕捉到活动实体平面"开关（图1-10）、按CTRL＋D键等。

3.4.15 "过滤对象选择"

指定将光标移动到对象上方时，哪些对象将会亮显。

注：在AutoCAD LT中不可用。

若想打开或关闭过滤对象选择，可以单击状态栏上的"过滤对象选择"

图 3-65 过滤方式

开关（图 1-10）。右击"过滤对象选择"开关或点击按钮右侧的向下箭头
，将显示过滤方式选择菜单（图 3-65），从中选择所需要的过滤方式。

（1）"顶点"：亮显顶点（Shift＋F2）。

（2）"边"：亮显边缘（Shift＋F3）。

（3）"面"：亮显面（Shift＋F4）。

（4）"实体历史纪录"：亮显复合对象的历史子对象（Shift＋F5）。

（5）"工程视图构件"：亮显模型文档工程视图的部件。

3.4.16 "显示小控件"

显示三维小控件，它们可以帮助用户沿三维轴或平面移动、旋转或缩放
一组对象。

注：在 AutoCAD LT 中不可用。

若想打开或关闭三维小控件，可以单击状态栏上的"显示小控件"开关
（图 1-10）。右击"显示小控件"开关或点击按钮右侧的向下箭头，将显示
三维小控件选择菜单（图 3-66），从中选择所需要的小控件。

图 3-66 小控件

（1）"移动小控件"：选中对象时显示"移动"小控件。

（2）"旋转小控件"：选中对象时显示"旋转"小控件。

（3）"缩放小控件"：选中对象时显示"缩放"小控件。

3.4.17 "显示注释对象"（"注释可见性"）

控制是否显示所有的注释性对象，或仅显示那些符合当前注释比例的注
释性对象。

（1）开："注释可见性"处于启用状态（默认）。显示所有的注释性
对象，而不考虑注释比例。

（2）关："注释可见性"处于禁用状态。仅显示符合当前注释比例的
注释性对象。

3.4.18 "在注释比例发生变化时，将比例添加到注释性对象"（"自动缩放"）

当注释比例发生更改时，自动将注释比例添加到所有注释性对象。

（1）开：自动缩放处于启用状态（默认）。

（2）关：自动缩放处于禁用状态。

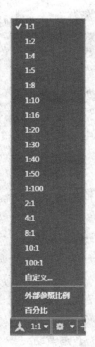

图 3-67 注释比例

3.4.19 "当前视图的注释比例"（"注释比例"） 1:1

在"模型"选项卡中设置注释性对象的注释比例。

单击状态栏上的"当前视图的注释比例"按钮（图 1-10）将显示注释比
例菜单（图 3-67），用于指定注释比例。

【练习】

1. 绘制一条长 100，角度 30°的直线，分别使用如下几个命令观察其特

性：使用对象特性命令 PROPERTIES 在"特性"选项板查看线段特性；使用测量距离命令 DIST 查看线段之端点间的距离；使用列表显示命令 LIST 查看线段的特性。比较这几种命令的异同，并且用屏幕拷贝功能（选中"特性"选项板再按 Alt + Print Screen）将"特性"选项板的内容复制到剪贴板，再粘贴（Ctrl + V）到图形中来；再选取 AutoCAD 文本窗口（可用 F2 开、关），用拷贝功能（Ctrl + C）将 DIST 命令与 LIST 命令所列出的内容复制到剪贴板，再粘贴到图 3-68 所示的图形中。

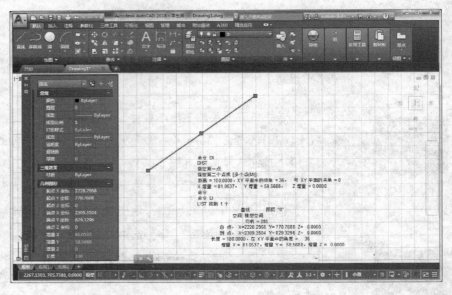

图 3-68　直线及其特性

2. 在图形文件 ex03a. dwg 中使用图层命令建立轴线层（建筑-轴网、颜色 9、线型 CENTER、线宽 0.25）与家具层（建筑-楼面-橱柜、颜色 40、线型 Continuous、线宽 0.5），将原图从 0 层改为家具层，并在图中各圆心位置绘制轴线（参照图 2-49、图 2-53）。

3. 通过"草图设置"对话框（图 3-45）开启捕捉与栅格，将捕捉间距与栅格间距都设为 100。用屏幕拷贝功能将"草图设置"对话框的内容复制到剪贴板，再粘贴到图形中来。

4. 在图形文件 ex03b. dwg 中绘制一个圆，使其与三条圆弧相切。

5. 在图形文件 ex03c. dwg 中绘制三条直线，使每一条直线与圆弧两两相垂直。

6. 在图形文件 ex03d. dwg 中从圆心开始绘制一条直线，使其平行于右下侧直线，并于右上侧直线相交。

7. 使用临时追踪点（TT）、自（FRO）等捕捉功能，不作辅助线，直接用 PLINE 命令绘制沙发平面（图 3-69）。

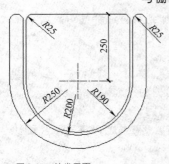

图 3-69　沙发平面

第4章　常用编辑命令

4.1　对象的选择

CAD 软件的特色不仅在于具有丰富的绘图功能，更在于其具有便捷的编辑功能。它可以轻易地对现有图形对象进行复制、修改、变形等操作。

要编辑现有图形对象，必须首先选定它们。对象的选择有两种工作状态，一种是在执行编辑命令前，预先选择好待编辑对象（如果 HIGHLIGHT = 1，即系统变量设置为开，被选中的图形对象呈现虚线高亮显示），然后执行编辑命令（见4.2 通用编辑命令）；另一种是先执行编辑命令，待系统出现提示"选择对象："后，选取待编辑对象，选择结束后进行编辑操作。前一种称为非命令状态的对象选择，后一种称为命令状态的对象选择。后者具有较多的选项。命令状态的对象选择也可以使用对象选择 SELECT（该命令仅创建选择集，不作任何编辑操作）。

4.1.1　非命令状态对象选择

在缺省情况下，对象的编辑工作可以"先选择后执行"。此时的选择操作无法从键盘上输入选项字符，只能以"自动（AU）"、"添加（A）"模式工作。即当光标指向一个对象即选择该对象。指向对象内部或外部的空白区中将形成窗选方法定义的选择框的第一个角点。若从左到右上或右下指定角点则创建窗口选择，如从右到左上或左下指定角点则创建窗交选择。但可以按下 SHIFT 键删除已选择的对象。对象选择完毕后，再运行编辑命令。

（1）单选：用光标拾取单个图形对象，每选中一个对象，该对象即高亮显示，并显示夹点。在缺省状态下，选择处于"添加（A）"模式。如果按下 SHIFT 键，则选择转换为"删除（R）"模式。此时再选择一个已选对象，则该对象被取消选择。若按下 CTRL 键，则可选择实体的子对象。

（2）窗口选择：用光标先在绘图区域空白处指定第一点，然后向右上或右下角移动光标，屏幕上出现一个边框为实线的蓝色矩形区域，并出现提示"指定对角点或［栏选(F)/圈围(WP)/圈交(CP)］："，指定位置确定对角点以构成矩形窗口，则完全在窗口内部的图形对象将被选中。

（3）窗交选择：用光标先在绘图区域空白处指定第一点，然后向左上或左下角移动光标，屏幕上出现一个边框为虚线的绿色矩形区域，并出现提示"指定对角点或［栏选(F)/圈围(WP)/圈交(CP)］："，指定位置确定对角点以构成矩形窗口，则只要有一部分图形在窗口内部，对象即被选中。

4.1.2　命令状态对象选择

可以先执行编辑命令或使用对象选择命令 SELECT，在出现提示"选择对象:"后以指定的模式选取对象（一个对象拾取框"□"将代替十字光标"✛"）。可以从键盘输入工作模式选项，如果不清楚各选项的名称及关键字符，可以输入任意一个非关键字符，如"?"，则出现如下提示：

选择对象:? ↵

＊无效选择＊

需要点或窗口（W）/上一个（L）/窗交（C）/框（BOX）/全部（ALL）/栏选（F）/圈围（WP）/圈交（CP）/编组（G）/添加（A）/删除（R）/多个（M）/前一个（P）/放弃（U）/自动（AU）/单个（SI）/子对象（SU）/对象（O）

选择对象:指定一个点或输入一个选项

说明：

(1)"窗口（W）"：选择完全位于矩形区域（由两点定义的蓝色实边方框）中的所有对象。

指定第一个角点：指定点 1（图 4-1）

指定对角点：指定点 2

图 4-1　窗口

(2)"上一个（L）"：选择最近一次创建的可见对象。对象必须在当前空间（模型空间或图纸空间）中，并且一定不要将对象的图层设置为冻结或关闭状态。

(3)"窗交（C）"：选择位于矩形区域（由两点确定的绿色虚边方框）内部或与之相交的所有对象。

指定第一个角点：指定点 1（图 4-2）

指定对角点：指定点 2

图 4-2　窗交

(4)"框（BOX）"：选择矩形内部或与之相交的所有对象。如果矩形的点是从右至左指定的，则框选与"窗交（C）"等价。否则，框选与"窗口（W）"等价。

(5)"全部（ALL）"：选择非冻结、非锁定的图层上的所有对象。

(6)"栏选（F）"：选择与选择栏相交的所有对象。"栏选（F）"方法与"圈交（CP）"方法相似，只是栏选不闭合，并且栏选可以与自己相交。栏选不受 PICKADD 系统变量的影响。

第一栏选点：指定点（图 4-3）

指定直线的端点或［放弃（U）］：指定点或输入 u 放弃上一个点

图 4-3　栏选

(7)"圈围（WP）"：选择多边形（通过待选对象周围的点定义）中的所有对象。该多边形可以为任意形状，但不能与自身相交或相切。将绘制多边形的最后一条线段，所以该多边形在任何时候都是闭合的。圈围不受 PICK-ADD 系统变量的影响。圈围多边形为蓝色、实线边框。

第一圈围点：指定点（图 4-4）

指定直线的端点或［放弃（U）］：指定点或输入 u 放弃上一个点

图 4-4　圈围

(8)"圈交（CP）"：选择多边形（通过在待选对象周围指定点来定义）

内部或与之相交的所有对象。该多边形可以为任意形状，但不能与自身相交或相切。将绘制多边形的最后一条线段，所以该多边形在任何时候都是闭合的。圈交不受 PICKADD 系统变量的影响。圈交多边形为绿色、虚线边框。

第一圈围点：指定点（图 4-5）

指定直线的端点或［放弃（U）］：指定点或输入 u 放弃上一个点

（9）"编组（G）"：选择指定编组（详见 §4.1.3 定义编组）中的全部对象。

图 4-5 圈交

输入编组名：输入一个编组名称

（10）"添加（A）"：切换到添加模式。可以使用任何对象选择方法将选定对象添加到选择集（"自动（AU）"和"添加（A）"为默认模式）。

（11）"删除（R）"：切换到删除模式。可以使用任何对象选择方法从当前选择集中删除对象。删除模式的替换模式是在选择单个对象时按下 SHIFT 键。

（12）"多个（M）"：指定多次选择而不高亮显示对象，从而加快对复杂对象的选择过程。

（13）"前一个（P）"：选择最近创建的选择集。从图形中删除对象将清除"前一个（P）"选项设置。程序将跟踪是在模型空间中还是在图纸空间中指定每个选择集。如果在两个空间中切换将忽略"前一个（P）"选择集。

（14）"放弃（U）"：放弃选择最近加到选择集中的对象。

（15）"自动（AU）"：切换到自动选择。指向一个对象即可选择该对象。指向对象内部或外部的空白区，将形成框选方法定义的选择框的第一个角点（"自动"和"添加"为默认模式）。

（16）"单个（SI）"：切换到单选模式。选择指定的第一个或第一组对象即退出选择状态。

（17）"子对象（SU）"：使用户可以逐个选择原始形状，这些形状是复合实体的一部分或三维实体上的顶点、边和面（可按住 CTRL 键进行选择）。可以选择这些子对象的其中之一，也可以创建多个子对象的选择集。选择集可以包含多种类型的子对象。

选择对象：逐个选择原始形状，这些形状是复合实体的一部分或是顶点、边和面

（18）"对象（O）"：结束选择子对象的功能，使用户可以使用对象选择方法。

4.1.3 定义编组

可以根据各种不同需要，将一些对象集中在一起，定义为对象组，并给其命名（可以用字符或汉字）。对象被编组后，它们可以像一个整体一样被选择、被编辑，但它们并非单一对象，这与图块不同。

定义编组使用 GROUP 命令或 CLASSICGROUP 命令。

1）命令行创建编组

命令：GROUP↙＜G↙＞＜ 默认 → 组 ▼ → 组 ＞

选择对象或[名称(N)/说明(D)]:选择一个对象 找到 1 个

选择对象或[名称(N)/说明(D)]:选择一个对象 找到 1 个,总计 2 个

选择对象或[名称(N)/说明(D)]:选择一个对象 找到 1 个,总计 3 个

选择对象或[名称(N)/说明(D)]:N↵(如果不输入名称而直接回车则创建未命名编组)

输入编组名或[↵]:L3↵

组"L3"已创建。

2)命令行修改编组

命令:GROUPEDIT↵<默认 → 组 ▼ → 🔳>

选择组或[名称(N)]:选择编组 L3 中的一个对象(也可以输入 N 再输入 L3)

输入选项[添加对象(A)/删除对象(R)/重命名(REN)]:A↵

选择要添加到编组的对象 …

选择对象:选择编组 L3 外的一个对象 找到 1 个

选择对象:↵

说明:

(1)"添加对象(A)":选择要添加到当前编组中的对象。

(2)"删除对象(R)":选择要从当前编组删除的编组对象。

(3)"重命名(REN)":对当前编组命名或重命名。

3)命令行解除编组

命令:UNGROUP↵<默认 → 组 ▼ → 🔳>

选择组或[名称(N)]:选择编组 L3 中的一个对象(也可以输入 N 再输入 L3)

组 L3 已分解。

4)对话框创建编组

命令:CLASSICGROUP↵

弹出"对象编组"对话框(图 4-6),以建立、显示、标识、命名和修改对象编组。

(1)在"编组标识→编组名(G):"后的文本框中输入编组名称,如"楼梯"。

(2)可以在"编组标识→说明(D):"后的文本框中输入编组的附加说明,如"楼梯间内部图形"。也可以不输入任何附加说明。

(3)可以取消"创建编组→可选择的(S)"勾选,则创建的编组中的对象只能逐个选取。

(4)可以勾选"创建编组→未命名的(U)",创建默认名称的编组(名称 * An,n 为序号)。此时,"编组标识→编组名(G):"后的文本框将变灰,名称被禁用。

(5)点击"创建编组→新建(N)<"按钮,"对象编组"对话框消失,提示"选择对象:"。

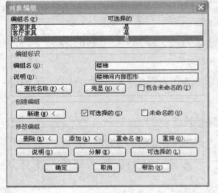

图 4-6 "对象编组"对话框

（6）参照§4.1.2命令状态对象选择的方法选取对象。

（7）选择结束后，"对象编组"对话框再次出现，并在"编组名（P）"下列出新的编组。

（8）如果创建了未命名的编组，可以勾选"编组标识→包含未命名的（I）"，将其在"编组名（P）"下列出。

（9）按下"确定"按钮完成编组。

5）对话框修改编组

（1）从"编组名（P）"下选择一个编组。

（2）如果不记得某个对象属于哪个编组，可以通过单击"编组标识→查找名称（F）＜"按钮，然后选择该对象，则其编组名称将在"编组成员列表"对话框（图4-7）中列出。按"确定"按钮返回到"对象编组"对话框（图4-6）。

图4-7 "编组成员列表"

（3）可以通过单击"编组标识→亮显（H）＜"按钮，察看选定编组包含哪些对象。按下"继续（C）"按钮（图4-8）返回到"对象编组"对话框（图4-6）。

（4）"修改编组→删除（R）＜"：从选定编组中删除对象。

删除对象：选择对象，然后从编组中删除，并重显"对象编组"对话框（图4-6）。

图4-8 "对象编组"

即使删除了编组中的所有对象，编组定义依然存在。可以使用"修改编组→分解（E）"选项从图形中删除编组定义。如果从编组中删除了对象，然后又在同一个绘图任务中将其添加回该编组中，将使其返回到编组原先的编号位置。

（5）"修改编组→添加（A）＜"：将对象添加至选定编组中。

选择对象：选择对象，然后添加至编组，并重显"对象编组"对话框（图4-6）。

（6）"修改编组→重命名（M）"：将选定编组重命名为"编组标识→编组名（G）:"后面框中输入的名称。注意："编组名（P）"下的列表将按字母顺序显示编组名。

（7）"修改编组→重排（O）..."：显示"编组排序"对话框，从中可以修改选定编组中对象的编号次序（缺省的编组顺序按编组时选择对象的顺序排序对象）。

（8）"修改编组→说明（D）"：将选定编组的说明更新为"编组标识→说明（D）:"后面框中输入的名称。说明名称最多可以使用64个字符。

（9）"修改编组→分解（E）"：删除选定编组的定义。编组中的对象仍保留在图形中。

（10）"修改编组→可选择的（L）"：切换编组是否可选择。

4.1.4 对象的分类选择

用户可以使用对象特性或对象类型来将对象包含在选择集中或排除对象。

使用"快速选择"（QSELECT）或"对象选择过滤器"（FILTER）对话

框，可以根据特性（如颜色）和对象类型过滤选择集。例如，只选择图形中所有红色的圆而不选择任何其他对象，或者选择除红色圆以外的所有其他对象。使用"快速选择"功能可以根据指定的过滤条件快速定义选择集。如果使用 Autodesk 或第三方应用程序为对象添加特征分类，则可以按照分类特性选择对象。使用"对象选择过滤器"，可以命名和保存过滤器以供将来使用。

使用"快速选择"或"对象选择过滤器"，如果要根据颜色、线型或线宽过滤选择集，请首先确定是否已将图形中所有对象的这些特性设置为"随层"。例如，一个对象显示为红色，因为它的颜色被设置为"随层"，而图层的颜色是红，则使用红色这一颜色特性将无法选中此对象。此时可以使用"对象选择过滤器"中的逻辑运算功能实现此类对象的选择。

1）快速选择

"快速选择"命令可以在整个图形或现有选择集内创建选择集（通过包含或排除符合指定对象类型和特性的所有对象）。用户还可以指定该选择集用于替换当前选择集或附加到当前选择集。

命令：QSELECT↵＜右击绘图区域→快速选择（Q）...＞

弹出"快速选择"对话框（图 3-32）。

说明：

（1）"应用到（Y）"：可以选择"整个图形"或"当前选择"。若勾选了"附加到当前选择集（A）"，将应用到整个图形；若已选择了对象，则应用到当前选择集（选择集可以在执行 QSELECT 命令前创建，也可以点击"选择对象"按钮 ⊹ 后选择要对其应用过滤条件的对象）。

（2）"对象类型（B）"：指定要包含在过滤条件中的对象类型。如果过滤条件正应用于整个图形，则对象类型列表包含全部的对象类型，包括自定义。否则，该列表只包含选定对象的对象类型。

（3）"特性（P）"：指定过滤器的对象特性。此列表包括选定对象类型的所有可搜索特性。选定的特性决定"运算符（O）"和"值（V）"中的可用选项。

（4）"运算符（O）"：控制过滤的范围。根据选定的特性，选项可能包括"等于"、"不等于"、"大于"、"小于"和"＊通配符匹配"（见表 3-1）。对于某些特性，"大于"和"小于"选项不可用。"＊通配符匹配"只能用于可编辑的文字字段。

（5）"值（V）"：指定过滤器的特性值。如果选定对象的已知值可用，则"值（V）"成为一个列表，可以从中选择一个值。否则，需输入一个值。

（6）"如何应用"：指定符合给定过滤条件的对象与新选择集的关系。

①"包括在新选择集中（I）"：创建其中只包含符合过滤条件的对象的新选择集。

②"排除在新选择集之外（E）"：创建其中只包含不符合过滤条件的对象的新选择集。

（7）"附加到当前选择集（A）"：若勾选此项，通过过滤条件所创建的

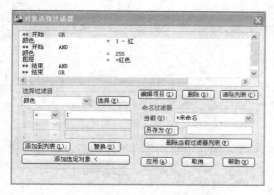

图 4-9 "对象选择过滤器"对话框

图 4-10 下拉列表

选择集将附加到当前选择集之中（此时，"选择对象"按钮和"当前选择"都不可用），否则将替换当前选择集。

2）对象选择过滤器

"对象选择过滤器"既可以按照分类特性选择对象，也可以命名和保存过滤器以供重复使用，还可以对过滤条件进行逻辑组合运算。

命令：FILTER←<FI←>

弹出"对象选择过滤器"对话框（图 4-9）

说明：

（1）过滤器特性列表：位于对话框顶部，显示组成当前过滤器（在"命名过滤器"的"当前（U）"区域选择的过滤器，如本图中的"所有红色"）特性的列表。选中其中某一行后，按钮"编辑项目（I）"与"删除（D）"被激活，可以编辑选定的行或将其删除。而按钮"清除列表（C）"可以将列表的内容全部清除。

（2）"选择过滤器"：为当前过滤器添加过滤器特性。

① 对象类型和逻辑运算符下拉列表（图 4-10）：列出可过滤的对象类型和用于组成过滤表达式的逻辑运算符。单击以选择之。

A. 选中的对象类型可以不带参数（如"直线"、"块"等）。

B. 若选中的对象类型有已知值（如"块名"、"图层"、"颜色"、"标注样式"等），则按钮"选择（E）..."被激活，点击之则可以从弹出的对话框中选取对应的值（参数值被放在 X 后的输入框中）。

C. 选中的对象类型也可以带一个参数（如"标高"、"多线样式"等），或三个参数（如"点位置"、"法向矢量"、"椭圆半径"等）。各参数依次被放在 X、Y、Z 后的输入框中。对于数值参数，还可以指定关系运算符（如"="、">"、"<"等）。

D. 若选中逻辑运算符，则要注意使其成对出现并使其平衡。

②"添加到列表（L）"：将当前选中的对象类型（及参数）或逻辑运算符添加到过滤器特性列表（若列表中有一组过滤特性而没有逻辑运算符，则等同于在首位各加了"＊＊开始 AND"和"＊＊结束 AND"）。

③"替换"：将过滤器特性列表中选中的过滤特性用"选择过滤器"中的替换。

④"添加选定对象<"：该按钮关闭对话框，在绘图区选取对象，返回对话框后将该对象的属性参数添加到过滤器特性列表中。

（3）"命名过滤器"：显示、保存和删除过滤器。

①"当前（U）"：显示保存的过滤器。选择一个过滤器列表将其置为当前。从默认的 filter. nfl 文件中加载命名过滤器以及特性列表。

②"另存为（V）"：该按钮保存过滤器名称及其特性列表。过滤器保存在 filter. nfl 文件中。过滤器名称最多可包含 18 个字符。

③"删除当前过滤器列表（F）"：从默认过滤器文件 filter. nfl 中删除当前

过滤器及其所有特性。

(4)"应用（A）"：该按钮关闭对话框，在绘图区选取对象后，以当前过滤器创建选择集。

4.2 通用编辑命令

在前面几章中，介绍了利用基本绘图命令绘制各种简单图形。接下来将介绍利用通用编辑命令，对已有的图形进行编辑处理，生成新的图形。

4.2.1 已标明的编辑命令

以下几个编辑命令的名称已在按钮上标明。

1) 移动 <kbd>移动</kbd>

可以从源对象以指定的角度和方向移动对象。

命令：MOVE↵<M↵>
<kbd>默认</kbd>→<kbd>修改▼</kbd>→<kbd>移动</kbd>><（选中对象并右击→移动)>

选择对象：选择需要移动的图形对象并按 ENTER 键

指定基点或[位移(D)]<位移>：指定基点 1(图 4-11)或输入 D

指定第二点或<使用第一点作为位移>：指定点 2 或按 ENTER 键

要按指定距离移动对象，可以在"正交"模式和"极轴"追踪打开的同时使用直接距离输入。

可以使用夹点来快速移动对象。见§4.2.4 使用夹点编辑对象。

如果对象的所有端点都在选择窗口内部，还可以使用拉伸命令(STRETCH) 移动对象。

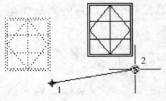

图 4-11 移动对象

也可以选择对象并将它们拖放到新位置（在拖动期间安装 CTRL 键将进行复制)；使用此方法，可以在打开的图形以及其他应用程序之间拖放对象。如果用户使用鼠标右键而非左键拖放，系统将显示快捷菜单。菜单选项包括"移动到此处"、"复制到此处"、"粘贴为块"和"取消"。

2) 复制 <kbd>复制</kbd>

可以从原对象以指定的角度和方向创建对象的副本。

命令：COPY↵<CO↵>><CP↵>><kbd>默认</kbd>→<kbd>修改▼</kbd>→<kbd>复制</kbd>><（选中对象并右击→复制选择)>

选择对象：选择需要复制的图形对象

选择对象：↵ 按 ENTER 键结束选择

指定基点或[位移(D)]<位移>：指定点 1 (图 4-12)作为基点，或输入 D 或按 ENTER 键指定位移

指定第二个点或<使用第一个点作为位移>：指定另一点 2，或按 ENTER 键把第一个点作为位移

指定第二个点或[退出(E)/放弃(U)]<退出>：继续指定点复制到新位置，或按 ENTER 键结束

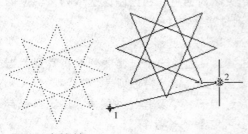

图 4-12 复制对象

要按指定距离复制对象，可以在"正交"模式和"极轴"追踪打开的同时使用直接距离输入。

可以使用夹点来快速复制对象。参见§4.2.4 使用夹点编辑对象。

也可以选择对象并将它们拖放到新位置；在拖动期间安装 CTRL 键即进行复制。使用此方法，可以在打开的图形以及其他应用程序之间拖放对象。如果用户使用鼠标右键而非左键拖放，系统将显示快捷菜单。菜单选项包括"移动到此处"、"复制到此处"、"粘贴为块"和"取消"。

3）拉伸

移动或拉伸对象：当采用逐个点选的方法选取对象，或被选择的对象完全落在选择窗口或多边形内部时，该命令等价于移动命令；当被选择的对象各顶点或端点仅部分落在选择窗口或多边形内部时，该命令移动被选中的各顶点和端点，不更改那些位于交叉选择外的顶点和端点。

拉伸命令 STRETCH 不修改三维实体、多段线宽度、切向或者曲线拟合的信息（注意图 4-13 中，宽多段线与矩形的 4 个顶点拉伸后的不同）。

命令：STRETCH↵<S↵>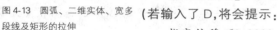

以交叉窗口或交叉多边形选择要拉伸的对象...

选择对象：选择需要拉伸的图形对象并按 ENTER 键

指定基点或[位移(D)]<位移>：指定基点或输入位移坐标或输入 D（若输入了 D,将会提示：

指定位移<0.0000,0.0000,0.0000>：输入 X、Y、Z 的位移值）

指定第二个点或<使用第一个点作为位移>：指定第二点，或按 ENTER 键使用前面的坐标作为位移

4）旋转 ○ 旋转

可以绕指定基点旋转图形中选定的对象。

注意：旋转视口对象时，视口的边框仍然保持与绘图区域的边界平行。

命令：ROTATE↵<RO↵> 默认 → 修改 ▼ → ○ 旋转 ><(选中对象并右击→旋转)>

UCS 当前的正角方向： ANGDIR＝逆时针 ANGBASE＝0

选择对象：选择需要旋转的图形对象并按 ENTER 键

指定基点：指定旋转中心点 1(图 4-14)

图 4-13 圆弧、二维实体、宽多段线及矩形的拉伸

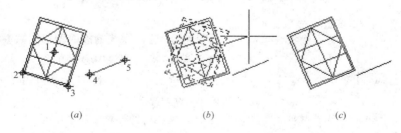

（a） （b） （c）

图 4-14 绕点 1 旋转对象,使底边 23 与线段 45 平行
(a)旋转参照点;(b)执行旋转操作;(c)旋转结果

指定旋转角度,或[复制(C)/参照(R)]<0>:输入角度或指定点,或者输入 C 或 R

说明:

(1)"指定旋转角度":输入对象绕基点旋转的角度。旋转轴通过指定的基点,并且平行于当前 UCS 的 Z 轴。

(2)"复制(C)":创建要旋转的选定对象的副本。

(3)"参照(R)":将对象从指定的角度旋转到新的绝对角度。提示如下:

指定参照角度<0>:输入值或指定 23 两点来指定角度

指定新角度或[点(P)]<0>:输入值或输入 P 并指定 45 两点来指定新的绝对角度

5) 镜像 ▲ 镜像

可以绕指定轴翻转对象创建对称的镜像图像。

镜像对创建对称的对象非常有用,因为可以快速地绘制半个对象,然后将其镜像,而不必绘制整个对象。

命令:MIRROR← <MI←> 默认 → 修改 ▼ → ▲ 镜像 >

选择对象:选择需要镜像的图形对象并按 ENTER 键结束选择

指定镜像线的第一点:指定点 1(图 4-15 中间)

指定镜像线的第二点:指定点 2(以指定的两点作为镜像对称线)

要删除源对象吗?[是(Y)/否(N)]<N>:输入 Y 或 N,或按 ENTER 键

图 4-15 镜像对象

若输入 Y,则源对象被删除,仅留下镜像后的对象(图 4-15 右侧)。

对于文字对象的镜像,可以通过系统变量 MIRRTEXT,控制其是否像其他图形一样翻转。初始设置为不翻转,即 MIRRTEXT=0,图 4-16(a);若要让文字也翻转,可以设置为 MIRRTEXT=1,图 4-16(b)。

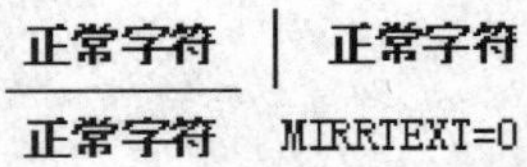

正常字符 | 正常字符
正常字符 MIRRTEXT=0

(a)

翻转字符 | 祢宇詩碼
翻转字符 MIRRTEXT=1

(b)

图 4-16 文字的镜像
(a)字符不翻转;
(b)字符翻转

6) 缩放 □ 缩放

可以在 X、Y 和 Z 方向按统一比例因子放大或缩小对象。

比例因子大于 1 时将放大对象。比例因子介于 0 和 1 之间时将缩小对象。

命令:SCALE← <SC←> 默认 → 修改 ▼ → □ 缩放 > <(选中对象并右击→缩放)>

选择对象:选择需要缩放的图形对象并按 ENTER 键

指定基点:指定缩放中心点 1(图 4-17)

指定比例因子或[复制(C)/参照(R)]<1.0000>:输入比例值,或者输入 C 或 R

说明:

(1)"指定比例因子":按指定的比例放大选定对象的尺寸。还可以拖动光标使对象变大或变小。

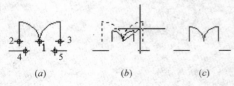

图 4-17 以点 1 为中心缩放,使门宽 23=洞宽 45
(a)缩放参照点;(b)执行缩放操作;(c)缩放结果

(2)"复制（C）"：创建要缩放的选定对象的副本。

(3)"参照（R）"：按参照长度和指定的新长度缩放所选对象。提示如下：

指定参照长度<1>：指定缩放选定对象的起始长度或指定 23 两点来指定长度

指定新的长度或[点(P)]<1>：输入值或输入 P 并指定 45 两点来指定新的长度

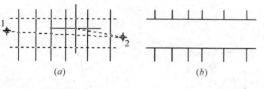

图 4-18　在两线间修剪
(a) 以上下两线为剪切边；(b) 栏选 12 两点修剪结果

7) 修剪 ⊢∕ 修剪 ▼

可以修剪对象，使它们精确地终止于由其他对象定义的边界（图 4-18）。

要选择包含块的剪切边，只能使用单个选择、"窗交"、"栏选"和"全部选择"选项。

修剪样条拟合多段线将删除曲线拟合信息，并将样条拟合线段改为普通多段线线段。

命令：TRIM↵<TR↵><　默认　→　修改 ▼　→　⊢∕ 修剪 ▼　>

当前设置：投影＝UCS,边＝无

选择剪切边...

选择对象或<全部选择>:选择一个或多个对象并按 ENTER 键,或按 EN-TER 键选择所有显示的对象

选择要修剪的对象,或按住 Shift 键选择要延伸的对象,或

[栏选(F)/窗交(C)/投影(P)/边(E)/删除(R)/放弃(U)]:(按住 SHIFT 键)选择对象,或输入选项

选择要修剪的对象,或按住 Shift 键选择要延伸的对象,或

[栏选(F)/窗交(C)/投影(P)/边(E)/删除(R)/放弃(U)]:↵ 按 ENTER 键退出命令

说明：

(1)"选择要修剪的对象"：指定修剪对象。提示将会重复，因此可以选择多个修剪对象。按 ENTER 键退出命令。

(2)"按住 Shift 键选择要延伸的对象"：延伸选定对象而不是修剪它们。此选项提供了一种在修剪和延伸之间切换的简便方法。

(3)"栏选（F）"：选择与选择栏相交的所有对象。选择栏是一系列临时线段，它们是用两个或多个栏选点指定的。选择栏不构成闭合环。

指定第一个栏选点：指定选择栏的起点

指定下一个栏选点或［放弃(U)］：指定选择栏的下一个点或输入 U

指定下一个栏选点或［放弃(U)］：指定选择栏的下一个点、输入 U 或按 ENTER 键

(4)"窗交（C）"：选择矩形区域（由两点确定）内部或与之相交的对象。

指定第一个角点：指定点

指定对角点：指定第一点对角线上的点

(5)"投影（P）"：指定修剪对象时使用的投影方法。

输入投影选项[无(N)/UCS(U)/视图(V)]<当前>：输入选项或按ENTER键

①"无（N）"：指定无投影。只修剪与三维空间中的剪切边相交的对象（图4-19）。

②"UCS（U）"：指定在当前用户坐标系 *XY* 平面上的投影。将修剪不与三维空间中的剪切边相交，但在当前 UCS 的 XY 平面投影上与剪切边相交的对象（图4-20）。

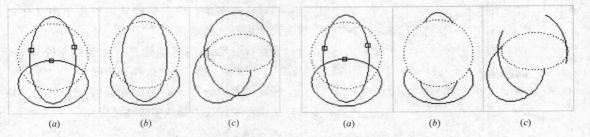

图 4-19　无投影修剪
(*a*) 平面视图；(*b*) 修剪相交对象；(*c*) 轴测图

图 4-20　UCS 投影修剪
(*a*) 平面视图；(*b*) 修剪对象；(*c*) 轴测图

③"视图（V）"：指定沿当前视图方向的投影。将修剪与当前视图中的边界相交的对象（图4-21）。

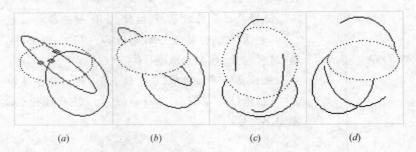

图 4-21　视图投影修剪
(*a*) 西南视图；(*b*) 修剪对象；(*c*) 平面视图；(*d*) 东南视图

(6)"边（E）"：确定对象是在另一对象的延长边处进行修剪，还是仅在三维空间中与该对象相交的对象处进行修剪。注意：修剪图案填充时，不要将"边（E）"设置为"延伸（E）"。否则，修剪图案填充时将不能填补修剪边界中的间隙，即使将允许的间隙设置为正确的值。

输入隐含边延伸模式[延伸(E)/不延伸(N)]<当前>：输入选项或按ENTER键

①"延伸（E）"：沿自身自然路径延伸剪切边使它与三维空间中的对象相交，图4-22（*a*）。

②"不延伸（N）"：指定对象只在三维空间中与其相交的剪切边处修剪，图4-22（*b*）。

(7)"删除（R）"：删除选定的对象。此选项

图 4-22　边延伸模式
(*a*) 延伸修剪；(*b*) 不延伸修剪

提供了一种用来删除不需要的对象的简便方法，而无需退出 TRIM 命令。

选择要删除的对象或＜退出＞：使用对象选择方法并按 ENTER 键返回到上一个提示

(8)"放弃（U）"：撤销由 TRIM 命令所做的最近一次修改。

8) 延伸——／延伸

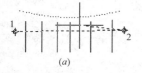
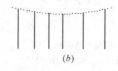

(a)　　　　　　　　　　(b)

图 4-23　延伸至圆弧
(a) 以圆弧为边界边；(b) 栏选 12 两点延伸结果

可以延伸对象，使它们精确地延伸至由其他对象定义的边界边（图 4-23）。

延伸一个样条曲线拟合的多段线将为多段线的控制框架添加一个新顶点。

要选择包含块的边界边，只能使用单个选择、"窗交"、"栏选"和"全部选择"选项。

命令：EXTEND↵＜EX↵＞＜ 默认 → 修改 ▼ → ／ 修剪 ▼ 右首的 ▼ 按钮→ ——／延伸＞

当前设置：投影＝UCS,边＝无

选择边界的边 ...

选择对象或＜全部选择＞：选择一个或多个对象并按 ENTER 键，或按 ENTER 键选择所有显示的对象

选择要延伸的对象,或按住 Shift 键选择要修剪的对象,或

[栏选(F)/窗交(C)/投影(P)/边(E)/放弃(U)]:(按住 SHIFT 键)选择对象,或输入选项

选择要延伸的对象,或按住 Shift 键选择要修剪的对象,或

[栏选(F)/窗交(C)/投影(P)/边(E)/放弃(U)]:↵ 按 ENTER 键退出命令

说明：

(1)"选择要延伸的对象"：指定要延伸的对象。提示将会重复，因此可以选择多个延伸对象。按 ENTER 键退出命令。

(2)"按住 Shift 键选择要修剪的对象"：将选定对象修剪到最近的边界而不是将其延伸。这是在修剪和延伸之间切换的简便方法。

(3)"栏选（F）"：操作同§4.2.1：7) 修剪 ／ 修剪 ▼ 中对应选项。

(4)"窗交（C）"：操作同§4.2.1：7) 修剪 ／ 修剪 ▼ 中对应选项。

(5)"投影（P）"：指定延伸对象时使用的投影方法。

输入投影选项 [无（N）/UCS（U）/视图（V）]＜当前＞：输入选项或按 ENTER 键

①"无（N）"：指定无投影。只延伸与三维空间中的边界相交的对象（图 4-24）。

②"UCS（U）"：指定到当前用户坐标系（UCS）XY 平面的投影。延伸未与三维空间中的边界对象相交的对象（图 4-25）。

③"视图（V）"：指定沿当前视图方向的投影。将延伸与当前视图中的边界相交的对象（图 4-26）。

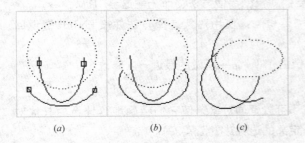

(a)   (b)   (c)

图 4-24　无投影延伸

（a）平面视图；（b）延伸相交对象；（c）轴测图

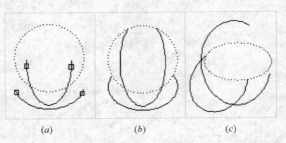

(a)   (b)   (c)

图 4-25　UCS 投影延伸

（a）平面视图；（b）延伸对象；（c）轴测图

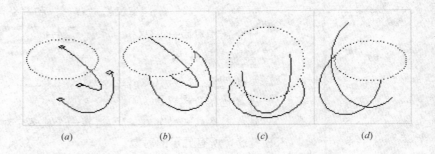

(a)   (b)   (c)   (d)

图 4-26　视图投影延伸

（a）西南视图；（b）延伸对象；（c）平面视图；（d）东南视图

(6)"边（E）"：将对象延伸到另一个对象的隐含边，或仅延伸到三维空间中与其实际相交的对象。操作参见§4.2.1：7）修剪 修剪 中对应选项。

(7)"放弃（U）"：放弃最近由 EXTEND 所做的更改。

9)圆角 圆角

圆角使用与对象相切并且具有指定半径的圆弧连接两个对象。

命令：FILLET←|＜F←|＞＜ 默认 → 修改 → 圆角 ＞

当前设置：模式 ＝ 修剪,半径 ＝ 600.0000

选择第一个对象或［放弃（U）/多段线（P）/半径（R）/修剪（T）/多个（M）］:选择对象或输入选项

说明：

(1)"选择第一个对象"：选择定义二维圆角所需的两个对象中的第一个对象（图 4-27a），或选择三维实体的边以便给其加圆角：

选择第二个对象，或按住 Shift 键并选择要应用角点的对象或［半径（R）］：选择对象，或按住 SHIFT 键并选择对象，或输入选项 R

如果选择直线、圆弧或多段线，它们的长度将进行调整以适应圆角弧度，见图 4-27（b）。选择对象时，可以按住 SHIFT 键，以便使用 0（零）值替代当前圆角半径，见图 4-27（c）。

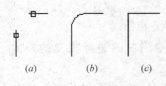

(a)   (b)   (c)

图 4-27　Shift 对圆角的影响

（a）待选线段；（b）圆角；

（c）按住 Shift

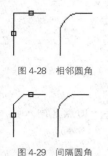

图 4-28 相邻圆角

图 4-29 间隔圆角

如果选定对象是二维多段线的两个直线段，则它们可以相邻（图4-28）或者被另一条线段隔开（图 4-29）。如果它们被另一条多段线分开，执行 FILLET 将删除分开它们的线段并代之以圆角。

在直线和圆弧之间（图 4-30）以及圆弧和圆弧之间（图 4-31）可以有多种圆角连接方式，这与选择对象时光标的位置有关。

FILLET 将不修剪圆；圆角弧与圆平滑地相连（图 4-32）。

如果选择了三维实体，则可以选择多条边，但必须分别选择这些边。提示如下：

输入圆角半径＜当前＞：指定距离或按 ENTER 键

选择边或［链（C）/ 半径（R）］：选择边（图 4-33）或者输入 C 或 R

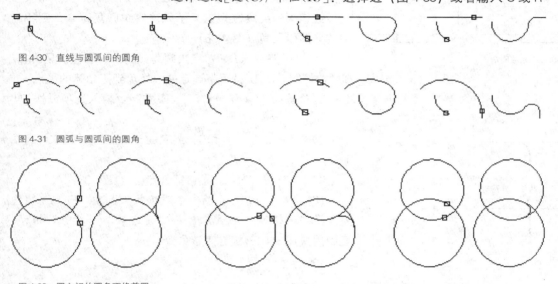

图 4-30 直线与圆弧间的圆角

图 4-31 圆弧与圆弧间的圆角

图 4-32 圆之间的圆角不修剪圆

① "选择边"：选择一条边。可以连续选择单个边直到按 ENTER 键为止。

如果选择汇聚于顶点构成长方体角点的三条或三条以上的边，则当三条边相互之间的三个圆角半径都相同时，执行 FILLET 将计算出属于球体一部分的顶点过渡（图 4-34 中）。

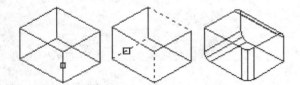

图 4-33 选中三维实体

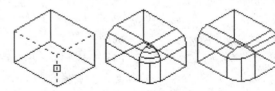

图 4-34 三条边圆角半径相同（中）与不同（右）

② "链（C）"：从单边选择改为连续相切边选择（称为链选择）。

选择边链或＜边（E）/ 半径（R）＞：选择边链，输入 E 或 R

A. "选择边链"：选中一条边也就选中了一系列相切的边（图 4-35）。

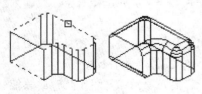

图 4-35 链式圆角

B．"边（E）"：切换回单边选择模式。

C．"半径（R）"：定义被圆整的边的半径。

输入圆角半径＜当前＞：指定距离或按 ENTER 键

③"半径（R）"：同上。

(2)"放弃（U）"：恢复在命令中执行的上一个操作。

(3)"多段线（P）"：在二维多段线中两条线段相交的每个顶点处插入圆角弧。

选择二维多段线：选取对象

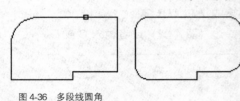

图 4-36　多段线圆角

如果所选择的二维多段线上，在两直线段间有圆弧，则执行 FILLET 将删除该弧线段并代之以圆角弧。如果多段线包含的线段过短以至于无法容纳圆角距离，则不对这些线段圆角（图 4-36）。

(4)"半径（R）"：定义圆角弧的当前半径。见上文。

(5)"修剪（T）"：控制 FILLET 是否将选定的边修剪到圆角弧的端点。

输入修剪模式选项［修剪（T）/ 不修剪（N）］＜当前＞：输入选项或按 ENTER 键

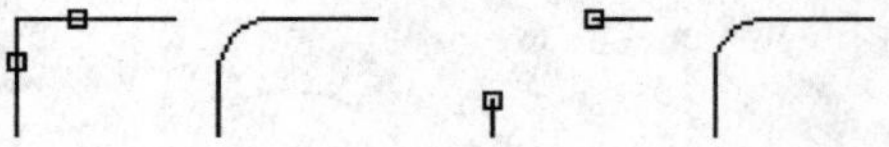

①"修剪（T）"：修剪选定的边到圆角弧端点（图 4-37）。

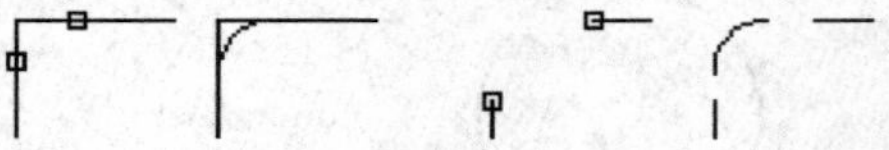

②"不修剪（N）"：不修剪选定边（图 4-38）。

图 4-37　圆角：修剪

图 4-38　圆角：不修剪

(6)"多个（M）"：给多个对象集加圆角。FILLET 将重复显示"选择第一个对象"和"选择第二个对象"提示，直到用户按 ENTER 键结束该命令。

10）倒角 ▱ 倒角

倒角使用成角的直线连接两个对象。

命令：CHAMFER↵＜CHA↵＞＜ 默认 ▸ 修改 ▾ ▸ ▱圆角 ▾ 右首的 ▾ 按钮▸▱ 倒角 ＞

（"修剪"模式）当前倒角距离 1 ＝ 600.0000，距离 2 ＝ 900.0000

选择第一条直线或［放弃（U）/ 多段线（P）/ 距离（D）/ 角度（A）/ 修剪（T）/ 方式（E）/ 多个（M）］：选择对象或输入选项

说明：

(1)"选择第一条直线"：指定定义二维倒角所需的两条边中的第一条边或要倒角的三维实体的边。提示如下：

选择第二条直线，或按住 Shift 键并选择要应用角点的对象或［距离（D）/ 角度（A）/ 方法（M）］：选择对象，或按住 SHIFT 键并选择对象、或输入一个选项

若选择直线或多段线，其长度将调整以适应倒角线，见图 4-39（b）。选择对象时若按住 SHIFT 键，则倒角距离为 0，见图 4-39（c）。

如果选定对象是二维多段线的直线段，它们必须相邻（图 4-40）或只能用一条线段分开。如果它们被另一条多段线分开，执行 CHAMFER 将删除分

开它们的线段并代之以倒角（图4-41）。

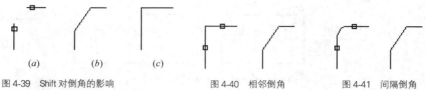

图 4-39 Shift 对倒角的影响　　　　　　　图 4-40 相邻倒角　　　　图 4-41 间隔倒角

(*a*) 待选线段；(*b*) 倒角；

(*c*) 按住 Shift

　　如果选定的是三维实体的一条边（图4-42），那么必须指定与此边相邻的两个表面中的一个为基准表面。提示如下：

　　基面选择...

　　输入曲面选择选项［下一个（N）/当前（OK）］＜当前（OK）＞：输入 N 或 O，或按 ENTER 键

　　若输入 N 将选择与选定边相邻的另一个表面，直到输入 O。继续提示：

　　指定基面的倒角距离＜600.0000＞：输入新的距离，或按 ENTER 键

　　指定其他曲面的倒角距离＜900.0000＞：输入新的距离，或按 ENTER 键

　　选择边或［环（L）］：在基面上逐条选择边或输入 L

　　选中的边将被倒角（图4-43）。若输入 L 将切换到"边环"模式，并提示：

　　选择边环或［边（E）］：在基面上选择边环或输入 E

　　选中的边环将被倒角（图4-44）。若输入 E 将重新切换回上一步的"边"模式。

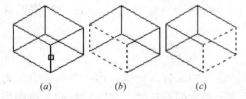

图 4-42 选中三维实体

(*a*) 选定边；(*b*) 当前基面；(*c*) 下一基面

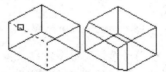

图 4-43 选择边

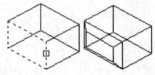

图 4-44 选择边环

　　(2)"放弃（U）"：恢复在命令中执行的上一个操作。

　　(3)"多段线（P）"：对整个二维多段线倒角。提示如下：

　　选择二维多段线：选取二维多段线（图4-45）

　　相交多段线线段在每个多段线顶点被倒角。倒角成为多段线的新线段。如果多段线包含的线段过短以至于无法容纳倒角距离，则不对这些线段倒角。

　　(4)"距离（D）"：设置倒角至选定边端点的距离。提示：

　　指定第一个倒角距离＜当前＞：(图4-47)

　　指定第二个倒角距离＜当前＞：

　　如果将两个距离均设置为零，CHAMFER 将延伸或修剪两条直线，以使它们终止于同一点。

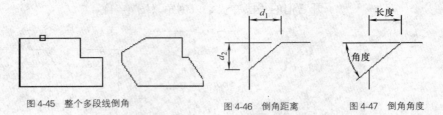

图 4-45　整个多段线倒角　　　　　图 4-46　倒角距离　　　　图 4-47　倒角角度

(5)"角度（A）"：用第一条线的倒角距离和第二条线的角度设置倒角距离。提示如下：

指定第一条直线的倒角长度＜当前＞：(图 4-46)

指定第一条直线的倒角角度＜当前＞：

(6)"修剪（T）"：控制 CHAMFER 是否将选定的边修剪到倒角直线的端点。提示如下：

输入修剪模式选项[修剪（T）/不修剪（N）]＜当前＞：输入 T 或 N 或按ENTER 键

如果输入 T，则将 TRIMMODE 系统变量设置为 1，CHAMFER 会将相交的直线修剪至倒角直线的端点。如果选定的直线不相交，CHAMFER 将延伸或修剪这些直线，使它们相交。如果输入 N，则将 TRIMMODE 设置为 0，将创建倒角而不修剪选定的直线。

(7)"方式（E）"：控制 CHAMFER 使用两个距离或一个距离和一个角度来创建倒角。提示：

输入修剪方法[距离（D）/角度（A）]＜当前＞：输入 D 或 A 或按 ENTER 键

(8)"多个（M）"：为多组对象的边倒角。CHAMFER 将重复显示"选择第一条直线"和"选择第二条直线"的提示，直到用户按 ENTER 键结束命令。

11）光滑曲线 ○• 光顺曲线

在两条选定直线或曲线之间的间隙中创建样条曲线。选择端点附近的每个对象。生成的样条曲线的形状取决于指定的连续性。选定对象的长度保持不变。有效对象包括直线、圆弧、椭圆弧、螺旋、开放的多段线和开放的样条曲线。

命令：BLEND ↵＜ 默认 → 修改 ▼ → ◯ 圆角 ▼ 右首的 ▼ 按钮 →

○• 光顺曲线 ＞

连续性 ＝ 相切

选择第一个对象或[连续性（CON）]：选择一条直线或曲线的一端

选择第二个点：选择另一条直线或曲线的一端

说明：

(1)"选择第一个对象"：选择样条曲线起点附近的直线或开放曲线。提示如下：

"选择第二个点"：选择样条曲线端点附近的另一条直线或开放的曲线。

(2)"连续性（CON）"：在两种过渡类型中指定一种。

①"相切"：创建一条 3 阶样条曲线，在选定对象的端点处具有相切(G1) 连续性 。

②"平滑"：创建一条 5 阶样条曲线，在选定对象的端点处具有曲率(G2) 连续性。如果使用"平滑"选项，请勿将显示从控制点切换为拟合点。此操作将样条曲线更改为 3 阶，这会改变样条曲线的形状。

12）矩形阵列 ▦ 阵列 ▾

将对象副本分布到行、列和标高的任意组合。

命令：ARRAYRECT↵ ＜ 默认 → 修改 ▾ → ▦ 阵列 ▾ ＞

选择对象：选取要阵列的对象，并按回车确认

类型 = 矩形   关联 = 是

选择夹点以编辑阵列或［关联(AS)／基点(B)／计数(COU)／间距(S)／列数(COL)／行数(R)／层数(L)／退出(X)］＜退出＞：↵

说明：

(1)"选择夹点以编辑阵列"：选择一个夹点，以改变阵列基点的位置、行数、列数等。

① 左下角夹点■：选中该夹点后移动光标，可以改变阵列基点的位置。

② 右下角夹点➤：选中该夹点后移动光标，可以改变列数。

③ 下边中夹点➤：选中该夹点后移动光标，可以改变列间距。

④ 左上角夹点▲：选中该夹点后移动光标，可以改变行数。

⑤ 左边中夹点▲：选中该夹点后移动光标，可以改变行间距。

⑥ 右上角夹点■：选中该夹点后移动光标，可以同时改变行列数。

(2)"关联（AS）"：指定阵列中的对象是关联的还是独立的。

①"是"：包含单个阵列对象中的阵列项目，类似于块。使用关联阵列，可以通过编辑特性和源对象在整个阵列中快速传递更改。

②"否"：创建阵列项目作为独立对象。更改一个项目不影响其他项目。

(3)"基点（B)"：定义阵列基点和基点夹点的位置。

①"基点"：指定用于在阵列中放置项目的基点。

②"关键点"：对于关联阵列，在源对象上指定有效的约束（或关键点）以与路径对齐。如果编辑生成的阵列的源对象或路径，阵列的基点保持与源对象的关键点重合。

(4)"计数（COU)"：指定行数和列数并使用户在移动光标时可以动态观察结果（一种比"行和列"选项更快捷的方法），或输入表达式（基于数学公式或方程式的导出值）。

(5)"间距（S)"：指定行间距和列间距并使用户在移动光标时可以动态观察结果。

①"行间距"：指定从每个对象的相同位置测量的每行之间的距离。

②"列间距"：指定从每个对象的相同位置测量的每列之间的距离。

③"单位单元"：设置等同于间距的矩形区域的每个角点来同时指定行间距和列间距。

(6)"列数（COL）"：编辑列数和列间距。

①"列数"：设置阵列中的列数。

②"列间距"：指定从每个对象的相同位置测量的每列之间的距离。

③"全部"：指定从开始和结束对象上的相同位置测量的起点和终点列之间的总距离。

(7)"行数（R）"：指定阵列中的行数、它们之间的距离以及行之间的增量标高。

①"行数"：设置阵列中的行数。

②"行间距"：指定从每个对象的相同位置测量的每行之间的距离。

③"全部"：指定从开始和结束对象上的相同位置测量的起点和终点行之间的总距离。

④"增量标高"：设置每个后续行的增大或减小的标高。

⑤"表达式"：基于数学公式或方程式导出值。

(8)"层数（L）"：指定三维阵列的层数和层间距。

①"层数"：设置阵列中的层数。

②"层间距"：在 Z 坐标值中指定每个对象等效位置之间的差值。

③"全部"：在 Z 坐标值中指定第一个和最后一个层中对象等效位置之间的总差值。

④"表达式"：基于数学公式或方程式导出值。

(9)"退出（X）"：退出阵列命令。

13）路径阵列 ⊞ 路径阵列

沿路径或部分路径均匀分布对象副本。路径可以是直线、多段线、三维多段线、样条曲线、螺旋、圆弧、圆或椭圆。

命令：ARRAYPATH←＜ 默认 → 修改 ▼ → ⊞ 阵列 ▾ 右首的 ▾ 按钮→

⊞ 路径阵列 ＞

选择对象：选取要阵列的对象，并按回车确认

类型 ＝ 路径　关联 ＝ 是

选择路径曲线：选取阵列路径曲线

选择夹点以编辑阵列或［关联(AS)/方法(M)/基点(B)/切向(T)/项目(I)/行(R)/层(L)/对齐项目(A)/z方向(Z)/退出(X)]＜退出＞：←

说明：

(1)"选择夹点以编辑阵列"：选择一个夹点，以改变阵列的行数、间距、项目数等。

①起始夹点■：选中该夹点后，可以改变阵列行数或层数。

②终点夹点▶：选中该夹点后，可以改变阵列项目数。

③中间夹点▶：选中该夹点后，可以改变项目间距。

（2）"关联（AS）"：见§4.2.1：12）矩形阵列 阵列 。

（3）"方法（M）"：控制如何沿路径分布项目。

①"定数等分"：将指定数量的项目沿路径的长度均匀分布。

②"定距等分"：以指定的间隔沿路径分布项目。

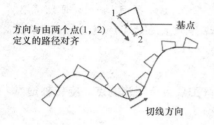

方向与由两个点(1，2)定义的路径对齐

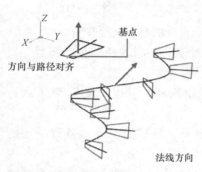

方向与路径对齐

图4-48　阵列对齐方式

（4）"基点（B）"：定义阵列的基点。路径阵列中的项目相对于基点放置。

①"基点"：指定用于在相对于路径曲线起点的阵列中放置项目的基点。

②"关键点"：对于关联阵列，在源对象上指定有效的约束（或关键点）以与路径对齐。如果编辑生成的阵列的源对象或路径，阵列的基点保持与源对象的关键点重合。

（5）"切向（T）"：指定阵列中的项目如何相对于路径的起始方向对齐（图4-48）。

①"两点"：指定表示阵列中的项目相对于路径的切线的两个点。两个点的矢量建立阵列中第一个项目的切线。"对齐项目"设置控制阵列中的其他项目是否保持相切或平行方向。

②"法线"：根据路径曲线的起始方向调整第一个项目的Z方向。

（6）"项目（I）"：根据"方法"设置，指定项目数或项目之间的距离。

①"沿路径的项目数"：（当"方法"为"定数等分"时可用）使用值或表达式指定阵列中的项目数。

②"沿路径的项目之间的距离"：（当"方法"为"定距等分"时可用）使用值或表达式指定阵列中的项目的距离。

默认情况下，使用最大项目数填充阵列，这些项目使用输入的距离填充路径。可以指定一个更小的项目数（如果需要），也可以启用"填充整个路径"，以便在路径长度更改时调整项目数。

（7）"行（R）"：见§4.2.1：12）矩形阵列 阵列 。

（8）"层（L）"：见§4.2.1：12）矩形阵列 阵列 。

（9）"对齐项目（A）"：指定是否对齐每个项目以与路径的方向相切。对齐相对于第一个项目的方向（图4-49）。

（10）"z方向（Z）"：控制是否保持项目的原始Z方向或沿三维路径自然倾斜项目。

（11）"退出（X）"：退出阵列命令。

14）环形阵列 环形阵列

围绕中心点或旋转轴在环形阵列中均匀分布对象副本。

命令：ARRAYPOLAR←─── 默认 → 修改 ▼ → 阵列 ▼ 右

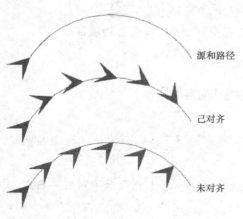

源和路径

已对齐

未对齐

图4-49　对齐项目

首的 ⌄ 按钮→ 环形阵列 ＞

选择对象：选取要阵列的对象，并按回车确认

类型 ＝ 极轴　关联 ＝ 是

指定阵列的中心点或［基点(B)/旋转轴(A)］：

选择夹点以编辑阵列或［关联(AS)/基点(B)/项目(I)/项目间角度(A)/填充角度(F)/行(ROW)/层(L)/旋转项目(ROT)/退出(X)］＜退出＞：↵

说明：

(1)"指定阵列的中心点"：指定分布阵列项目所围绕的点。旋转轴是当前 UCS 的 Z 轴。

(2)"基点(B)"：见§4.2.1：12)矩形阵列 阵列 ⌄ 。

(3)"旋转轴(A)"：指定由两个指定点定义的自定义旋转轴。

(4)"选择夹点以编辑阵列"：选择一个夹点，以改变阵列的行数、间距、项目数等。

① 中心点夹点■：选中该夹点后移动光标，可以改变阵列基点的位置。

② 起点夹点■：选中该夹点后移动光标，可以改变环形阵列半径的大小。

③ 终点夹点▶：选中该夹点后移动光标，可以改变阵列项目数。

④ 中间夹点▶：选中该夹点后移动光标，可以改变项目间距。

(5)"关联(AS)"：见§4.2.1：12)矩形阵列 阵列 ⌄ 。

(6)"项目(I)"：使用值或表达式指定阵列中的项目数（当在表达式中定义填充角度时，结果值中的＋或-数学符号不会影响阵列的方向）。

(7)"项目间角度(A)"：使用值或表达式指定项目之间的角度。

(8)"填充角度(F)"：使用值或表达式指定阵列中第一个和最后一个项目之间的角度。

(9)"行(ROW)"：见§4.2.1：12)矩形阵列 阵列 ⌄ 。

(10)"层(L)"：见§4.2.1：12)矩形阵列 阵列 ⌄ 。

(11)"旋转项目(ROT)"：控制在排列项目时是否旋转项目。

(12)"层(L)"："退出(X)"：退出阵列命令。

4.2.2　未标明的编辑命令

以下几个编辑命令的名称未在按钮上标明。

1) 删除 ✐

如果已经绘制了一些图形，现在不再需要了，则可以用删除命令将其除去。

命令：ERASE↵＜E↵＞＜ 默认 → 修改 ⌄ → ✐ ＞＜(选中对象并右击→删除)＞

选择对象：使用上一节介绍的方法选择需要删除的图形对象

选择对象：↵ 按 ENTER 键后将删除选定的对象

说明：

在选择对象时输入 ALL，可以将所有的对象（不包括被冻结或锁定图层中的对象）删除。

可以使用 OOPS 命令恢复已删除的对象。也可以在 BLOCK 或 WBLOCK 后使用 OOPS，因为这些命令可以在创建块后删除选定的对象。

恢复已删除的对象也可以使用"放弃" ↩ （Ctrl + Z）命令（U 或 UNDO 1），UNDO 命令可以放弃多步操作，详见帮助信息。

如果在删除了对象后又绘制了一些新的图形，则使用 OOPS 命令恢复被删除的对象不会影响新绘的图形，而"放弃"命令则会先将新绘的图形清除掉，才能进一步恢复被删除的对象。

如果"放弃"命令清除了有用的命令，可以使用"重做" ↪ （Ctrl + Y）命令（或 REDO）恢复单个被放弃的命令。注意："重做"必须紧跟在"放弃"命令之后。

2）分解

分解命令将组合对象分解为对象组件。

命令：EXPLODE↵＜X↵＞＜ 默认 → 修改 ▼ → ＞

选择对象：使用对象选择方法并在完成时按 ENTER 键

说明：

要分解对象并同时更改其特性，可使用 XPLODE，详见帮助信息。

任何分解对象的颜色、线型和线宽都可能会改变。其他结果将根据分解的合成对象类型的不同而有所不同。参见以下可分解对象的列表以及分解的结果。

（1）二维和优化多段线：放弃所有关联的宽度或切线信息。对于宽多段线，将沿多段线中心放置结果直线和圆弧。

（2）三维多段线：分解成线段。为三维多段线指定的线型将应用到每一个得到的线段。

（3）三维实体：将平面分解成面域。将非平面的面分解成曲面。

（4）圆弧：如果位于非一致比例的块内，则分解为椭圆弧。

（5）块：一次删除一个编组级。如果一个块包含一个多段线或嵌套块，那么对该块的分解就首先显露出该多段线或嵌套块，然后再使用分解命令分别分解该块中的各个对象。具有相同 X、Y、Z 比例的块将分解成它们的部件对象。具有不同 X、Y、Z 比例的块（非一致比例块）可能分解成意外的对象。当按非统一比例缩放的块中包含无法分解的对象时，这些块将被收集到一个匿名块（名称以"∗E"为前缀）中，并按非统一比例缩放进行参照。如果这种块中的所有对象都不可分解，则选定的块参照不能分解。非一致缩放的块中的体、三维实体和面域图元不能分解。分解一个包含属性的块将删除属性值并重显示属性定义。不能分解用 MINSERT 和外部参照插入的块以及外部参照依赖的块。

(6) 体：分解成一个单一表面的体（非平面表面）、面域或曲线。

(7) 圆：如果位于非一致比例的块内，则分解为椭圆。

(8) 引线：根据引线的不同，可分解成直线、样条曲线、实体（箭头）、块插入（箭头、注释块）、多行文字或公差对象。

(9) 多行文字：分解成文字对象。

(10) 多线：分解成直线和圆弧。

(11) 多面网格：单顶点网格分解成点对象。双顶点网格分解成直线。三顶点网格分解成三维面。

(12) 面域：分解成直线、圆弧或样条曲线。

3）偏移 ⬛

偏移命令用于创建造型与选定对象造型平行的新对象。偏移圆或圆弧可以创建更大或更小的圆或圆弧，这取决于向哪一侧偏移。

命令：OFFSET↵＜O↵＞＜ 默认 → 修改 ▼ → ⬛ ＞

当前设置：删除源＝否　图层＝源　OFFSETGAPTYPE＝0

指定偏移距离或［通过(T)/删除(E)/图层(L)］＜通过＞：指定距离（或输入选项、按 ENTER 键）

选择要偏移的对象，或［退出(E)/放弃(U)］＜退出＞：选择对象（图 4-50 中的虚线）

指定要偏移的那一侧上的点，或［退出(E)/多个(M)/放弃(U)］＜退出＞：向下侧指定一点

选择要偏移的对象，或［退出(E)/放弃(U)］＜退出＞：↵ 按 ENTER 键结束命令，否则继续选择对象

说明：

(1)"指定偏移距离"：可以直接输入一个距离数值，也可以指定两点以确定一个距离。

(2)"通过（T）"：创建通过指定点的对象。

选择要偏移的对象，或［退出(E)/放弃(U)］＜退出＞：选择一个对象或按 ENTER 结束

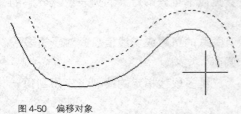

图 4-50　偏移对象

指定通过点或［退出(E)/多个(M)/放弃(U)］＜退出＞：指定偏移对象要通过的点或输入距离，随后重复上述提示

选择要偏移的对象，或［退出(E)/放弃(U)］＜退出＞：↵ 按ENTER键结束命令

(3)"删除（E）"：偏移源对象后将其删除。

要在偏移后删除源对象吗？［是(Y)/否(N)］＜否＞：输入 Y 或 N

(4)"图层（L）"：确定将偏移对象创建在当前图层上还是源对象所在的图层上。

输入偏移对象的图层选项［当前(C)/源(S)］＜源＞：输入选项

对于有转角的二维多段线，偏移命令可能会导致线段间存在潜在间隔。系统变量 OFFSETGAPTYPE 用于控制这些潜在间隔的闭合方式（图 4-51，初

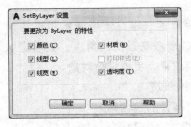

图 4-51 转角过渡方式

(a) OFFSETGAPTYPE=0; (b) OFFSETGAPTYPE=1;

(c) OFFSETGAPTYPE=2

值＝0）。

4.2.3 其他编辑命令

以下编辑命令在 默认 选项卡的 修改 ▼ 面板中没有直接显示，需要点击 修改 ▼ 面板标题，再从下拉面板中选取命令。

1）设置为 ByLayer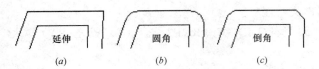

将选定对象的特性替代更改为"ByLayer"。

命令：SETBYLAYER↵< 默认 → 修改 ▼ 面板标题→ >

当前活动设置：颜色 线型 线宽 透明度 材质

选择对象或[设置(S)]：使用对象选择方法并在完成时按 ENTER 键

是否将 ByBlock 更改为 ByLayer? [是(Y)/否(N)]＜是(Y)＞：↵

是否包括块? [是(Y)/否(N)]＜是(Y)＞：↵

说明：

(1)"选择对象"：指定应继承图层特性（ByLayer）的对象。

图 4-52 "SetByLayer 设置"对话框

(2)"设置（S）"：显示"SetByLayer 设置"对话框（图4-52），从中可以指定要设置为 ByLayer 的对象特性。

2）更改空间

在布局上，在模型空间和图纸空间之间传输选定对象。在新空间中，选定的对象将自动进行缩放。

命令：CHSPACE↵< 默认 → 修改 ▼ 面板标题→ >

选择对象：在模型空间中使用对象选择方法并在完成时按 ENTER 键

将目标视口设定为活动状态并按 ENTER 键继续。：↵

1 个对象已从 图纸空间 更改到 模型空间。

外观。

命令：CHSPACE↵< 默认 → 修改 ▼ 面板标题→ >

选择对象：在图纸空间中使用对象选择方法并在完成时按 ENTER 键

将源视口设定为活动状态并按 ENTER 键继续。：↵

1 个对象已从 模型空间 更改到 图纸空间。

外观。

3）拉长

更改对象的长度和圆弧的包含角。可以将更改指定为百分比、增量或最终长度或角度。使用 LENGTHEN 即使用 TRIM 和 EXTEND 其中之一。

命令：LENGTHEN↵< 默认 → 修改 ▼ 面板标题→ >

选择要测量的对象或[增量(DE)/百分比(P)/总计(T)/动态(DY)]＜增量(DE)＞：选择一个圆弧

当前长度:931.3278,夹角:95

选择要测量的对象或[增量(DE)/百分比(P)/总计(T)/动态(DY)]＜增量(DE)＞:

输入长度增量或[角度(A)]＜0.0000＞:50↵

选择要修改的对象或[放弃(U)]:选择圆弧一端

选择要修改的对象或[放弃(U)]:↵

说明:

(1)"选择要测量的对象":显示对象的长度和包含角(如果对象有包含角)。LENGTHEN命令不影响闭合的对象。选定对象的拉伸方向不需要与当前用户坐标系(UCS)的Z轴平行。

(2)"增量(DE)":以指定的增量修改对象的长度,该增量从距离选择点最近的端点处开始测量。差值还以指定的增量修改圆弧的角度,该增量从距离选择点最近的端点处开始测量。正值扩展对象,负值修剪对象。

①"长度增量":以指定的增量修改对象的长度。

②"角度(A)":以指定的角度修改选定圆弧的包含角。

(3)"百分比(P)":通过指定对象总长度的百分数设定对象长度。

(4)"总计(T)":通过指定从固定端点测量的总长度的绝对值来设定选定对象的长度。"总计(T)"选项也按照指定的总角度设置选定圆弧的包含角。

①"总长度":将对象从离选择点最近的端点拉长到指定值。

②"角度":设定选定圆弧的包含角。

(5)"动态(DY)":打开动态拖动模式。通过拖动选定对象的端点之一来更改其长度。其他端点保持不变。

4)编辑多段线

编辑多段线、要合并到多段线的对象以及相关对象。详见§2.1.2:2)多段线的编辑。

5)编辑样条曲线

修改样条曲线的参数或将样条拟合多段线转换为样条曲线。详见§2.2.1:3)样条曲线的编辑。

6)编辑图案填充

修改现有的图案填充或填充(修改特定于图案填充的特性,例如现有图案填充或填充的图案、比例和角度)。

命令:HATCHEDIT↵＜HE↵＞＜ 默认 → 修改 ▼ 面板标题→ ＞

选择图案填充对象:选择一个图案填充或渐变色对象,弹出相应的对话框

说明:

(1)图案填充对话框(图4-53):对话框的左侧可以设置图案填充的类型、颜色、角度、比例、原点等属性,右侧定义边界以及设置注释性、关联、绘图次序、图层、透明度等选项。

(2)渐变色对话框(图4-54):对话框的左侧可以设置渐变色的类型、

图 4-53　图案填充对话框

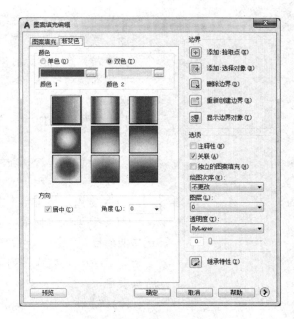

图 4-54　渐变色对话框

颜色、方向等属性，右侧定义边界以及设置注释性、关联、绘图次序、图层、透明度等选项。

7）编辑阵列

编辑关联阵列对象及其源对象。

通过编辑阵列属性、编辑源对象或使用其他对象替换项，修改关联阵列。

当选择和编辑单个阵列对象时，会显示"阵列编辑器"功能区上下文选项卡。在阵列编辑器功能区上下文选项卡上可用的阵列特性取决于选定阵列的类型。

命令：ARRAYEDIT↵＜ 默认 → 修改 ▼ 面板标题→ ＞

选择阵列：选择一个矩形阵列

输入选项[源（S）/替换（REP）/基点（B）/行（R）/列（C）/层（L）/重置（RES）/退出（X）]＜退出＞：↵

命令：ARRAYEDIT↵＜ 默认 → 修改 ▼ 面板标题→ ＞

选择阵列：选择一个路径阵列

输入选项[源（S）/替换（REP）/方法（M）/基点（B）/项目（I）/行（R）/层（L）/对齐项目（A）/z 方向（Z）/重置（RES）/退出（X）]＜退出＞：↵

命令：ARRAYEDIT↵＜ 默认 → 修改 ▼ 面板标题→ ＞

选择阵列：选择一个环形阵列

输入选项[源（S）/替换（REP）/基点（B）/项目（I）/项目间角度（A）/填充角度（F）/行（R）/层（L）/旋转项目（ROT）/重置（RES）/退出（X）]＜退出＞：↵

说明：

(1)"源（S）"：激活编辑状态，在该状态下可以通过编辑它的一个项目来更新关联阵列。出现提示："选择阵列中的项目："，选择阵列项目中的一个项目作为要修改的源对象。所有的修改（包括创建新的对象）将立即应用于参照相同源对象的所有项目。在编辑状态处于活动状态时，将显示上下文功能区。

(2)"替换（REP）"：替换选定项目或引用原始源对象的所有项目的源对象。

① 替换对象：选择新的源对象。

② 基点：指定用于定位每个替换对象的基点。

③ 关键点：指定用于定位的约束点。

④ 要替换的阵列中的项目：指定要替换的阵列项目，然后继续提示指定其他项目。

⑤ 源对象：替换阵列中的原始源对象集，这将更新先前没有被替换的所有项目。

(3)"基点（B）"：重新定义阵列的基点。路径阵列相对于新基点重新定位。

① 基点：指定用于在阵列中放置对象的基点。

② 关键点：对于关联阵列，在源对象上指定有效的约束（或关键点）以用作基点。如果编辑生成的阵列的源对象，阵列的基点保持与源对象的关键点重合。

(4)"行（R）"：指定行数和行间距，以及它们之间的增量标高。

① 行数：指定阵列中的行数。

② 表达式：使用数学公式或方程式获取值。

③ 全部：指定第一行和最后一行之间的总距离。

④ 增量标高：指定每个连续的行之间标高更改的数量。

(5)"列（C）"（矩形阵列）：指定列数和列间距。

① 列数：指定阵列中的列数。

② 列间距：指定列之间的距离。

③ 表达式：使用数学公式或方程式获取值。

④ 全部：指定第一列和最后一列之间的总距离。

(6)"层（L）"：指定（三维阵列的）层数和层间距。

① 层数：指定阵列中的层数。

② 层间距：指定层级之间的距离。

③ 表达式：使用数学公式或方程式获取值。

④ 全部：指定第一层和最后一层之间的总距离。

(7)"方法（M）"（路径阵列）：控制如何沿路径分布项目。

① 定数等分：分布项目以使其沿路径的长度平均定数等分。

② 定距等分：编辑路径时或当通过夹点或"特性"选项板编辑项目数时，保持当前间距。当使用 ARRAYEDIT 编辑项目数时，系统会提示重新定义分布方法。

(8)"项目（I）"（路径和环形阵列）：指定阵列中的项目数和路径的填充方式。

① 项目数：使用值或表达式指定阵列中的项目数。

② 填充整个路径（路径阵列）：使用项目值之间的距离以确定路径的填充方式。如果希望更改路径的大小并想要保持阵列项目之间的特定间距，可以使用此选项。对于"方法"特性设置为"测量"的路径阵列，系统会提示重新定义分布方法（定数等分、全部、表达式）。

(9)"对齐项目（A）"（路径阵列）：指定是否对齐每个项目以与路径的方向相切。对齐相对于第一个项目的方向。

① 是：设置阵列中的每个项目以跟随法线或曲线的垂直方向。

② 否：将阵列中的所有项目设置为与阵列中的源对象具有相同的对齐方式。

(10)"z方向（Z）"（路径阵列）：指定是否保持原始的z方向或沿三维路径自然倾斜项目。

(11)"项目间角度（A）"（环形阵列）：使用值或表达式指定项目之间的角度。

(12)"填充角度（F）"（环形阵列）：使用值或表达式指定阵列中第一个和最后一个项目之间的角度。

(13)"旋转项目（ROT）"（环形阵列）：控制在排列项目时是否旋转项目。

(14)"重置（RES）"：恢复删除的项目并删除所有替代项。

(15)"退出（X）"：退出命令。

8）对齐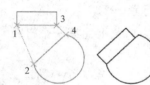

在二维和三维空间中将对象与其他对象对齐。

注：在 AutoCAD LT 中，此命令仅可从命令行使用。

可以指定一对、两对或三对源点和定义点以移动、旋转或倾斜选定的对象，从而将它们与其他对象上的点对齐（图4-55）。

图4-55 对齐对象

指定的两个点　结果

图4-56 两点对齐

命令：ALIGN←＜AL←＞＜  ＞

选择对象：选择要对齐的对象，并按 Enter 键

指定第一个源点：指定点1（图4-56）

指定第一个目标点：指定点2

指定第二个源点：←

命令：ALIGN←＜AL←＞＜  ＞

选择对象：选择要对齐的对象，并按 Enter 键

指定第一个源点：指定点1（图4-57）

指定第一个目标点：指定点2

指定第二个源点：指定点3

指定第二个目标点：指定点4

指定第三个源点或＜继续＞：←

是否基于对齐点缩放对象？[是（Y)/否(N)]<否>:Y↵

注：如果使用两个源点和目标点在非垂直的工作平面上执行三维对齐操作，将产生不可预料的结果。

命令:ALIGN↵<AL↵><| 默认 |→| 修改 ▼|面板标题→| 🖰 |>

选择对象:选择要对齐的对象，并按 Enter 键

指定第一个源点:指定点 1(图 4-58)

指定第一个目标点:指定点 2

指定第二个源点:指定点 3

指定第二个目标点:指定点 4

指定第三个源点或<继续>:指定点 5

指定第三个目标点:指定点 6

选定对象　　　　　指定的四个点　　　　结果　　　　选定对象　　　　指定的六个点　　　结果

图 4-57　四点对齐　　　　　　　　　　　　　　　图 4-58　六点对齐

9）打断 🖰

在两点之间打断选定对象。可以将一个对象打断为两个对象，对象之间可以具有间隙，也可以没有间隙。

命令:BREAK↵<BR↵><| 默认 |→| 修改 ▼|面板标题→| 🖰 |>

选择对象:选择要打断的对象，并将指定点作为对象上的第一个打断点 1

指定第二个打断点 或 [第一点（F）]:指定对象上的第二个打断点 2 (图 4-59) 或输入 F

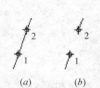

图 4-59　在两点间打断

（a）打断前；（b）打断后

注意：该命令与§4.2.3：10）打断于点 🖰 调用同一个命令 BREAK。不同的是，该命令将选择对象所指定的位置作为对象上的第一个打断点，接着再要求输入第二个打断点或输入 F（若输入 F 则可以重新定义两个打断点）；而后者在选择了对象后，自动输入"第一点（F）"选项（_f），并要求重新输入第一个打断点，第二个打断点自动定位在同一位置（自动输入字符 @）。

直线、圆弧、圆、多段线、椭圆、样条曲线、圆环以及其他几种对象类型都可以拆分为两个对象或将其中的一端删除。

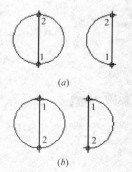

图 4-60　打断圆

（a）删除右侧；

（b）删除左侧

对于圆，AutoCAD 将按逆时针方向删除圆上第一个打断点到第二个打断点之间的部分（图 4-60），从而将圆转换成圆弧（打断于点 🖰 不能用于圆）。

10）打断于点 🖰

在指定点处打断选定对象。

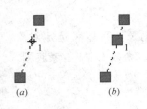

图4-61 在指定点处打断
(a)打断前为一段；
(b)打断后为两段

命令：BREAK←┘＜BR←┘＞＜ 默认 → 修改 ▾ 面板标题→ ▢ ＞

选择对象：选择要打断的对象

指定第二个打断点 或 [第一点(F)]：_f

指定第一个打断点：指定打断 点1(图4-61)

指定第二个打断点：@

11）合并

可以将多个对象合并为一个对象。

命令：JOIN←┘＜J←┘＞＜ 默认 → 修改 ▾ 面板标题→ ＞

选择源对象：选择一条直线、多段线、圆弧、椭圆弧、样条曲线或螺旋

根据选定的源对象不同，显示以下不同提示：

（1）直线：选择要合并到源的直线：选择一条或多条直线并按ENTER键

直线对象必须共线（位于同一无限长的直线上），但是它们之间可以有间隙。

（2）多段线：选择要合并到源的对象：选择一个或多个对象并按ENTER键

对象可以是直线、多段线或圆弧。对象之间不能有间隙，并且必须位于与UCS的XY平面平行的同一平面上。

（3）圆弧：选择圆弧，以合并到源或进行 [闭合（L）]：选择一个或多个圆弧并按ENTER键，或输入L将源圆弧转换成圆

圆弧对象必须位于同一假想的圆上，但是它们之间可以有间隙。注意：合并两条或多条圆弧时，将从源对象开始按逆时针方向合并圆弧。

（4）椭圆弧：选择椭圆弧，以合并到源或进行 [闭合（L）]：选择一个或多个椭圆弧并按ENTER键，或输入L将源椭圆弧闭合成完整的椭圆

椭圆弧必须位于同一椭圆上，但是它们之间可以有间隙。注意：合并两条或多条椭圆弧时，将从源对象开始按逆时针方向合并椭圆弧。

（5）样条曲线：选择要合并到源的样条曲线或螺旋：选择一条或多条样条曲线或螺旋并按ENTER键。样条曲线和螺旋对象必须相接（端点对端点）。结果对象是单个样条曲线。

（6）螺旋：选择要合并到源的样条曲线或螺旋：选择一条或多条样条曲线或螺旋并按ENTER键。螺旋对象必须相接（端点对端点）。结果对象是单个样条曲线。

12）反向

反转选定直线、多段线、样条曲线和螺旋的顶点，对于具有包含文字的线型或具有不同起点宽度和端点宽度的宽多段线，此操作非常有用。

命令：REVERSE←┘＜ 默认 → 修改 ▾ 面板标题→ ＞

选择要反转方向的直线、多段线、样条曲线或螺旋：

选择对象：选择一条多段线 找到1个

选择对象：←┘

已反转对象的方向。

13) 复制嵌套对象

复制包含在外部参照、块或 DGN 参考底图中的对象。可以将选定对象直接复制到当前图形中，而不是分解或绑定外部参照、块或 DGN 参考底图，才能复制嵌套的对象。

命令:NCOPY↩ 默认 → 修改 ▼ 面板标题→

当前设置:插入

选择要复制的嵌套对象或[设置(S)]:选择图块中的部件 找到 1 个

选择要复制的嵌套对象或[设置(S)]:↩

已复制 1 个对象。

_COPY

选择对象: 找到 1 个

选择对象:

指定基点或[位移(D)/多个(M)]<位移>:指定起始点

指定第二个点或[阵列(A)]<使用第一个点作为位移>:指定目标点

说明:

(1)"选择要复制的嵌套对象":指定要复制的外部参照、块或参考底图的部件。

(2)"设置（S）":控制与选定对象关联的命名对象是否会添加到图形中。

① 插入:将选定对象复制当前图层，而不考虑命名对象。此选项与COPY 命令类似。

② 绑定:将命名对象（例如，与复制的对象关联的块、标注样式、图层、线型和文字样式）包括到图形中。

(3)"指定基点":设置要用于放置复制对象的基点的点。

(4)"指定第二个点":结合使用第一个点来指定一个矢量，以指明选定对象要移动的距离和方向。如果按 Enter 键来接受将第一个点用作位移默认值，则第一个点将被认为是相对 X，Y，Z 位移。例如，如果将基点指定为2，3，然后在下一个提示下按 Enter 键，则对象将从当前位置沿 X 方向移动2 个单位，沿 Y 方向移动 3 个单位。

(5)"位移（D）":指定从基点位置移动的相对距离和方向。

(6)"多个（M）":控制在指定其他位置时是否自动创建多个副本。

(7)"阵列（A）":使用第一个和第二个副本作为间距，在线性阵列中排列指定数量的副本。

① 输入要进行阵列的项目数:指定阵列中的选定对象集的数量，包括原始选择集。

指定第二个点:确定阵列相对于基点的距离和方向。指定的距离将确定阵列中每个对象的基点之间的距离。

② 布满:使用第一个和最后一个副本作为总间距，在线性阵列中排列

指定数量的副本。

指定第二个点：以指定的位移距离和方向在阵列中放置最后一个副本。其他副本则均匀分布在第一个和最后一个副本之间的线性阵列中。

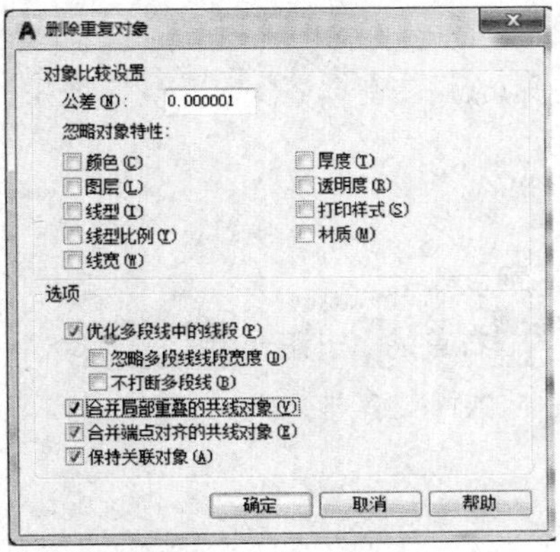

图 4-62 "删除重复对象"对话框

14）删除重复对象 ⚞

删除重复或重叠的直线、圆弧和多段线。此外，合并局部重叠或连续的对象。

命令：OVERKILL↵〈 默认 → 修改 ▼ 面板标题→ ⚞ 〉

选择对象：选择对象，并按 Enter 键，弹出"删除重复对象"对话框（图 4-62），按"确定"按钮

6 个重复项已删除

2 个重叠对象或线段已删除

15）前置 ▣·

将选定对象移动到图形中对象顺序的顶部。DRAWORDER 命令更改图像和其他对象的绘制顺序。可以使用多个选项来控制显示重叠对象的顺序。除 DRAWORDER 命令外，TEXTTOFRONT 命令将图形中的所有文字、标注或引线置于其他对象的前面，而 HATCHTOBACK 命令将所有图案填充对象置于其他对象的后面。默认情况下，从多个现有对象创建新对象（例如，使用 FILLET 或 PEDIT 命令）时，生成的对象将采用首先选定的对象的绘图次序。使用 DRAWORDERCTL 系统变量控制重叠对象的默认显示行为。

命令：〈 默认 → 修改 ▼ 面板标题→ ▣· 〉

选择对象：选择对象，并按 Enter 键，将选定对象前置

16）后置 ▣后置

将选定对象移动到图形中对象顺序的底部。

命令：〈 默认 → 修改 ▼ 面板标题→ ▣· 右首的 · 按钮→ ▣后置 〉

选择对象：选择对象，并按 Enter 键，将选定对象后置

17）置于对象之上 ▣置于对象之上

将选定对象移动到指定参照对象的上面。

命令：〈 默认 → 修改 ▼ 面板标题→ ▣· 右首的 · 按钮→ ▣置于对象之上 〉

选择对象：选择欲置于最上的对象，并按 Enter 键

选择参照对象：选择欲置于其下的对象，并按 Enter 键

18）置于对象之下 ▣置于对象之下

将选定对象移动到指定参照对象的下面。

命令：〈 默认 → 修改 ▼ 面板标题→ ▣· 右首的 · 按钮→ ▣置于对象之下 〉

选择对象：选择欲置于最下的对象，并按 Enter 键

选择参照对象：选择欲置于其上的对象，并按 Enter 键

19）将文字前置 ▣将文字前置

将所有文字置于图形中所有其他对象之前。

命令：＜ 默认 → 修改 ▼ 面板标题 → 右首的 按钮 →
ABC 将文字前置 ＞

前置[文字(T)/标注(D)/引线(L)/全部(A)]＜全部＞：
已前置 2 个对象(文字对象)。

20) 将标注前置 将标注前置

将所有文字置于图形中所有其他对象之前。

命令：＜ 默认 → 修改 ▼ 面板标题→ 右首的 按钮→ 将标注前置 ＞
前置[文字(T)/标注(D)/引线(L)/全部(A)]＜全部＞：
已前置 1 个对象(尺寸标注对象)。

21) 引线前置 引线前置

将所有引线置于图形中所有其他对象之前。

命令：＜ 默认 → 修改 ▼ 面板标题→ 右首的 按钮→ 引线前置 ＞
前置[文字(T)/标注(D)/引线(L)/全部(A)]＜全部＞：
未找到对象。

22) 所有注释前置 所有注释前置

将所有文字、引线和标注对象置于图形中所有其他对象之前。

命令：＜ 默认 → 修改 ▼ 面板标题→ 右首的 按钮→ 引线前置 ＞
前置[文字(T)/标注(D)/引线(L)/全部(A)]＜全部＞：
已前置 3 个对象(2 个文字对象 1 个尺寸标注对象)。

23) 将图案填充后置 将图案填充后置

将图形中所有图案填充的绘图次序设定为在所有其他对象之后。选择图形中的所有图案填充（包括填充图案、实体填充和渐变填充），并将其绘图次序设定为在所有其他对象之后。还将修改锁定图层上的填充对象。

命令：＜ 默认 → 修改 ▼ 面 板 标 题 → 右首的 按 钮 →
将图案填充项后置 ＞

已后置 3 个图案填充对象。

4.3　使用夹点编辑对象

本节介绍使用夹点进行对象编辑的方法（夹点是被选取的对象上一些蓝色实心的图形）。

4.3.1　夹点的产生

在初始状态下，夹点功能是打开的。可以采用如下方法启闭夹点的状态：

命令：OPTIONS↵＜OP↵＞＜工具→选项...＞

弹出"选项"对话框，在"选择"选项卡中选择"启用夹点"，并按下"确定"按钮。

AutoCAD 在待命状态下，使用定点设备选取对象时，对象关键点上将出现夹点（图 4-63）。

另外，图块的夹点在初始状态下仅在插入点显示。可以通过下述方法显示块中更多夹点：

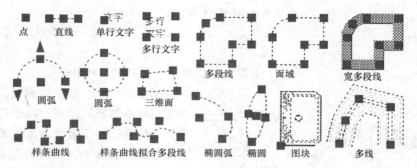

图 4-63　常见对象类型的夹点位置

命令：OPTIONS↵＜OP↵＞＜工具→选项...＞

弹出"选项"对话框，在"选择"选项卡中选择"在块中启用夹点"，并按下"确定"按钮。

当被选择的对象呈亮显状态且显示夹点时，若将光标移近夹点，则程序会自动将光标锁定到夹点上。此时若单击鼠标左键，就可以选中该夹点，使其由原来的蓝色实心方块变为红色实心方块，被选中的夹点称为热夹点。若想取消热夹点，可以按下 ESC 键，或再次点选该夹点。

按住 Shift 键不放连续点选多个夹点，可以产生多个热夹点。若想一次取消多个热夹点，可以单击其中一个热夹点两次，或再次按住 Shift 键不放，逐个单击要取消的热夹点。注意：此时不可以按 ESC 键，否则所有选择集都会被取消。

4.3.2　夹点编辑对象的模式

如果直接单击一个夹点使其成为热夹点，则夹点模式为"拉伸"；如果按住 Shift 键选取了多个热夹点，则需要先放开 Shift 键，再点击任一夹点，才进入"拉伸"模式。如果接下来按回车键或空格键，则夹点模式将切换为"移动"。后续的切换分别是"旋转"、"比例缩放"和"镜像"，然后又回到"拉伸"。也可以在任一模式下，在绘图区域右击鼠标，从快捷菜单中选择另一种模式。

命令：

＊＊拉伸＊＊

指定拉伸点或[基点(B)/复制(C)/放弃(U)/退出(X)]：指定点、输入选项或按 ENTER 键切换模式

＊＊移动＊＊

指定移动点或[基点(B)/复制(C)/放弃(U)/退出(X)]：指定点，余同上

＊＊ 旋 转 ＊＊

指定旋转角度或［基点(B)/复制(C)/放弃(U)/参照(R)/退出(X)］:指定角度,余同上

＊＊ 比例缩放 ＊＊

指定比例因子或［基点(B)/复制(C)/放弃(U)/参照(R)/退出(X)］:指定比例因子,余同上

＊＊ 镜 像 ＊＊

指定第二点或［基点(B)/复制(C)/放弃(U)/退出(X)］:指定点,余同上

说明:

(1)"＊＊ 拉 伸 ＊＊"模式:初始模式。

①"指定拉伸点":以最后指定的夹点为基点,拉伸所有热夹点到新的位置。对于不同类型的对象,会产生不同的效果。对于直线端点、多段线、样条曲线、圆弧端点、椭圆弧端点、三维面及多线等,热夹点被平移,而其他夹点位置不变（图4-64左）。对于文字、面域、图块、直线中点、圆心和点对象,所有夹点都被平移（移动整个对象,图4-64右）。

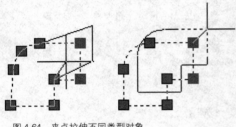

图 4-64　夹点拉伸不同类型对象

②"基点（B）":放弃原先的基点,重新定义基点位置。

指定基点:指定新的基点位置或按 ENTER 键

③"复制（C）":在重复进行夹点拉伸的同时,生成对象的多个副本,而原对象不变（图4-65）。

④"放弃（U）":如果前面选择了"复制（C）",可以选择此项取消最后一次复制的对象。

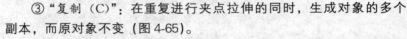

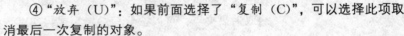

图 4-65　拉伸时复制

⑤"退出（X）":退出夹点编辑模式,相当于按 ESC 键。

(2)"＊＊ 移 动 ＊＊"模式:在"＊＊ 拉 伸 ＊＊"模式下按回车键或空格键切换至此模式。

①"指定移动点":以基点到指定点为位移矢量,移动所有被选中对象(图4-64右)。

②"基点（B）":同上。

③"复制（C）":在重复进行夹点移动的同时,生成对象的多个副本,而原对象不变（图4-66）。

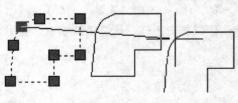

图 4-66　移动时复制

④"放弃（U）":同上。

⑤"退出（X）":同上。

(3)"＊＊旋转＊＊"模式:切换自"＊＊移动＊＊"模式。

①"指定旋转角度":将所有被选中的对象绕基点旋转给定角度（图4-67左）。

②"基点（B）":同上。

③"复制（C）":在重复进行夹点旋转的同时,生成对象的多个副本(图4-67右)。

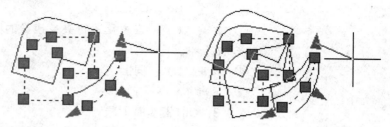

图 4-67 夹点旋转模式

④"放弃（U）"：同上。

⑤"参照（R）"：见§4.2.1.4 旋转。

⑥"退出（X）"：同上。

(4)"＊＊比例缩放＊＊"模式：切换自"＊＊旋转＊＊"模式。

①"指定比例因子"：将所有被选中的对象以基点为中心缩放给定比例（图 4-68 左）。

②"基点（B）"：同上。

③"复制（C）"：在重复进行夹点缩放的同时，生成对象的多个副本（图 4-68 右）。

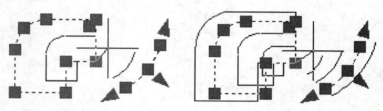

图 4-68 夹点比例缩放模式

④"放弃（U）"：同上。

⑤"参照（R）"：见§4.2.1：6）缩放。

⑥"退出（X）"：同上。

(5)"＊＊镜像＊＊"模式：切换自"＊＊比例缩放＊＊"模式。

①"指定第二点"：以基点与第二点连线为对称轴，镜像所有被选中对象（图 4-69 左）。

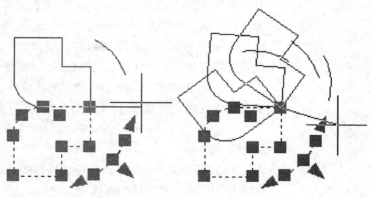

图 4-69 夹点镜像模式

②"基点（B）"：同上。

③"复制（C）"：在重复进行夹点镜像的同时，生成对象的多个副本（图4-69右）。

④"放弃（U）"：同上。

⑤"退出（X）"：同上。

4.3.3　Ctrl 键复制对象

对于上述的各种夹点编辑模式，也可以在进行鼠标操作时按住 Ctrl 键，启动复制功能。如果继续按住 Ctrl 键不放，还可以启动"偏移捕捉"或"旋转捕捉"，按规定间距（图 4-70 左）或绕基点按规定间隔角度（图 4-70 右）放置多个副本（相当于"阵列"命令的效果）。

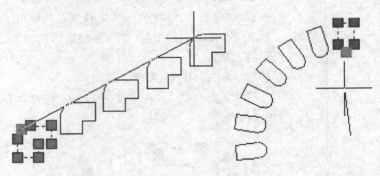

图 4-70　Ctrl 键控制的夹点编辑

【练习】

1. 在图形文件 ex04a. dwg 中，创建命名编组"卫生间洁具"，包括浴缸、坐便器和洗脸盆。

2. 在图形文件 ex04b. dwg 中，使用 QSELECT 命令选取所有旋转角度为 0 的图块，并将其水平右移 7500 单位。

3. 在图形文件 ex04c. dwg 中，使用 FILTER 命令选取所有绿色的对象（包括颜色为绿色的对象及颜色为随层 ByLayer，而层的颜色为绿色的对象，如"建筑-楼梯"层中的部分对象），并把它们改为红色。提示：可以使用嵌套逻辑运算，外层为 or，内层为 and。

4. 在图形文件 ex04d. dwg 中，以点 p1 为起始点，右上角 45°线上一点为镜像线的第二点，作茶几的镜像。注意：要求文字镜像后不翻转。

5. 在图形文件 ex04e. dwg 中，向内偏移多段线，使其距离为 100；再向外偏移多段线，使其通过 p1 点。

6. 在图形文件 ex04f. dwg 中，以 p1 点为中心，项目间角度为 40°，阵列四边形为 9 份。

7. 在图形文件 ex04g. dwg 中，旋转多段线，使其对称于 45°斜线，并通过移动和缩放，使两端的圆弧中点过 p1、p2 两点。提示：可以先过二圆弧中点作辅助线，旋转和缩放时都使用"参照"选项。

8. 在图形文件 ex04h. dwg 中，将红线延伸或剪切，使其居于内、外环之间。提示：在选取延伸和剪切对象时，可以使用"栏选"选项。

9. 在图形文件 ex04i. dwg 中，将圆弧在左侧的二直线间打断，而将右侧的缺口合拢。

10. 在图形文件 ex04j. dwg 中，分解图块，使洗脸盆边框为细线，并将边框的上部两个顶点编辑成半径为 40 的圆角，下部的两个顶点编辑成水平距离为 50，竖直距离为 60 的倒角。

11. 在图形文件 ex04k. dwg 中，在各点处复制沙发。提示：使用夹点编辑"移动"模式，并按住 Ctrl 键（注意第一点必须使用"节点"对象捕捉）。

12. 使用适当编辑命令，由图 4-71 左图的两个矩形绘制沙发，细部尺寸见右图。

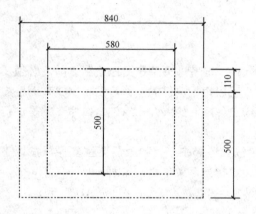

图 4-71　沙发轮廓

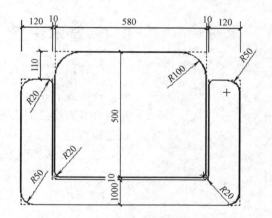

第5章　建筑绘图环境

绘图环境的建立和设置是一项重要的工作。通常我们的注意力只集中在绘图上，而忽略了绘图环境的设置。而一个良好的建筑绘图环境的设置，是我们养成良好工作方式和习惯、提高绘图工作效率、进而顺利完成工作任务的重要前提。

5.1　基本设置

当我们启动 Auto CAD 2018 软件，准备进行建筑图形绘制之前，必须要做一些设置。在这些设置中，用户可以根据自己的工作习惯和方式来调整应用程序界面和绘图区域，以使后续工作顺利的展开。OPTIONS命令就是进行这些设置。

在 2018 版界面上传统菜单栏被隐藏起来了，如果需要恢复可以按以下操作：点击界面顶端的下拉三角，选择显示菜单栏，如图 5-1 所示。

（注：只要能打开传统菜单栏，就可以借此建立传统的 Auto CAD界面。）

图 5-1　打开传统的菜单栏

操作完成后菜单栏显示如下（图 5-2）：

图 5-2　菜单栏显示

设置界面选项（OPTIONS）

命令：OPTIONS←＜OP←＞＜A＞→选项＞

快捷启动 OPTIONS：在命令窗口中单击鼠标右键，或者（在未运行任何命令也未选择任何对象的情况下）在绘图区域中单击鼠标右键，然后选择"选项"。

说明：

"选项"对话框一共有 10 张选项卡，每张卡都有众多项目，一般情况下大多数选择系统的初始默认状态，本教材只对相关需要注意的选项卡、栏目及项目的设置作重点介绍。

5.1.1 文件

该卡列出搜索支持文件、驱动程序文件、菜单文件等各类文件的名称、路径和位置（图 5-3）。

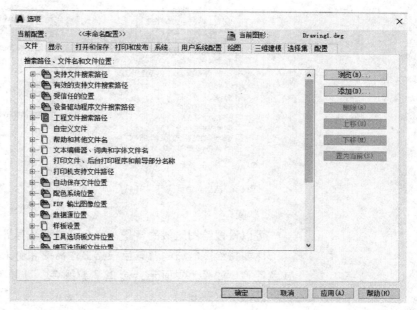

图 5-3 选项对话框-文件

1）支持文件搜索路径

指定程序应当在其中查找不在当前文件夹中的文字字体、自定义文件、插入模块、要插入的图形、线型以及填充图案的文件夹。

例如，当我们增加新的字库时，就可以将新字库的文件夹路径添加到支持文件搜索路径里，而不需要将字体文件拷入 Auto CAD 的 Fonts 文件夹，以方便字体的分类与管理。

2）文本编辑器、词典和字体文件名

指定一些可选的设置。

替换字体文件如果找不到原始字体且未在字体映射文件中指定替换字体，则指定要使用的字体文件的位置。单击"浏览"后，将显示"替换字体"对话框，从中可以选择一种可用的字体。

字体映射文件指定定义如何转换未找到字体的文件的位置。

3）自动保存文件

指定选择"打开和保存"选项卡中的"自动保存"选项时创建的文件的

路径。

5.1.2 显示

该选项卡的功能为：控制绘图环境特有的显示设置，如图5-4。

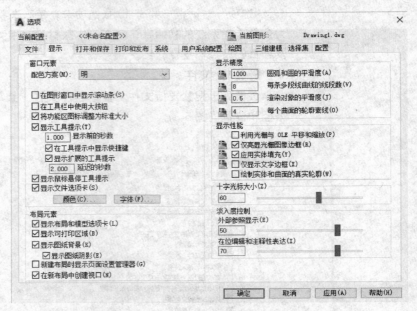

图5-4　选项对话框-显示

1）颜色

可以设置绘图区域的背景、命令窗口背景等界面的颜色。

比如将绘图区域的背景色根据工作需要和个人爱好设置成白色、黑色或灰色等等。如果为界面元素选择了新颜色，则新的颜色将立即显示在"预览"区域中（图5-5）。

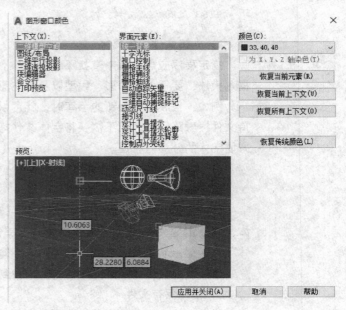

图5-5　选项对话框-显示-颜色

2）十字光标大小

控制十字光标的尺寸。有效值的范围从全屏幕的1%～100%。当前十字光标默认的尺寸为5%。但是有许多人喜欢和习惯使用全屏幕的十字光标，这时就要设定为100%，如图5-6。

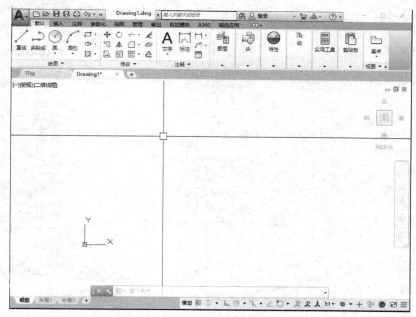

图5-6　选项对话框-显示-满屏十字光标

3）显示精度

控制对象的显示质量。如果设置较高的值提高显示质量，则性能将受到显著影响。

圆弧和圆的平滑度控制圆、圆弧和椭圆的平滑度。值越高，生成的对象越平滑，重生成、平移和缩放对象所需的时间也就越多。可以在绘图时将该选项设置为较低的值（如100），而在渲染时增加该选项的值，从而提高性能。有效取值范围为1～20000。默认设置为1000。该设置保存在图形中。要更改新图形的默认值，请在用于创建新图形的样板文件中指定此设置。

每条多段线曲线的线段数设置每条多段线曲线生成的线段数目。数值越高，对性能的影响越大。可以将此选项设置为较小的值（如4）来优化绘图性能。取值范围为-32767～32767。默认设置为8。

渲染对象的平滑度控制着色和渲染曲面实体的平滑度。将"渲染对象的平滑度"的输入值乘以"圆弧和圆的平滑度"的输入值来确定如何显示实体对象。要提高性能，请在绘图时将"渲染对象的平滑度"设置为1或更低。数目越多，显示性能越差，渲染时间也越长。有效值的范围从0.01～10，默认设置为0.5。

曲面轮廓索线设置对象上每个曲面的轮廓线数目。数目越多，显示性能越差，渲染时间也越长。有效取值范围为0～2047，默认设置为4。

5.1.3　打开与保存

该选项卡的功能为：控制打开和保存文件的相关选项，如图5-7。

1）文件保存

控制保存文件的相关设置。

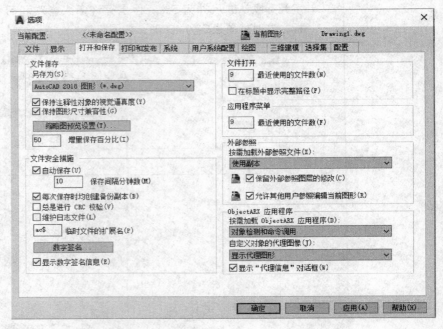

图 5-7　选项对话框-打开与保存

另存为显示在使用 SAVE、SAVEAS、QSAVE 和 WBLOCK 命令保存文件时使用的有效文件格式。为此选项选定的文件格式是使用 SAVE、SAVEAS、QSAVE 和 WBLOCK 命令时保存所有图形时所用的默认格式。

增量保存百分比设置图形文件中潜在浪费空间的百分比。完全保存将消除浪费的空间。增量保存较快，但会增加图形的大小。如果将"增量保存百分比"设置为 0，则每次保存都是完全保存。要优化性能，可将此值设置为 50。如果硬盘空间不足，请将此值设置为 25。如果将此值设置为 20 或更小，SAVE 和 SAVEAS 命令的执行速度将明显变慢。

2）文件安全措施

帮助避免数据丢失以及检测错误。

自动保存以指定的时间间隔自动保存图形。（当块编辑器处于打开状态时，自动保存被禁用。）

保存间隔分钟数在"自动保存"为开的情况下，指定多长时间保存一次图形文件。

每次保存均创建备份指定在保存图形时是否创建图形的备份副本。创建的备份副本为 .bak 文件。

临时文件的扩展名指定临时保存文件的唯一扩展名。默认的扩展名为 .ac＄。

说明：

关于"备份文件"和"自动保存"文件的使用

在 AutoCAD 的绘图工作中，因为计算机硬件问题、电源故障或电压波动、用户操作不当或软件问题均会导致图形中出现错误。养成随时保存的习惯可以确保在系统发生故障时将丢失的数据的损失降到最低限度。出现问题时，用户可以恢复图形备份文件。

① 备份文件（＊.bak）的产生、使用

系统在默认的情况下指定：保存图形（＊.dwg）的同时创建备份文件（＊.bak）。即每次存盘保存图形时，将同时保存具有相同名称并带有扩展名.bak 的文件。该备份文件与图形文件位于同一个文件夹中。要使（＊.bak）文件转成（＊.dwg）文件，只需要将备份文件的扩展名.bak 改为.dwg 即可。

② 自动保存图形

如果启用了"自动保存"选项，系统将以指定的时间间隔保存图形。默认情况下，系统为自动保存的文件临时指定名称为 filename_a_b_nnnn.sv＄。存盘路径在"文件"选项卡中所标明，也可以自己重新设定。默认路径为：C：\ ...... \ temp。

Filename 为当前图形名。

a 为在同一工作任务中打开同一图形实例的次数。

b 为在不同工作任务中打开同一图形实例的次数。

nnnn 为随机数字。

需要注意的是：这些临时文件在图形正常关闭时自动删除。而出现程序故障或电压故障时则不会删除这些文件。

同修改备份文件的方法一样，我们只要将扩展名.sv＄改为.dwg，就达到了从自动保存的文件恢复成.dwg 文件的目的。

③ 安全选项

提供数字签名和密码选项，保存文件时将调用这些选项。

④ 文件打开

控制与最近使用过的文件及打开的文件相关的设置。

列出最近所用文件数控制"文件"菜单中所列出的最近使用过的文件的数目，以便快速访问。有效值范围为 0～9。

在标题中显示完整路径最大化图形后，在图形的标题栏或应用程序窗口的标题栏中显示活动图形的完整路径。

5.1.4 用户系统配置

该选项卡控制优化工作方式的选项，如图 5-8。

1）Windows 标准

控制单击和单击鼠标右键操作，如图 5-9。

2）双击进行编辑

此选项总是选中打勾：☑ 双击进行编辑(Q)。

双击对象时会弹出"特性"对话框，即可进行编辑。

3）绘图区域中使用快捷菜单

（1）如果选中第二个框打勾：☑ 双击进行编辑(Q) ☑ 绘图区域中使用快捷菜单(M)；则单击右键时显示快捷菜单；

（2）如果清除第二个框内的"√"：☑ 双击进行编辑(Q) ☐ 绘图区域中使用快捷菜单(M)；则单击鼠标右键将被

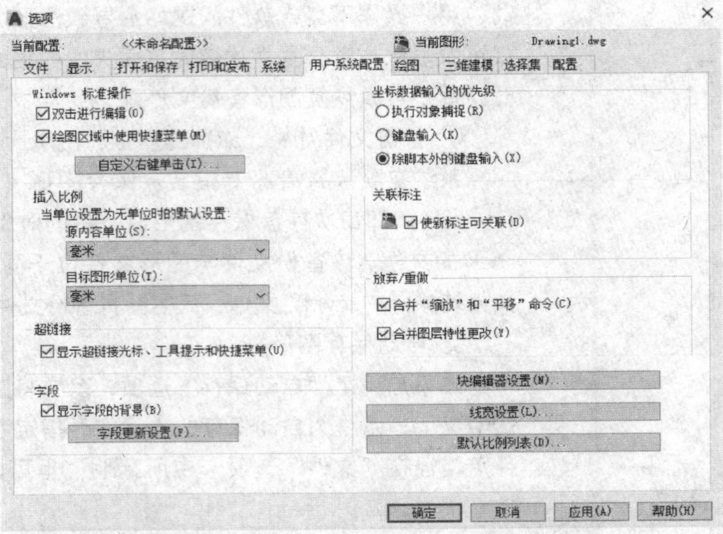

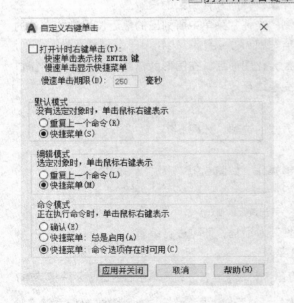

图 5-8 选项对话框-用户系统配置

Windows 标准操作
☑双击进行编辑(O)
☑绘图区域中使用快捷菜单(M)

自定义右键单击(I)...

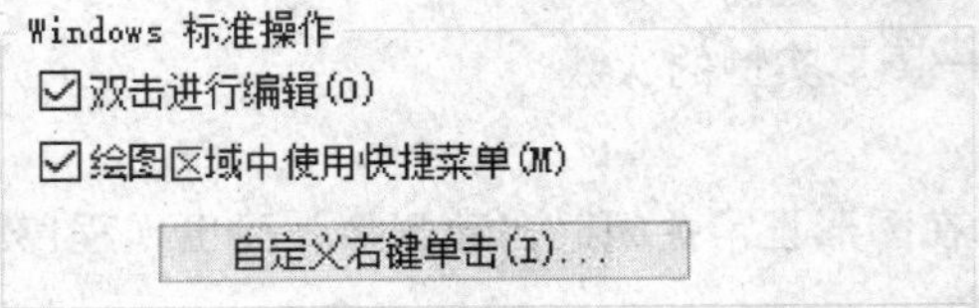

图 5-9 选项对话框-用户系统配置

解释为按下 ENTER 键,并不再显示屏幕快捷菜单。

通常熟悉版本 R2007、R2008 等老用户习惯于使用第二种设置的工作方式。

4)自定义右键单击(图 5-10)

此对话框可以进一步定义"绘图区域中使用快捷菜单"选项,对各项设置进行细分。

对于一个熟悉早期 Auto CAD 版本的用户,并且习惯于已有的工作方式;但是又希望兼顾使用新版本中的右键快捷菜单带来的方便,那么"自定义右键单击"对话框就为您提供了这种设置。

将 ☐打开计时右键单击(T): 的复选框选中√,如图 5-11:

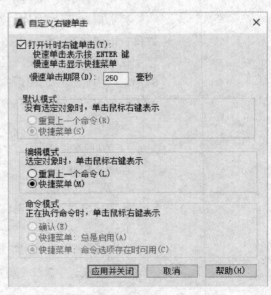

图 5-10 选项对话框-用户系统配置-自定义右键单击

图 5-11 自定义右键单击-打开计时右键单击

这时，快速单击右键即为按 ENTER 键（传统模式），慢速单击右键即显示快捷菜单。快、慢的分界时间默认设置为 250 毫秒，也可以根据自己的击键习惯速度重新设置时间。

"用户系统配置"选项卡的其他栏目全部选用默认设置。

5.1.5 草图

该选项卡设置多个编辑功能的选项（包括自动捕捉和自动追踪），如图 5-12。

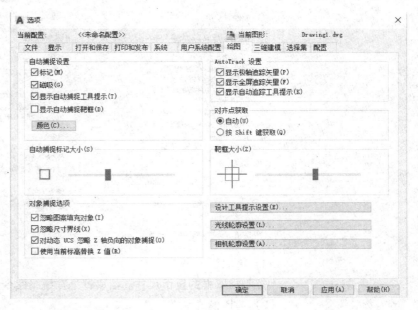

图 5-12 选项对话框-草图

1）自动捕捉设置

控制使用对象捕捉时显示的形象化辅助工具（称作自动捕捉）的相关设置。如果光标或靶框处于对象上，可以按 TAB 键遍历该对象可用的所有捕捉点。

标记控制自动捕捉标记的显示。该标记是当十字光标移到捕捉点上时显示的几何符号。

磁吸打开或关闭自动捕捉磁吸。磁吸是指十字光标自动移动并锁定到最近的捕捉点上。

显示自动捕捉工具栏提示控制自动捕捉工具栏提示的显示。

显示自动捕捉靶框控制自动捕捉靶框的显示。靶框是捕捉对象时出现在十字光标内部的方框。

颜色设置自动捕捉标记的颜色。根据绘图背景颜色的改变和个人喜好来设置。

2）自动捕捉标记大小

设置自动捕捉标记的显示尺寸，可以按个人的工作习惯设置。

3）靶框大小

设置自动捕捉靶框的显示尺寸。靶框的大小确定磁吸将靶框锁定到捕捉点之前，光标应到达与捕捉点多近的位置。取值范围从 1~50 像素。

5.1.6　选择

设置选择对象的选项，如图 5-13。

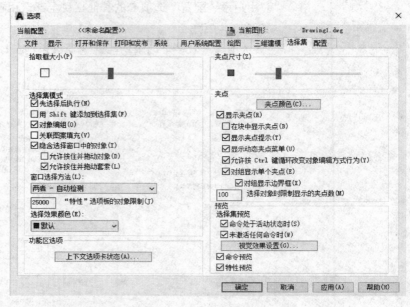

图 5-13　选项对话框-选择集

1）拾取框大小

控制拾取框的显示尺寸。拾取框是在编辑命令中出现的对象选择工具。

2）选择模式

控制与对象选择方法相关的设置。

先选择后执行允许在启动命令之前选择对象。被调用的命令对先前选定的对象产生影响。

3）夹点大小

控制调整夹点的显示尺寸。

4）选中夹点颜色调整、设置选中的夹点的颜色。

5.1.7　配置（图 5-14）

当对"选项"的若干选项卡进行设置后，我们得到了一个合乎系统要求、满足个人工作习惯的良好绘图环境配置。我们可以把这个"配置"输出、保存起来，留待今后使用。特别是由于各种原因，我们常常需要重装 Auto CAD，这时可以把以前保存的配置文件输入进来，并置为当前，这样就完成了全部设置，避免了从头重新设置的麻烦。当然，我们还可以对"配置"文件进行修改，使之逐渐完善；还可以设置多个"配置"文件供选择，以满足不同工作的需要。

1）可用配置

显示可用配置的列表。要设置当前配置，请选择配置并选择"置为当前"。

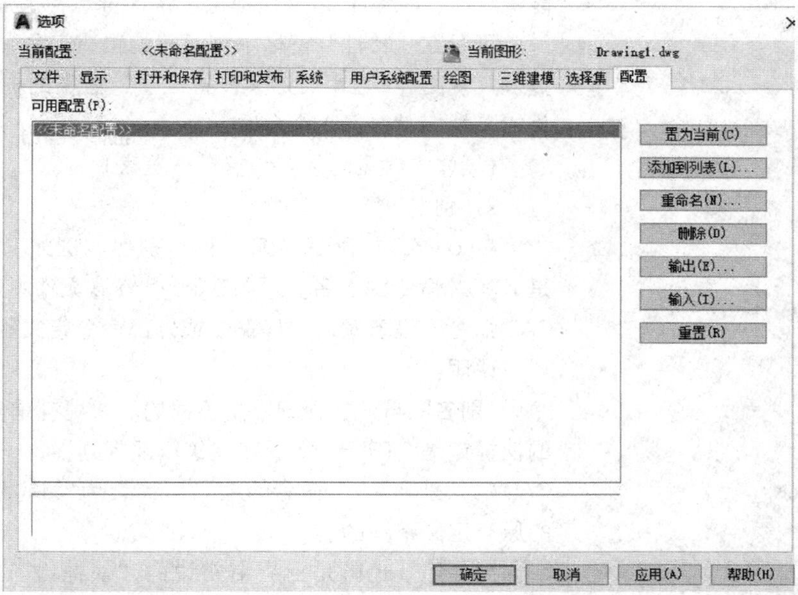

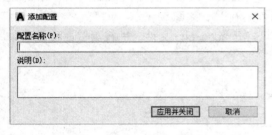

图 5-14　选项对话框-配置

2）置为当前

使选定的配置成为当前配置。

3）添加到列表

显示"添加配置"对话框，用其他名称保存选定配置，如图 5-15。

4）重命名

显示"修改配置"对话框，修改选定配置的名称和说明。要重命名一个配置但又希望保留其当前设置时，请使用"重命名"。

5）删除

删除选定的配置（除非它是当前配置）。

6）输出

图 5-15　选项对话框-配置-添加配置

将配置输出为扩展名为 .arg 的文件，并妥善保存，以便自己日后使用或者与其他用户可以共享该文件。可以在同一计算机或其他计算机上输入该文件。

7）输入

输入用"输出"选项创建的配置（扩展名为 .arg 的文件）。

8）重置

将选定配置中的值重置为系统默认设置。

5.1.8　快捷键的定义和设置

Auto CAD 绘图的主要目标就是要大幅度的提高制图工作的效率，在这个方面，快捷键、别名的使用起到了关键的作用。

1）快捷键

用于启动命令的键和组合键，例如按 CTRL＋S 组合键可保存文件。功能键（F1、F2 等）也是快捷键。快捷键也称为加速键。

可以在"特性"窗格中创建和编辑选定命令的快捷键。从此窗格的"快捷键"视图、"可用自定义设置位于"窗格的树状图或"命令列表"窗格中为键盘快捷键选择一个命令。

（具体内容见附录：快捷键一览表）

2）别名

Auto CAD 把命令的缩写称为别名。例如，CP 是 COPY 命令的别名，Z 是 ZOOM 命令的别名。可以在 acad. pgp 文件中定义别名。可以为任何 Auto-CAD 命令、设备驱动程序命令或外部命令定义别名。

说明：

"别名"与"快捷键"是不同的。快捷键是多个按键的组合，例如 SAVE 的快捷键是 CTRL＋S。而在建筑以及规划界，一直以来，常常习惯于把 Auto CAD 的"别名"——命令的缩写，称之为"快捷键"。这是与 AutoCAD 软件的原有定义不同的。

"别名"（也就是业界俗常说的"快捷键"）是建筑绘图实践中最常用、最重要的工具。我们应该学会编辑、修改、使用别名。

图 5-16　打开 acad. pgp 文件

（1）存放别名的文件

存放别名的文件的文件是：acad. pgp。acad. pgp 文件的第二部分用于定义命令别名。

（2）怎样打开 acad. pgp 文件

选择"管理"选项卡，从"自定义设置"面板中的→"编辑别名（acad. pgp）"，如图 5-16。

点击，即可打开 acad. pgp 文件，进行浏览或编辑，如图 5-17。

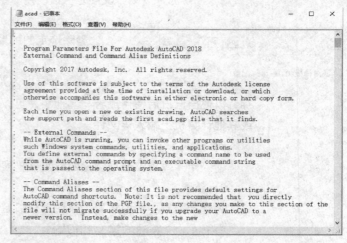

图 5-17　acad. pgp 文件

（3）创建和编辑命令别名

可以通过在 ASCII 文本编辑器（例如记事本）中编辑 acad. pgp 文本，修改现有别名或添加新的别名。注意编辑 acad. pgp 之前，要创建备份文件，以便将来需要时恢复。

要新建和编辑命令别名，必须使用下列语法格式向 acad. pgp 文件添加一行：

　　　　abbreviation,　* command

其中 abbreviation 为输入的命令别名（即快捷键），command 是命令的全称。必须在命令名前输入星号（*）以表示该行为命令别名定义。然后存盘即可。

　　例如：CO,　　　　* COPY
　　　　　 PL,　　　　* PLINE
　　　　　 PRINT,　　 * PLOT

还可以创建包含特殊连字符（-）前缀的命令别名，用于访问某些命令的命令行版本，例如：BH, * -BHATCH、BD, * -BOUNDARY。

（4）别名的使用

命令别名是在命令行中代替整个命令名而输入的缩写。如果一个命令可以透明地输入，则其别名也可以透明地输入。当用户输入命令别名时，系统将在命令提示中显示完整的命令名并执行该命令。

注意不能在命令脚本中使用命令别名。建议不要在自定义文件中使用命令别名。

如果在 AutoCAD 运行时编辑 acad. pgp，请在命令窗口输入 reinit 并运行，以使修改过的 acad. pgp 文件生效；也可以重新启动 Auto CAD 以加载修改过的 acad. pgp 文件。

3）快捷菜单

在特定对象或屏幕区域上单击鼠标右键时便会显示快捷菜单。选择要编辑其内容的快捷菜单。将命令拖到树状图，以将它们添加到快捷菜单。还可以将快捷菜单拖到菜单项上，以创建子菜单。

5.2　建筑绘图环境设置

在我们完成了对 AutoCAD 的各项设置，准备开始建筑绘图的时候，这时还需要针对具体的建筑绘图项目作进一步的详细设置和准备。

5.2.1　绘图区域与图纸尺寸

就计算机绘图的概念来说，AutoCAD 对于建筑图形绘制的区域和尺寸几乎是不存在限制的。你可以想象它是一张无限大的图纸，可以从任何地方、以任何比例、取任何单位开始绘制，中止到你所希望到达的任何地方。但是，设置合适的绘图区域，制订合适的绘图比例，选择合适的绘图单位，是有序、有效、规范、高效的完成任何一项建筑制图任务的前提。

1）一般建筑绘图的区域：X、Y 轴的正向区域，即坐标系的第一象限；

2）一般建筑绘图的比例：1：1，按实际尺寸大小绘制；

3）一般建筑绘图的单位：mm，通常采用毫米（或者米）作为单位长度；

4）建筑绘图图纸规格：主要使用 ISO A 系列：并且所有图纸在长度方向上都可以加长。

图纸类别	尺寸(mm)
A0	1189×594
A1	841×594
A2	594×420
A3	420×297
A4	297×210

其中，常用 A0、A1、A1 加长、A2、A2 加长。A3、A4 较少使用，ISO B 系列也较少使用。

5）常用建筑绘图出图比例：

1∶500，1∶200，1∶100，1∶50，1∶30，1∶20，1∶10，1∶5，1∶2，1∶1

通常各种比例使用的情况为：

总平面　　　1∶500
方案图　　　1∶200
施工图　　　1∶100
详图　　　　1∶50 ，1∶30，1∶20，1∶10，1∶5，1∶2，1∶1

知道了图形的实际尺寸，又知道了图纸的实际大小，就不难计算出按何种比例将计算机图形打印到什么规格的图纸上。

5.2.2 设定尺寸单位（图 5-18）

打开"图形单位"对话框：UNITS↵

图 5-18 "图形单位"对话框

"图形单位"对话框用于设置绘图的单位和角度格式。

1）长度

指定测量的当前单位及当前单位的精度。

类型设置测量单位的当前格式。有"建筑"、"小数"、"工程"、"分数"和"科学"，一般选"小数"。

精度显示保留小数位的长度。根据工程的需要而定。

2）角度

指定当前角度格式和当前角度显示的精度。

类型有"十进制度数"、"百分度"、"弧度"、"度/分/秒"、"勘测单位"，通常选"十进制度数"来设置当前角度格式。

精度设置当前角度显示的精度。

3）插入比例

控制插入到当前图形中的块和图形的测量单位，选择"无单位"。

4）输出样例

预览当前单位和角度设置的例子。

5.2.3 设定绘图区域

AutoCAD 提供了设定绘图区域的命令：

命令：LIMITS↵

指定左下角点或［开（ON）/关（OFF）］＜当前＞：指定点，输入 on 或 off，或按 ENTER 键

1）左下角点

绘图区域的左下角点。

指定右上角点＜当前＞：指定点或按 ENTER 键

此两点的对角线决定了绘图区域的范围。

2）开（ON）

打开界限检查。当界限检查打开时，将无法输入栅格界线外的点，即在设置的绘图区域外无法绘图。但因为界限检查只测试输入点，所以对象（例如圆）的某些部分可能会延伸出栅格界限。

3）关（OFF）

关闭界限检查，但是保持当前的值用于下一次打开界限检查。

说明：

事实上，在建筑制图的实践中，一般很少使用 LIMITS 命令来设置绘图范围。因为它的使用并不方便，也不直观。

对于绘图区域的控制，我们可以采用更简单、直观的方法：

用命令 RECTANG↵＜REC↵＞＜ 默认 → 绘图 ▼ → ▢ ▾ ＞创建一个矩形框。

对于绘制建筑总平面图，矩形的长边和短边就略＞场地的长、宽；对于建筑单体，矩形的长边和短边略＞建筑的总开间尺寸和总进深尺寸；由于矩形框是有形的、直观可见的，实际上就成了建筑绘图的边界，所有实物按 1：1 尺寸绘制下来，绝对不会超出矩形框的界线。而且用缩放命令操作起来方便、有效。这种方法对经验和资历较浅的用户来说是非常实用的。

例：某建筑平面图的开间、进深尺寸为 15.6m、11.0m；矩形框设置为比 15.6m×11.0m 略大，约为 28m×22m，即得到如图 5-19 效果。

5.2.4 调整显示范围

和手工绘图不同，Auto CAD 以 1：1 的大比例尺制图，而显示图形的窗口——计算机屏幕的大小却有限。这就决定了 Auto CAD 必须具有功能强大的图形缩放、浏览工具。事实上也是这样。

缩放命令：ZOOM↵＜Z↵＞＜视图→缩放→窗口＞＜ 视图 → 缩放(Z) →

▢ 窗口(W) ＞

缩放工具条：▢ ▢ ▢ ▢ ▢ ▢ ▢ ▢ ▢ ▢

（注：需要配合传统菜单打开，菜单栏打开方式见本书 5.1 章节）

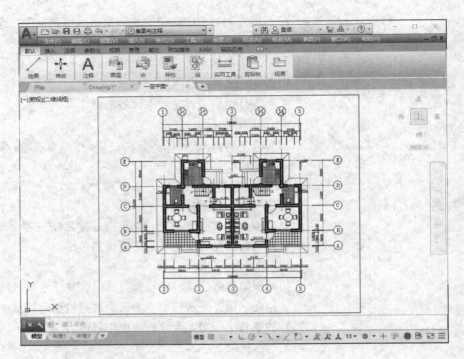

图 5-19　一层平面图

【练习】

1. 对"选项"的各卡片进行设置，并在"配置"中存成文件。

2. 对"自定义右键单击"进行各种设置试验，体会各种选择的效果。

3. 了解绘图区域、比例尺、A0～A4 图纸之间的关系。

4. 用 acad. pgp 文件设置自己使用的命令"别名"。

第6章 建筑平面图的绘制

6.1 建筑平面图绘制流程

建筑平面图的绘制内容包括：

(1) 建筑总平面；

(2) 各层平面；

(3) 建筑立面；

(4) 建筑剖面；

(5) 建筑大样 等等。

各类平面图都有自己的详细内容和具体绘制方法。通常的顺序是：

(1) 建筑总平面；

(2) 一层平面；

(3) 二层及各层平面；

(4) 立面；

(5) 剖面；

(6) 门窗表；

(7) 装修说明；

下面具体介绍各类平面图的具体绘制方法。

6.2 绘制建筑总平面

本节以一个小型别墅设计作为例子，介绍相关总平面图的绘制方法（图6-1）。

6.2.1 图层设置

根据要开始绘制图形的内容选定（或新建）建筑模板，打开该模板；如果没有设置模板，则首先要进行图层设置：

地形（通常为专业测绘部门提供的地形图，但需要根据项目要求进行整理）；

红线（还应细分为各种红线层）；

道路（细分为总规道路、设计道路；各道路中线、边线等各层）；

坐标（细分为红线坐标，道路坐标等）；

建筑（按现状建筑、新设计建筑等不同类别项目细分层）；

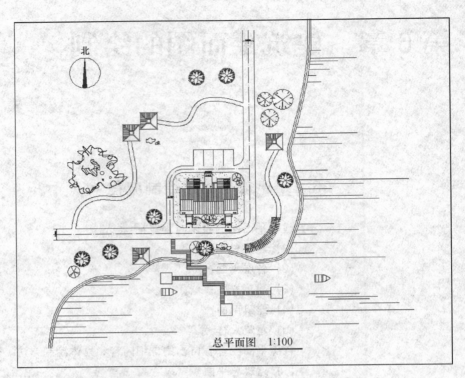

总平面图　1:100

图 6-1　别墅设计 总平面图

绿化 (按品种用途细分层);

环境 (按硬质铺地、停车位、设计小品、水面等细分层);

标注 (各类文字标注、数字标注,管线、竖向等);

说明 (总图说明、指标计算、表格等)。

在绘图的过程中,还要根据实际情况利用图层管理工具对图层结构进行编辑和增删。

6.2.2　插入基地的环境地形图像文件

1) 地形图的图像格式。

地形图通常分为两种格式:(1) 光栅格式 (位图),这种格式的地形图多为将纸质的地形图扫描得来;光栅格式的地形图不能在 Auto CAD 中直接打开;(2) 矢量格式,这种地形图多为数字化的测量成果。可以在 Auto CAD 中直接打开。

2) 地形图的导入方法。

光栅格式的地形图一般是用插入的方法来导入 Auto CAD。

命 令　IMAGEATTACH ↵

光栅图像参照(I)...　>(图 6-2)

图 6-2　插入光栅图像

插入的光栅图像能放大、缩小、平移、旋转,但是不能编辑图像本身;

而矢量格式的地形图可直接打开;也可以以"块"的方式插入进来;在 Auto CAD 中可以编辑。

另外，还有一种方式也是常用的，就是使用"外部参照"命令。

外部参照：将图形作为外部参照附着时，会将该参照图形链接到当前图形；打开或重载外部参照时，对参照图形所做的任何修改都会显示在当前图形中。

命 令 EXTERNALREFERENCES ↵ ＜ 插入 → 参照 ▼ ↘ →

↘ ＞＜ 插入(I) → 🖰 外部参照(N)... ＞（图 6-3）

外部参照以"附着"的形式载入光栅、矢量（DWG）、PDF、DWF 等格式的图形（图 6-4），也可以对"附着"的图形对象进行"卸载"（图 6-5）。

图 6-3　外部参照 对话框

图 6-4　"附着"对象

图 6-5　"卸载"对象

实例：图 6-6 是用"外部参照"方式插入的一张地形图（DWG 格式）。

地形中的城市道路为规划部门提供，如果没有电子文档资料，则需要使用规划部门提供的图纸和数据自行绘制。

6.2.3　绘制指北针

绘制单纯的指北针，或者包含风玫瑰的指北针（图 6-7）。

6.2.4　绘制用地红线及道路

通常红线分为：用地红线、道路红线、建筑红线，需要分清它们各自的含义。最开始在图上要绘制的是用地红线、道路红线。另外，还有一个"建筑控制线"，最好也在图上标明。总平面图的内部道路设计时都必须提供坐标，绘制起来比较简单（图 6-8）。

6.2.5　绘制已有建筑及新建筑（图 6-9）

6.2.6　绘制绿化环境

绿化和环境的绘制内容有：各类行道树、散树、乔木、灌木、草地、铺地、构筑物（小品、水景、雕塑等等）、停车位等等。以上内容有很多图库资料可以调用（图 6-10、图 6-11）。

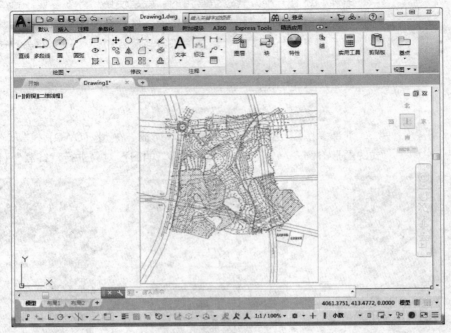

图 6-6　插入地形图

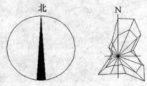

图 6-7　绘制指北针

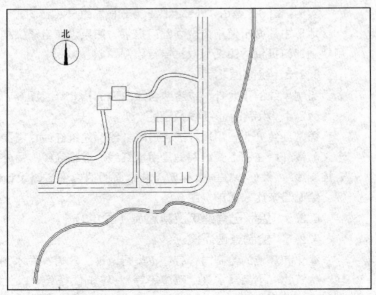

图 6-8　绘制红线及道路

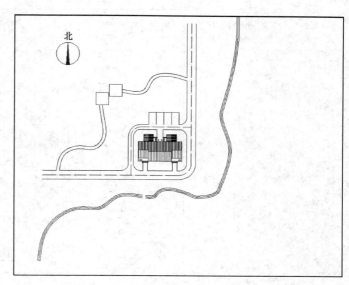

图 6-9　绘制建筑

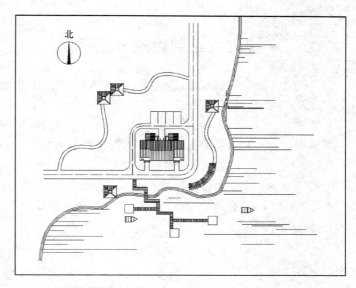

图 6-10　绘制构筑物、小品等

6.2.7　标注及说明

标注内容包括：道路坐标、建筑坐标、道路宽度、道路坡度、道路曲线参数、竖向设计、场地标高、建筑标高、建筑间距、建筑编号、建筑层数等；

说明内容包括：设计依据、坐标平面及高程系统、尺寸比例、图例等。

6.2.8　指标计算

需要计算并在图上标明的指标有：

用地面积、建筑面积、容积率、密度、绿化率、停车位等。

全部完成后的图见文件：ch06a. dwg

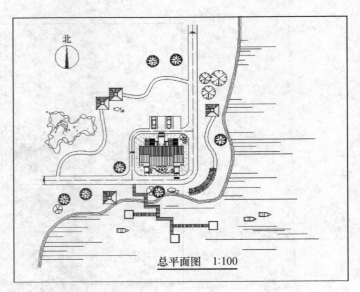

图 6-11 绘制绿化、环境及文字注记等

6.3 绘制建筑一层平面

单体建筑的绘制是建筑制图的最基本的内容，通常总是从一层平面开始。

本例为一栋二层楼小型别墅建筑，一梯两户的布局结构，出图时采用 1∶100 的比例，其一层平面如图 6-12。

6.3.1 设置图层

若是没有设置使用模板的话，则在开始绘图之前应该根据绘图的需要先设置好"图层"。对于本例一层平面来说，先设置如下各图层：

图层名	颜色	线形	线宽
建筑-轴网	红	CENTER	默认
建筑-轴号	绿	CONTINUOUS	默认
建筑-墙	白	CONTINUOUS	0.30
建筑-柱	252	CONTINUOUS	默认
建筑-门窗	青	CONTINUOUS	默认
建筑-楼梯	兰	CONTINUOUS	默认
建筑-文字	白	CONTINUOUS	默认
建筑-尺寸	绿	CONTINUOUS	默认
建筑-设备	252	CONTINUOUS	0.13
建筑-图框	白	CONTINUOUS	默认

说明：

(1) 在绘图的过程中，可以根据实际需要对图层及对象进行增删、合

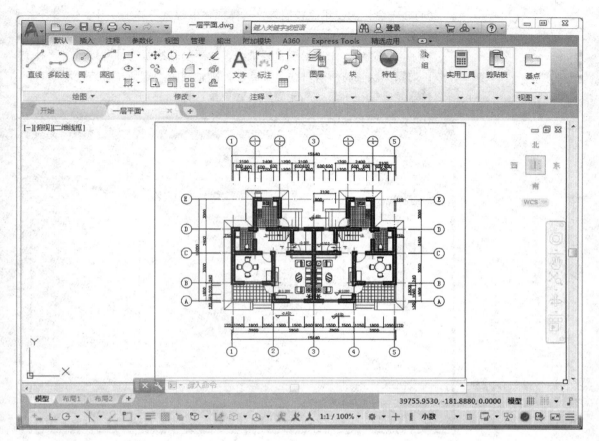

图 6-12　一层平面图

并、调整等编辑操作;

(2) 绘图过程中务必将各对象绘到各自的图层中,养成按图层分类绘图的良好习惯。

6.3.2　绘制轴线网格

1) 根据图形大小绘制控制绘图区域的"矩形框"。

置"图框"为当前层。

将要绘制的户型的面宽为15.840m,(15840mm)

进深为10.200m,(10200mm)

考虑到需要给标注留出位置,所以设置矩形框的长、宽要大于上述尺寸,(本例设置为:30000mm×26000mm)。

用 RECTANG↵<REC↵><![默认]→[绘图 ▼]→[▼]>命令绘制,如图6-13。

2) 绘制轴网

(1) 置"建筑-轴网"为当前层;

(2) 绘制纵、横两条"基线"(图6-14);

(3) 用 OFFSET→[ ](偏移)<![默认]→[修改 ▼]→[ ]>命令绘制轴网(图6-15)。

OFFSET 命令的使用比较简单，具体操作过程就不详细展开。

说明：

在轴网绘制中，先只绘制主要轴线，次要的轴线留待轴网编辑时再补充完成；如果一次性将所有轴线全部绘出，则轴网会太繁杂、不方便观察、分辨清楚。尤其是在平面布局比较复杂时更是这样。

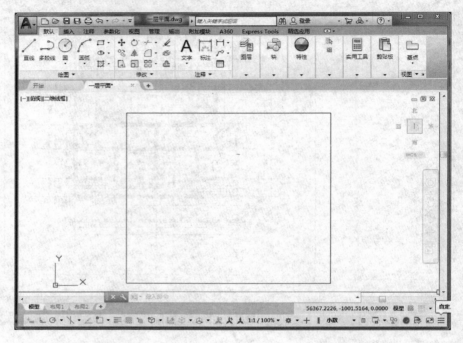

图 6-13　绘制矩形框，确定绘图区域

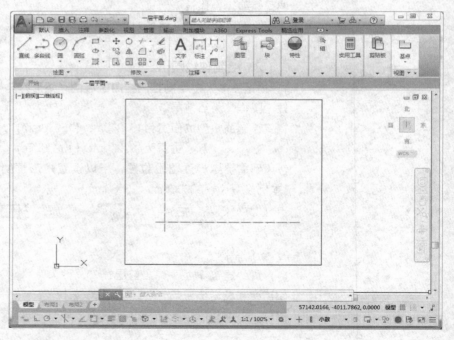

图 6-14　绘制基线

绘制轴线网的方法有多种，常用的有：基线偏移方法和极坐标输入方法。

基线偏移方法简单、快捷，先绘制轴网再编辑（图6-15、6-16）；

极坐标输入方法是按房间绘制轴线，将轴线直接绘制成图6-17的样子，布局清晰，容易照顾细部轴线，编辑容易；

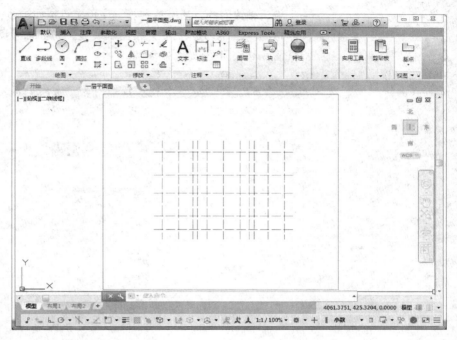

图6-15　绘制轴网

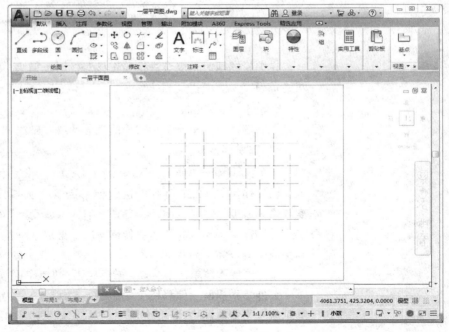

图6-16　编辑轴网

各种方法各有千秋，通常取决于使用者的爱好和习惯、没有绝对的优劣。

3）编辑轴网

编辑轴网就是根据墙段的布局，调整轴线的长度，补充绘制次要、细部轴线。使图面简洁、清晰，方便墙线及其他后续内容的绘制（图6-16）。

说明：

编辑轴线网的方法有多种：①使用夹点拖拽轴线，把轴线编辑成近似房间的格局（图6-16），然后开始绘制墙线。②把轴线网精确绘制成和房间一样（图6-17），再开始绘制墙线。

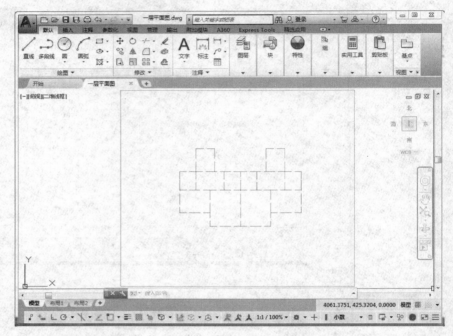

图6-17　按房间布局编辑轴网

在编辑的同时，应该进行检查核对，纠正错绘、漏绘的地方，确保轴线网的正确。

6.3.3　绘制墙体

绘制墙体有很多方法，常用的也分两种：轴线偏移法和多线绘制法。

1）轴线偏移法：

命令：OFFSET←＜C←＞＜ 默认 → 修改 ▼ → ⚙ ＞＜默认→修改→偏移＞

（1）使用OFFSET命令。指定偏移距离：为墙厚的一半；即，偏移距离＝墙体厚度/2 例如：墙厚＝240　则偏移量设为：120

（2）选中轴线，向两边各偏移一次，形成240的墙；重复操作，直至绘制完成所有墙体（图6-18）；

该方法操作简单，手感好，节奏感强；但后期修剪、编辑的工作量较大；

另外特别提醒：偏移所生成的线，会保持原有的颜色、图层、线型（即继承原有物体的属性）。在上例中，轴线偏移生成的线还是轴线属性，所以还需要挪动到墙线层，才成为墙线；或者用特性匹配 🖌 进行操作，将轴线变为墙线。

2) "多线" 绘制法

命令：MLINE↵< ML↵ ><绘图→多线>< 绘图(D)→ 多线(U) >

MLINE 命令可以一"笔"绘出多条直线。利用这一特点，我们通过设置多线样式，造出一种专门绘制墙线的多线，便可以沿着轴线一次将墙线绘出。

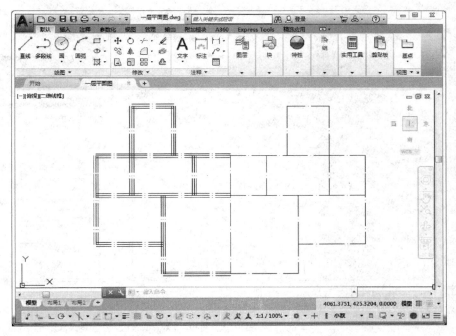

图 6-18　用偏移方法绘制墙线

图 6-19　"多线样式" 设置对话框

(1) 多线样式设置：

① 命令：MLSTYLE↵<格式→多线样式>< 格式(O)→ 多线样式(M)... >

弹出"多线样式"设置对话框（图 6-19）。

② 点击"新建"，弹出"创建新的多线样式"对话框，见图 6-20。

新样式取名为：W240。

③ 点击"继续"，进行各项设置。

封口：将直线的"起点"和"端点"都设置为封闭。这个设置很重要，在后面的墙线绘制中非常有用。

图元：此处的设置决定绘几条线？线间距为多少？墙体就两条线，所以不添加；线间距设为 1 个单位长度（建筑图以 mm 为单位的话，那么线间距就是 1mm），所以向中线两边各偏移 0.5 个单位长度，如图 6-21。当然也可以把线间距直接设置为 240mm，但是现在这种设为单位长度（1mm）的样式，在后面使用起来更灵活方便。因为我们会遇到不同厚度的墙：比如 250mm 、240mm、200mm、100mm 等等（图 6-21）。

④ 点击"确定"，即完成 W240 的多线样式设定，点击"保存"后，再"确定"即结束（图 6-22）。

（2）用多线样式"W240"绘制墙线

命令：MLINE←<ML←>＜绘图→多线＞< 绘图(D)→

╲╲ 多线(U) >

当前设置：对正＝上，比例＝20.00，样式＝STANDARD

图 6-20 创建新的多线样式

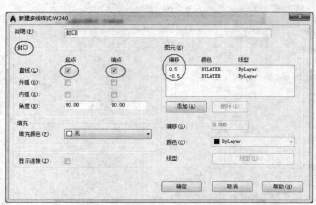

图 6-21 新建多线样式

图 6-22 多线样式

指定起点或［对正(J) / 比例(S) / 样式(ST)］：

注意：系统默认的多线状态为：

MLINE
当前设置：对正 ＝ 上，比例 ＝ 20.00，样式 ＝ STANDARD

这时候必须对上述参数作出调整：

① 用 ST 响应后，将样式设为 W240；

② 用 S 响应后、将比例设为 240；

③ 用 J 响应后、将对正设为 Z。

这样就得到多线的新配置：

MLINE
当前设置：对正 ＝ 无，比例 ＝ 240.00，样式 ＝ W240

指定下一点：绘制多线起点。(开始绘制多线)

指定下一点或［放弃（U)］：多线第二点

依次绘制完全部墙线（图 6-23）。

注意：用多线绘制墙线时，一条多线尽量不转弯或少转弯。如果一条多线连续转弯的次数过多，可能会引起后面多线编辑的麻烦。

（3）用多线的编辑

如果设计图中局部有墙厚度为 120mm 或者其他尺寸时，有两种处理

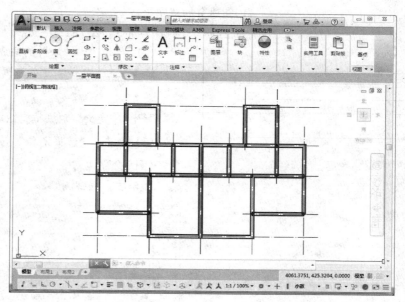

图 6-23　用 W240 样式绘制的墙线

方法：

①　启动 ML 命令时将比例 S 设置改为 120，绘制即得；

②　用"特性"对话框直接将 240 厚的墙编辑成 120 厚的墙，也非常方便。

多线"接头"的编辑和修剪，此处暂不进行，留待门窗插入完毕后再修剪。

除此之外，还有一些其他墙体绘制方法也有独到之处，限于篇幅就不再介绍。

需要引起大家重视的是：随着 Auto CAD 版本的不断升级，新的功能越来越多，越来越强大，绘图的方法和技巧也与时俱进，不断涌现出新的绘图方法。所以，我们不能总抱着老版本不放。应该多去了解使用新版本、新功能、新方法，以提高 Auto CAD 的制图水平和效率。

6.3.4　绘制门窗

门窗的绘制主要用插入"块"的方式来完成。

"块"的概念和使用，是 Auto CAD 的一个重要内容。应该深入了解和熟练掌握。

创建"块"的基本操作和要求：

命令：BLOCK↵＜B↵＞＜默认→块→创建块＞＜ 默认 → 块 ▾ →

＞

(1)　绘制好要创建块的图形；

(2)　将创建块的图形对象放置在"0"图层上；

(3)　图形所有对象属性设置为"随层"(Bylayer)；

(4)　创建块 (Block)，注意完成三要素：块名、对象、拾取点。

1）创建窗的"块"

（1）绘制一个规格为 1000×200 的窗的图形，并放置在 0 图层（图 6-24）；

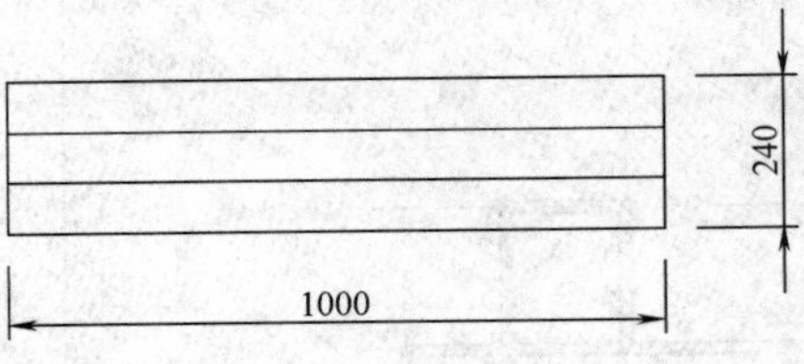

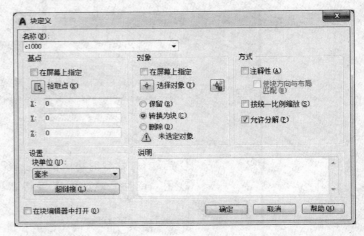
图 6-24 单元窗

（2）启动制作"块"的命令；

命令：BLOCK↵＜B↵＞＜默认→块→创建块＞＜ 默认 → 块 ▼ → 🖳＞

弹出"块定义"对话框，给块取名：C1000（图 6-25）。

（3）点击："选择对象"按钮 ✛，选择制作块的"对象"（图 6-26）。

回车后，得到图 6-27。

图 6-25 "块定义"对话框

图 6-26 选择制作块的对象

图 6-27 定义窗块

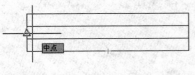
图 6-28 定义插入点

点击"拾取点"按钮 🖳，选择窗图形的左侧中点（图 6-28），"拾取点"的选取很重要，关系到后续块的插入时候的定位。继续，得到图 6-29。

点击"确定"即完成"窗"块"C1000"的制作。

2）创建门的"块"

门的"块"制作方法和窗完全一样。

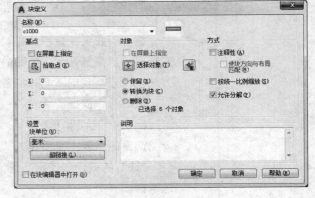

图 6-29　完整定义窗块

注意：制造块时，门的尺寸也绘制为：1000×1000 的单位长度，这样做是为了后面插入块时编辑方便。门的类型有：单开门、双开门、推拉门等，可以按分类来做成"块"，以方便后期使用。

3）在轴网图中插入门窗

在图 6-23 中，轴网和墙线都绘制完毕，而后门窗的图块也创建完毕，现在可以向图中插入门窗了。

（1）插入门窗的关键操作有两点：

① 门窗插入时的定位。

我们采用先打开"极轴" ⟳ 、"对象捕捉" ⊡ 、"对象追踪" ∠ 三个按钮，再用键盘输入偏移量的方法来进行；

② 门窗尺寸的确定和插入时方向的确定。

我们在插入块时，通过 X、Y 值的设置，可以使单位长度的门、窗"块"变成设计所需要的门窗尺寸；通过角度的设置，还可以控制门窗插入后的方向。

（当然，门窗的大小和方向也可以在插入时不考虑，插入后再用缩放、旋转、镜像、复制来编辑；采用何种方法，取决于个人习惯。）

（2）操作：插入一扇窗：插入位置见示意图 6-30。以 A 为端点，偏移 600，在 B 点插入一个规格为 1200 的窗。

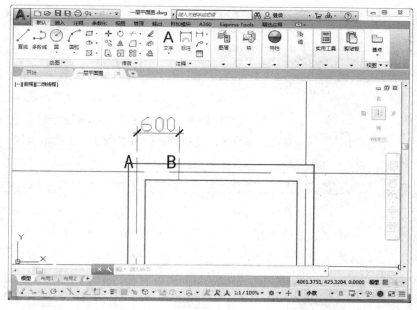

图 6-30　插入位置

① 命令：＜INSERT↵＞＜默认→块→插入＞＜ 默认 → 块 ▼ → 插入 ＞

弹出对话框（图 6-31）：

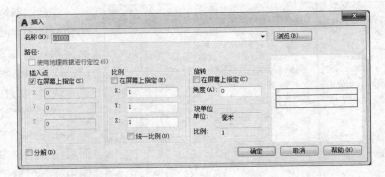

图 6-31 块插入对话框

② 设置对话框

名称： 选定"C1000"；

插入点： 选中"屏幕上指定"

缩放比例： 将 X 调整为 1.200 （图 6-32）

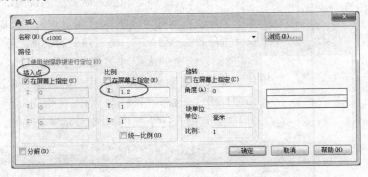

图 6-32 调整 X 比例

③ "确定"后，开始给插入窗在图形中定位：

A. 按下 ⊙ 、 ▯ 、 ∠ 三个开关，为了方便捕捉，可以把墙线层关闭；

B. 用鼠标对准 A 点，在自动显示捕捉到 A 点后（图 6-33），光标沿着轴线向 B 点移动，注意要保持极轴的追踪显示（图 6-34），这时用键盘输入偏移量 600，回车，即完成插入（图 6-35）。

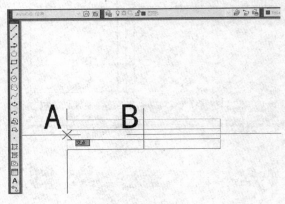

图 6-33 自动捕捉端点 A

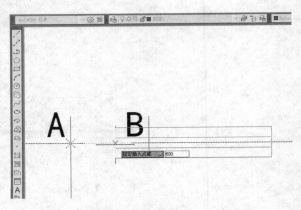

图 6-34 运用追踪光标沿轴线向 B 点移动

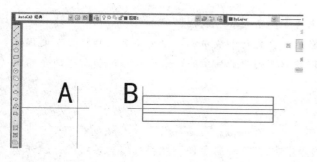

图 6-35　规格 1200 的窗插入完毕

(3) 门的插入

门的插入方法同窗完全一样。需要注意的是，门在平面布置中往往有不同的方向，是插入时用参数设置来控制，还是插入后用命令编辑修改，取决于个人喜好。效率不分高下。

所有门窗全部插入完成后效果如图 6-36。

以上我们介绍的是"块"的一般形式，它是通过关联对象并为它们命名来创建块的。

如果在一般"块"的基础上，将信息（属性）附着到"块"上，创建出带属性的块，那么这种"块"被称之为"动态块"。

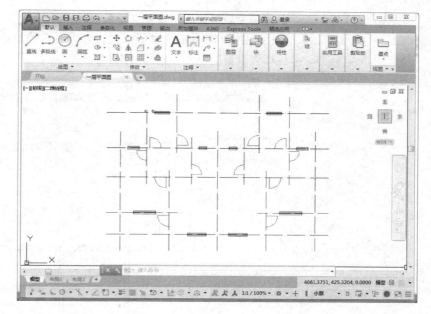

图 6-36　门窗插入完毕

动态块具有灵活性和智能性。用户在操作时可以轻松地更改图形中的动态块参照。可以通过自定义夹点或自定义特性来操作动态块参照中的几何图形。这使得用户可以根据需要在位调整图块，而不用搜索另一个块以插入或重定义现有的块。

例如，如果在图形中插入一个门块，编辑图形时可能需要更改门的大小。如果该块是动态的，并且定义为可调整大小，那么只需拖动自定义夹点或在"特性"选项板中指定不同的大小就可以修改门的大小。用户可能还需要修改门的打开角度。该门块还可能会包含对齐夹点，使用对齐夹点可以轻松地将门块参照与图形中的其他几何图形对齐。

动态块的创建可以使用块编辑器来完成。块编辑器是一个专门的编写区域，用于添加能够使块成为动态块的元素。用户可以从头创建块，也可以向现有的块定义中添加动态行为，也可以像在绘图区域中一样创建几何图形。

向块中添加参数和动作可以使其成为动态块。如果向块中添加了这些元素，也就为块几何图形增添了灵活性和智能性。

向块定义中添加参数后，会自动向块中添加自定义夹点和特性。使用这些自定义夹点和特性可以操作图形中的块参照。限于篇幅，动态块的介绍就不再展开。

4）编辑墙线

在这里我们将直接用 TRIM<　默认　→　修改　▼　→　修剪　▼　>命令对多线进行修剪，（在较早的版本中，TRIM命令是不能直接修剪多线的，除非将多线用 explode 命令分解）。

操作：

（1）打开墙线图层；

（2）关闭轴线层，以减少修剪干扰；

（3）使用 TRIM 命令进行修剪，修剪时多线能够自动封口（因为在前面多线样式设置时已做了选择（图6-37）。

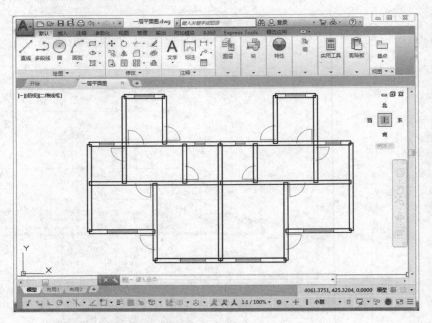

图6-37　修剪前，墙线和插入的门窗重叠在一起

如果对 TRIM 命令了解一般，则使用最基本的方法进行修剪；

如果对 TRIM 命令掌握足够娴熟，则采用快捷修剪的操作方式，可以直接将窗、门下的墙修剪掉，非常方便和快捷（在输入 tr 命令后，连续回车两次，然后用 C 选直接压在窗、门块上选取墙线，回车后即可剪掉窗、门下的墙）。如果修剪不够顺利时，要检查一下多线是否有重叠现象或者门、窗块的制作不规范。

修剪完成后的效果见图6-38。

（4）编辑多线的交叉处

选择需要编辑的多线，双击，会弹出一个"多线编辑工具"（图6-39）；点击适当工具按钮；对多线进行编辑。

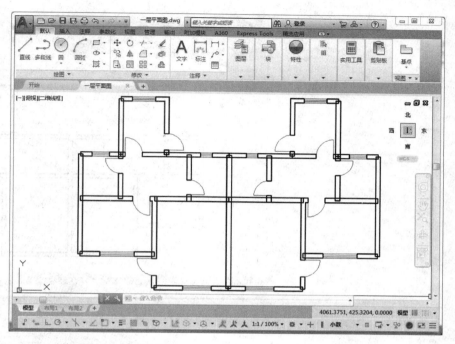

图 6-38 门、窗处的多线被修剪完毕

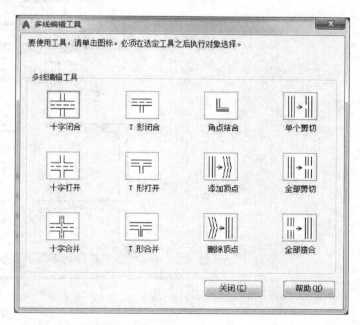

图 6-39 "多线编辑工具"

（5）编辑多线完毕（图 6-40）。

多线的修剪会有一些技巧，运用得好，速度会非常快。要注意分析、总结、积累。

6.3.5 绘制楼梯

本例中的楼梯比较简单，用"直线"和"偏移"命令很容易绘出（图 6-41）。

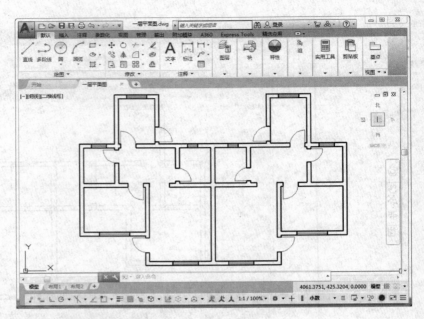

图 6-40 多线交叉接头处编辑、修剪完毕

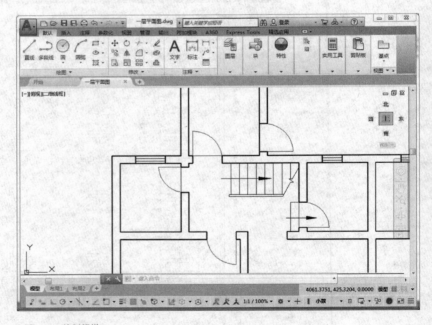

图 6-41 绘制楼梯

6.3.6 绘制散水、台阶

室外为三级踏步，标出尺寸、坡度方向、标高（图 6-42）；

6.3.7 绘制家具

家具的绘制是一项必不可少的内容。因为有很丰富的图库和图块，所以现在一般都是调用即可。当然，使用时需要对图库中的家具进行适当的缩放。调用图库时可以直接使用"复制→粘贴"操作，"块"插入等方法，或

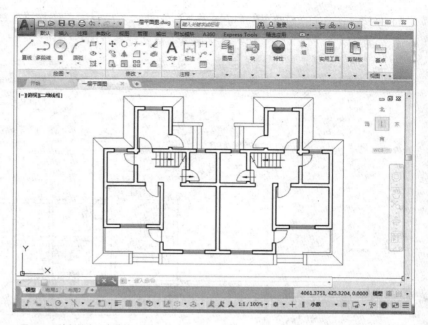

图 6-42　绘制散水、台阶等

者使用"设计中心"(图 6-43)。

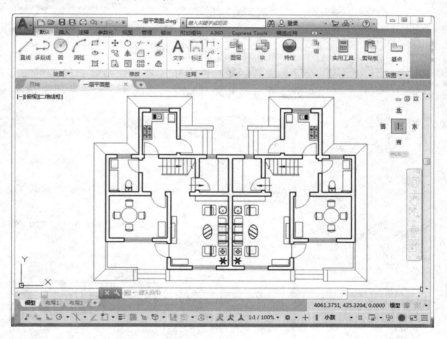

图 6-43　家具、设备的绘制和摆放

6.3.8　绘制卫生间、厨房、阳台铺地

卫生间、厨房、阳台等处的铺地都使用"图案填充"BHATCH↵<H↵> <默认>→<绘图>→进行,过去"图案填充"主要起装饰作用,现在使用大为减少。因为平面装饰效果主要还是在 PHOTOSHOP 里进行。而随着

版本升级，BHATCH 功能大大增强，现在建筑上经常用它来计算统计各类面积，并配合表格进行自动计算（图 6-44）。

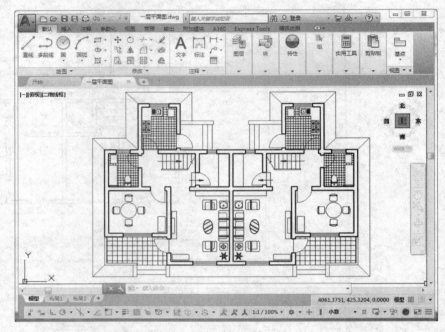

图 6-44　卫生间、厨房、阳台等处的铺地

6.3.9　文字和尺寸标注

文字说明、注释和尺寸标注是建筑绘图的重要部分，图 6-45 是已完成好文字注记和尺寸标注的平面图。尺寸标注的详细使用方法在第 7 章展开。

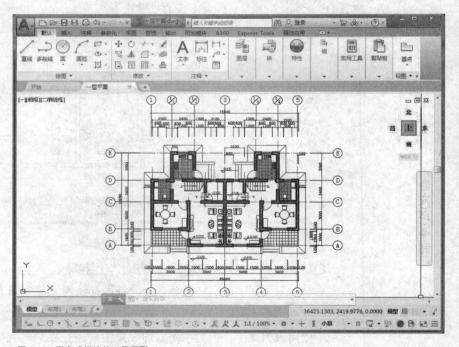

图 6-45　已完成标注的一层平面

6.4 绘制建筑二层平面

由于二层平面和一层平面相同的内容较多，故二层平面通常是将一层平面复制后修改得来，绘图的方法和手段基本相同。

6.4.1 复制一层平面

复制一层平面的方式有两种：

（1）文件内复制。将已经绘制好的一层平面整个作为对象，复制、粘贴至一层图形的旁边，如图 6-46。作为修改成二层平面的基础图。

（2）将原一层平面图文件复制改名，或"另存为"一个新文件。再打开文件进行绘图操作，使之成为二层平面图。

6.4.2 修改为二层平面

比较一、二层平面图的相同和不同之处，对复制好的一层平面图进行修改。

在本例中，一、二层的平面布局在结构上没有大的变化，轴线不变、墙体基本不变；

最大的改变是：二层取消了一层的厨房，向南作了退进。所以此处二层平面看到的是一层厨房的坡屋顶；一层的餐厅二层改为了次卧室，一层的客厅二层改为了主卧室；其他部分未做改变，如图 6-46。

（1）删除多余的内容：比如：一层的散水、南北入口的踏步，厨房等；

（2）增加新的内容：如厨房的坡屋顶、楼梯，新设进户门等；

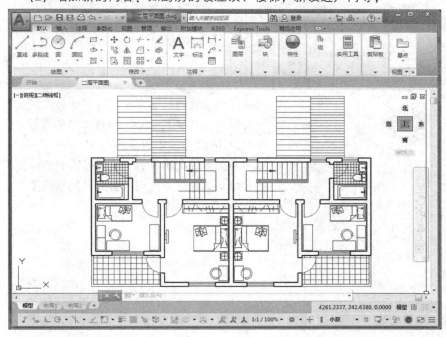

图 6-46 二层平面改动情况

（3）修改变化对象：二层房间的绘制，将一层餐厅、客厅的家具换成卧室的家具等。

增删修改完毕后，二层平面图如图 6-47 所示，可以和图 6-45 作比较。

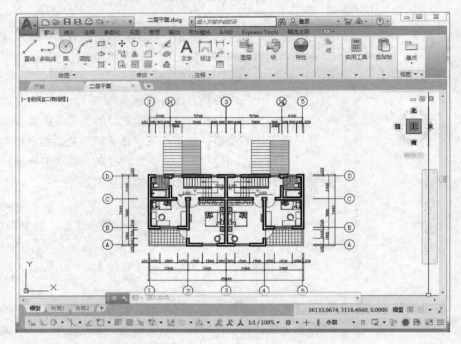

图 6-47　已经绘制完毕的二层平面

（4）修改编辑标注。

在各层平面图绘制完成后，接下来的工作还有：插图框、排版、填写图签等等，具体内容不再展开。

全部完成后的图见文件：ch06b. dwg。

【练习】

1. 比较几种墙线的绘制方法，各有什么优缺点？
2. 设置间距为：370、250、200、100 的多线样式，起终点要求封口。
3. 练习用 TRIM 命令修剪多线。
4. 练习用"多线编辑工具"编辑多线的各种交叉接口。
5. 结合建筑课程设计绘制一套完整的平面图。

第7章 标注

标注，就是在 AutoCAD 的图形文件中添加文本或数字注释，通常分为文本标注和尺寸标注。以对图形的属性和尺寸进行详细、定量的说明。在 2005 版后还增加了"表格"注释功能。

7.1 文本标注

"文本标注"内容包含两大部分：

(1) 文本的写入；

(2) 文本的编辑。

文本写入的方法有：

(1) 单行文本标注——用于简短的注释说明文字；

(2) 多行文本标注——用于较长、复杂的说明文字；

(3) 外部导入——将在其他软件中写好的文字以适当的格式导入进 AutoCAD 的图形文档。

7.1.1 文字样式

因为图形中的所有文字都与"文字样式"有关，以下先对"文字样式"进行介绍。

"文字样式"就是给文字设置字体、字号、倾斜角度、方向和其他文字特征，然后给包含这些特征的文字取一个"样式名"。显然，仅有一种"文字样式"是不够用的，所以常常要根据工作任务的需要设置多种"文字样式"，以满足图形对文字标注的不同需求。

系统默认的文字样式（也就是当前样式）为：STANDARD。其特征如下：

样式名	STANDARD
字体名	txt. shx
大字体	无
高度	0
宽度比例	1
倾斜角度	0
颠倒	否
反向	否
垂直	否

如果要使用具有其他特征的文字，就需要用"文字样式"来创建新的样式。

命令：STYLE↵＜ST↵＞→ 默认 → 注释▾ →选择"注释"下拉菜单中的

文字样式＞

如图 7-1 至图 7-4，新建立了一个文字样式：kt GB2312 其特征如下：

样式名 kt GB2312

字体名楷体_GB2312

大字体　　　　无

高度　　　　　0

宽度比例　　　0.9

倾斜角度　　　0

颠倒　　　　　　是

反向　　　　　　是

垂直　　　　　　否

其建立的过程如下：

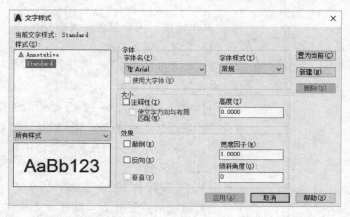

图 7-1　打开文字样式设置对话框

图 7-2　新建文字样式

图 7-3　输入新建文字样式名

图 7-4　选定新建文字样式的字体、效果、宽度因子等参数

7.1.2 单行文本标注

命令：DTEXT ↵＜ DT（TEXT）↵＞＜ 默认 → 注释 ▾ → 文字 ▾ →

A͟ 单行文字＞

当前文字样式：kt GB2312 当前文字高度：100.00000000

指定文字的起点或［对正（J）/样式（S）］：在屏幕上选取一点↵

指定高度＜1000.00000000＞：↵回车为使用当前高度（也可以用鼠标点击指定高度）

指定文字的旋转角度＜0.00000000＞：↵屏幕上出现引导文字写入的闪烁光标，随即写入文字："文字样式"、↵ "ABCDEF"↵回车结束，效果如图7-5。

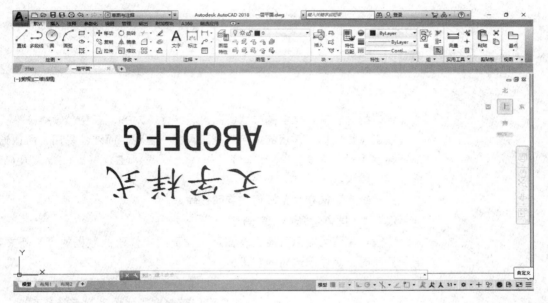

图 7-5 单行文本输入 效果选择了颠倒、反向

说明：由于前面设置的文字样式 kt GB2312 选择了"颠倒"和"反向"效果，所以图 7-5 的文字是颠倒和反向的。

7.1.3 多行文本标注

命令：MTEXT↵＜MT↵＞＜ 默认 → 注释 ▾ → 文字 ▾ → A 多行文字＞

命令：_mtext 当前文字样式："Standard"当前文字高度：2.5

指定第一角点：在写文字的区域指定一点

指定对角点或［高度（H）/对正（J）/行距（L）/旋转（R）/样式（S）/宽度（W）］：指定第二点

在指定第二点后，系统会弹出一个"文字格式"工具栏和一个"多行文字编辑器"（图 7-6）。

说明：

"多行文字编辑器"类似于一个写字板，可以在其上输入需要的文字；

而"文字格式"工具栏则用于对输入的文字进行编辑。

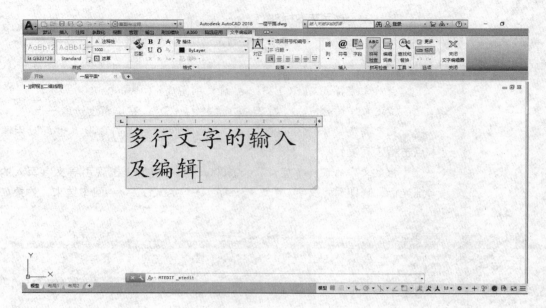

图 7-6　多行文本输入

编辑的内容有：文字的样式、高度、字体、对齐、颜色、倾斜等等。

该工具栏类似于常用的文字处理工具栏，直观、简洁、易用，所以通常都不再使用对〔高度(H)／对正(J)／行距(L)／旋转(R)／样式(S)／宽度(W)〕选项的响应来编辑文字。

按"确定"按钮后，多行文字即被输入。

7.1.4　插入字段（FIELD）

字段是设置为显示可能会在图形生命周期中修改的数据的可更新文字。字段更新时，将显示最新的字段值。

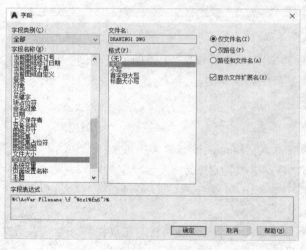

图 7-7　字段的创建

FIELD：创建带字段的多行文字对象，该对象可以随着字段值的更改而自动更新。

命令：FIELD↵回车后出现"字段"对话框（图 7-7）：

选项随字段类别和字段名称的变化而变化。

字段类别

设置"字段名称"下要列出的字段类型（例如，"日期和时间"、"文档"和"对象"）。其他项包括"Diesel 表达式"、"LispVariable"和"系统变量"。

字段名称

列出某个类别中可用的字段。选择一个字段名称以显示可用于该字段的选项。

字段值

显示字段的当前值；如果字段值无效，则显示一个空字符串（----）。

格式列表

列出字段值的显示选项。

字段表达式

显示字段的表达式。字段表达式不可编辑，但用户可以通过阅读此区域来了解字段的构造方式。

以下的例子创建了 3 个字段（图 7-8）：

字段类别字段名称字段值格式列表

例 1：日期和时间 创建日期 8/22/2006 12：37：33 下午 M/d/yyyy h：mm：ss tt

例 2：日期和时间保存日期 2006 年 8 月 22 日　12：51：34%♯c

例 3：文档文件名　　　　　　字段实例　　　　大写

图 7-8　创建字段的示例

7.1.5　文字编辑

图 7-9　文字编辑

"文字编辑"实际上在输入文字的同时就开始了，伴随着文字的样式、字体、高度、对齐、颜色、倾斜等各个参数的选定，就编辑出了我们最初满意的文字；但随着工作的进展和深入，总会需要对前面写好的文本进行调整、修改和编辑。

文字编辑的方法有：

1）命令 TEXTEDIT（DDEDIT）

命令：TEXTEDIT↵＜ED↵＞

选择注释对象或［放弃（U）］：选择文字进行编辑

＜双击文字→编辑＞

说明：

（1）该命令对单行文字和多行文字都能进行编辑；

（2）用鼠标左键双击需要编辑的文字，可直接激活 TEXTEDIT 命令，这种操作方式更加简捷。

2）使用"对象特性" PROPERTIES 进行编辑

命令:PROPERTIES←＜PR←＞＜鼠标双击对象＞＜Ctrl＋1＞＜ 默认 →

特性 ▼ ▼右首之 ＞＜选择对象→单击鼠标右键→特性＞

说明：

用 Ctrl＋1 激活"对象特性"对话框后，点击需要编辑的文字，很容易按其中的各个项目对文字进行直观地编辑。

7.2 表格

表格是在行和列中包含数据的对象。在 AutoCAD 的图形文件中绘制表格历来是一件麻烦的事情，直到 AutoCAD 2005 引入了"表格"功能后才使这个问题得到了解决。可以通过插入表格对象而不用绘制由单独的直线组成的栅格。对话框的结构使得创建表格的操作更加容易。

7.2.1 表格样式

表格样式 决定表格的外观。默认的表格样式为 STANDARD，我们也可以创建自己需要的表格样式。

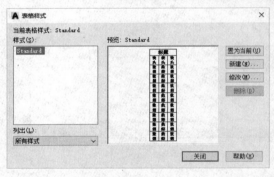

图 7-10 打开"表格样式"

命令：tablestyle←＜ 默认 →注释 ▼ →选择"注释"下拉菜单中的 ☑表格样式＞

说明：

表格样式可以指定标题、列标题和数据行的格式。例如，在 STANDARD 表格样式中，第一行是标题行，由文字居中的合并单元行组成。第二行是列标题行，其他行都是数据行。

表格样式可以为每种行的文字和网格线指定不同的对齐方式和外观。列数和行数几乎是无限制的。

表格样式的边框特性控制网格线的显示，这些网格线将表格分隔成单元。标题行、列标题行和数据行的边框具有不同的线宽设置和颜色，可以显示也可以不显示。选择边框选项时，会同时更新"表格样式"对话框中的预览图像。

表格单元中的文字外观由当前表格样式中指定的文字样式控制。

创建新的表格式样：

1）在图 7-10 中点击"新建"按钮（图 7-11），创建新表格样式"建筑1"，点击"继续"（图 7-12）；

2）进行各项设置，比如：标题、表头、文字样式等（图 7-12、图 7-13）；

3）点击"确定"，完成新表格样式"建筑1"设置（图 7-14）。

7.2.2 创建表格

创建表格对象时，首先创建一个空表格，然后在表格的单元中添加内容（图 7-15）。

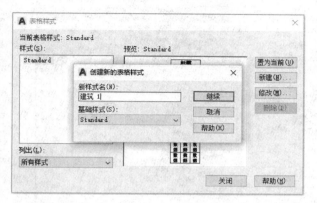

图 7-11　新建表格样式

图 7-12　表格标题设置

图 7-13　表格表头设置

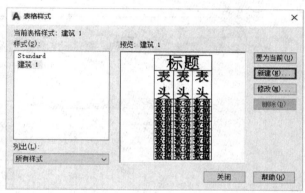

图 7-14　完成表格设置

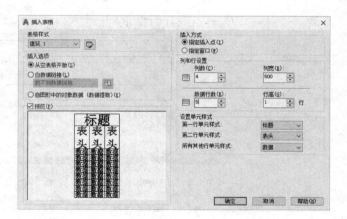

图 7-15　创建表格

命令：table

说明：

可以通过指定行和列的数目以及大小来设置表格的格式，也可以定义新的表格样式并保存这些设置以供将来使用。

命令：指定对角点：在屏幕上指定表格插入点（图 7-16）

现在可以在表格单元中输入文字或其他内容（图 7-17）。

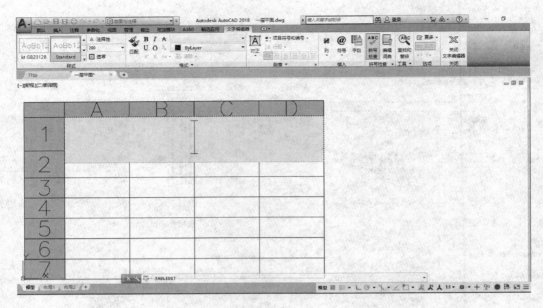

图 7-16 创建表格

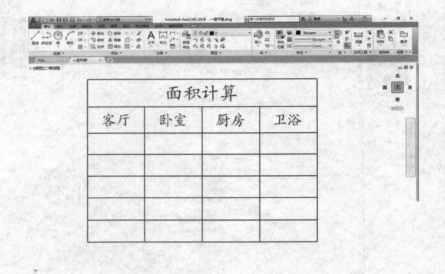

图 7-17 创建表格 输入文字

7.2.3 表格编辑

编辑表格

当表格创建完成后,可以单击该表格上的任意网格线以选中该表格,然后通过使用"特性"选项板或夹点来修改该表格,继续单击表格边框会弹出"表格"编辑工具条(图 7-18):

可进一步对表格进行编辑(图 7-19):

说明:

编辑表格单元

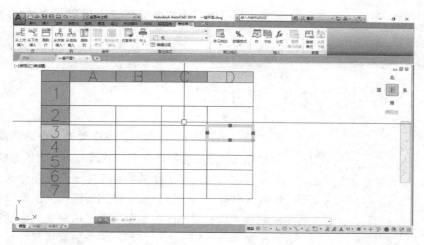

图 7-18　编辑表格

图 7-19　编辑表格

　　在单元内单击以选中它。单元边框的中央将显示夹点。在另一个单元内单击可以将选中的内容移到该单元。拖动单元上的夹点可以使单元及其列或行更宽或更小。

　　要选择多个单元，可单击并在多个单元上拖动。按住 SHIFT 键并在另一个单元内单击，可以同时选中这两个单元以及它们之间的所有单元。

　　选中单元后，可以单击鼠标右键，然后使用快捷菜单上的选项来插入 / 删除列和行、合并相邻单元或进行其他修改。选中单元后，可以使用 CTRL ＋ Y 组合键来重复上一个操作，包括在"特性"选项板中所做的更改。

　　如果要编辑表格"单元格"内表格单元可以包含使用其他表格单元中的值进行计算的公式。容，则选中该"单元格"双击，然后输入文字或者使用"文字格式"工具栏或"选项"快捷菜单进行修改；或者选中该"单元格"后单击鼠标右键，然后使用快捷菜单上的选项来进行各项编辑。

另外，还可以在表格单元中插入块以及在表格单元中输入进行计算的公式。

7.3 尺寸标注

尺寸标注是 Auto CAD 制图工作中最基本也是最重要的一项工作。

尺寸标注就是将各种图形对象的尺寸以一定的形式、规格显示标注出来。

尺寸标注可以先按工作的需要设定一个或多个尺寸标注样式，然后在绘图时使用这种样式；也可以直接使用系统提供的默认样式进行尺寸标注，然后再用编辑工具将其修改、调整为自己所需要的形式和规格。

无论哪种尺寸标注方法，都必须了解掌握尺寸标注的基本构成、尺寸标注样式、尺寸标注的类型、尺寸标注的编辑四个最基本的概念及其使用方法。

7.3.1 尺寸标注的基本构成

构成尺寸标注的基本元素（图 7-20）：

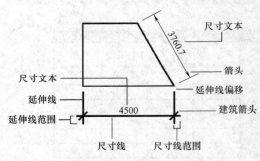

图 7-20 尺寸标注的基本元素

（1）尺寸线（Dimension Line）：

尺寸线又叫标注线，它是直线段或弧线段，沿着测量的角度绘制在被标注物体的两端。

（2）箭头 正式名称为 尺寸线末端（Terminator）：

"箭头"用来对尺寸线的末端进行标识，表明了尺寸的端点位置，最常用的是箭头，也有用圆点，建筑常用的是斜线。

（3）延伸线（Extension Line）：

与尺寸线两端点垂直的直线段称为延伸线。

(4) 尺寸文本（Dimension Text）：

尺寸文本通常是字符串，系统可以自动计算测量值，也可以由用户输入其值。尺寸文本样式与当前的文本样式一致。缺省的尺寸文本含有基本尺寸、度、直径和半径符号、正负号等。

(5) 引线（Leader）：

在标注尺寸时，有些标注的文字说明不能紧靠其描述目标，这时习惯上把文字说明放在图的旁边并画一条从说明文字到描述目标的指示线，称为引线。

另外，经常用到的尺寸标注的术语和概念还有：

尺寸线范围、延伸线范围、延伸线偏移、延伸线的固定长度、文字偏移等等（请注意：不同版本中文译法有所不同，比如延伸线在此前版本中一直译为"尺寸界线"）。

7.3.2 尺寸标注样式

尺寸标注样式是标注设置的命名集合，可用来控制标注的外观，如箭头样式、文字位置和尺寸公差等。用户可以自行创建标注样式，以快速指定标注的格式，并确保标注符合行业或项目标准。

1) 创建标注样式

命令：DIMSTYLE←＜DIMSTY←＞＜ 默认 ｜→ 注释 ▼ →选择"注释"下拉菜单中的 📐标注样式＞(图 7-21)

点击 新建 (N) ... 按钮，得到图 7-22。

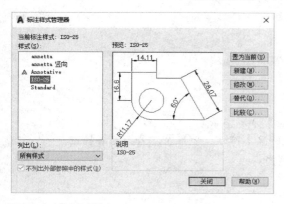

图 7-21 创建标注样式

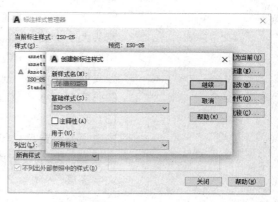

图 7-22 创建标注样式

点击 继续 按钮，进入各项设置界面（图 7-23）：

图 7-23 新建标注样式：副本 ISO-25 对话框中共有七张"卡片"：

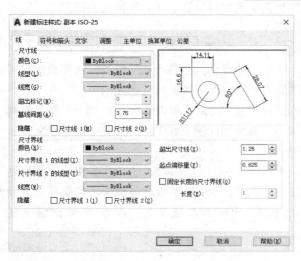

图 7-23 创建标注样式

每个人可以按自己绘图内容的不同要求，非常自由、灵活的对各个栏目进行选择和设置；因为各栏目的选择和设置都很直观、简明，且效果可以立即预览，所以操作很容易。

下面我们逐一对各个卡片进行简要的介绍，并按建筑制图的要求，对新样式副本 ISO-25 进行各个卡片中的项目选择和设置：

（1）线

该选项卡用于设置尺寸线、延伸线等，用来控制尺寸标注的几何外观。

副本 ISO-25 的设置内容为：

延伸线偏移	1.00
延伸线线宽	0
延伸线颜色	BYLAYER
尺寸线线宽	0
超出尺寸线	1.00
尺寸线间距	0.00
尺寸线颜色	BYLAYER
固定长度的延伸线	16.00

（提示：通常要先设置"箭头"卡，再设置"直线"卡，因为直线的有些选项是根据箭头的选定而产生的）

（2）符号和箭头，

箭头是尺寸标注中的重要组成部分，不同专业的箭头形状会有不同，建筑绘图统一采用左斜线箭头，同时也少量使用其他形状的箭头。

副本 ISO-25 的设置内容为：

箭头 1	建筑标记
箭头 2	建筑标记
箭头大小	1.60
引线箭头	建筑标记
独立的箭头	开
圆心标记大小	0.00

（3）文字

该选项卡设定尺寸标注的文本样式、位置及对齐方式等特性。

副本 ISO-25 的设置内容为：

文字高度	2.5
文字偏移	0.5
文字在内	开
文字样式	HZ
文字颜色	BYLAYER

（4）调整

该选项卡设置标注文字和箭头的相对位置以及其他标注特征。

副本 ISO-25 的设置内容为：

全局比例	100.00

全局比例选项：能对尺寸标注的显示大小进行缩放设置，此缩放值只影响尺寸标注的文本和箭头的显示大小，而不改变尺寸标注的值。

在此例中，标注文本的高度设为 2.5，如果设置全局比例＝1 则正常视图中的标注文本看起来非常小，当全局比例＝100 时，视图中的标注文本看起来为正常；

这样设置的意义在于：当以 1∶100 的比例打印输出这张图时，其标注文本高度＝2.5×100 \ 100＝2.5；正好满足相关规范要求。如果要以其他比例打印输出时（比如 1∶50），也非常方便修改，设置 全局比例＝50 即可。

（5）主单位

该选项卡提供主单位的各种参数设置，以控制尺寸单位、角度单位、精度等级、比例系数的匹配。

副本 ISO-25 的设置内容为：

小数分隔符	.	（由逗号"，"改为小数点"."）
精度：设为 0		（显示到 mm，小数点后面不显示）

在该选项卡中有个项目"比例因子"的设定是需要注意的，一般 Auto

CAD 建筑制图中都是采用的实际尺寸绘制,所以尺寸标注的值也是对象的实际尺寸,这时"比例因子"=1;

如果希望把对象的尺寸标注得比实际尺寸的值"放大"或"缩小",这时可以通过改变"比例因子"的值来实现,比如:

"比例因子"=2,则标注尺寸的值 = 实际尺寸×2

等于将对象的尺寸放大 2 倍标注;

"比例因子"=0.2,则标注尺寸的值 = 实际尺寸×0.2

等于将对象的尺寸缩小 5 倍标注了。

所以"比例因子"常用于的非实际尺寸标注,比如在模型空间中放置不同比例尺的图形时,就要通过设置"比例因子"的值,创建不同的标注样式来对不同的对象进行标注。

(6)换算单位

在不同的制图标准中,使用不同的单位,常常需要进行换算。该选项卡用于设置换算单位的格式和精度等,一般使用较少。

(7)公差

该选项卡在建筑制图中极少使用。

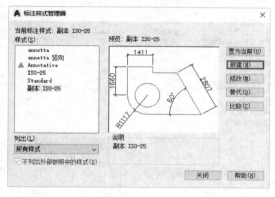

图 7-24　创建标注样式

在副本 ISO-25 完成以上设置后,得到新的标注样式如图 7-24。

2)修改标注样式

如果希望对已经设置好的标注样式进行修改,则在图 7-21 视图中点击 修改(M)... 按钮,会进到图 7-23 界面,然后像创建样式那样逐一设置各个选项卡,最后"确认"即完成。

3)替代标注样式

在建筑绘图工作中,可能会出现这样的情况,大多数的尺寸标注都已经符合要求,但是有个别尺寸标注的样式不很合适。如果为此新创建一个不同的标注样式又显得麻烦,这时就可以使用样式的替代功能,为单独的标注或当前的标注样式来定义标注样式替代。

使用标注样式替代,无需更改当前标注样式便可临时更改标注系统变量。

标注样式替代是对当前标注样式中的指定设置所做的修改,它与在不修改当前标注样式的情况下修改尺寸标注系统变量等效。

样式替代实际上是一个临时的尺寸标注样式,可以使新生成的标注样式去修改某些设置,完成后再将原来使用的标注样式设为当前样式,这时系统会自动删除临时生成的替代尺寸标注样式。

在图 7-21 视图中点击 替代(O)... 按钮,进到图 7-23 的界面,进行设置修改,再将<样式替代>保存入当前样式,最后"确认"即完成。

4)比较标注样式

该项设置为用户提供了比较不同标注样式之间差异的功能，对其差异列表逐一显示；操作直观、简单。

在图 7-21 视图中点击 比较(C)... 按钮，选择比较的样式，得到图 7-25。还可以点击右上方的 按钮将比较结果存为文档，留着以后分析参考使用。

同时，还可以查看某一标注样式的全部设置参数和属性（图 7-26）。

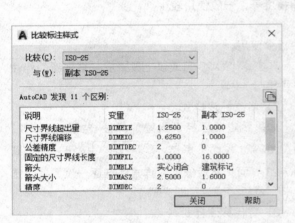

图 7-25　比较标注样式 ISO-25 和副本 ISO-25

图 7-26　显示样式 ISO-25 的属性

7.3.3　尺寸标注的类型

为了适应各种图形对象的尺寸标注，AutoCAD 设置了各种尺寸标注的类型（图 7-27）。

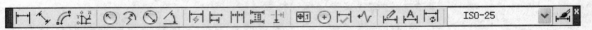

图 7-27　AutoCAD 2018 的标注工具条

1）线性标注

命令：DIMLINEAR↵＜标注工具条→ ＞＜ 标注(N) → ＞

这种类型的尺寸标注通常用两种方法进行选择：

方法一：指定两条尺寸界线的起点。在选择了线一条尺寸界线的起点后，根据后续的提示继续操作；见图 7-28。

方法二：直接选择要标注的对象。

直接标注对象的方法是：在执行 DIMLINEAR 命令后，直接按下回车键，选择要标注的对象，后续操作按提示继续。

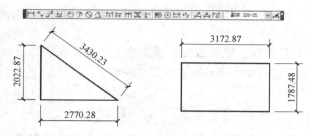

图7-28 用样式 <u>副本 ISO-25</u> 进行 线性标注和对齐标注

操作如下：

DIMLINEAR↵

指定第一个延伸线原点或＜选择对象＞：点击所选择的对象↵

指定尺寸线位置或

［多行文字（M）／文字（T）／角度（A）／水平（H）／垂直（V）／旋转（R）］：在屏幕上指定标注尺寸线位置，↵，回车后标注完成。

说明：

（1）当用鼠标点击所选择的对象时，以该对象的两端点作为度量长度的第一点和第二点；

（2）命令行中出现的选项栏目：

［多行文字（M）／文字（T）／角度（A）／水平（H）／垂直（V）／旋转（R）］，其意义如下：

多行文字：允许按多行文本的方式输入尺寸文本。

文字：在命令行手动输入尺寸文本。

角度：输入尺寸文本放置的角度。

水平：标注水平尺寸。

垂直：标注垂直尺寸。

旋转：标注倾斜一定角度的尺寸。

对以上的选项栏目，一般都不作响应。因为标注时，通常都设置好了标注样式，如果需要编辑的话，也都是在标注完成以后进行。后续对同样的情况均省略说明。

2）对齐标注（图 7-28 左图三角形斜边）

命令：dimaligned↵＜标注工具条→＞＜标注→对齐＞＜ 标注(N) ＞

主要对倾斜对象进行标注，操作基本同线性标注，见图 7-28 中对三角形斜边的标注。

图 7-29 弧长标注

3）弧长标注

命令：dimarc↵＜标注工具条→＞＜ 标注(N) →＞

弧长标注用于测量圆弧或多段线弧线段上的距离。为区别它们是线性标注还是角度标注，默认情况下，弧长标注将显示一个圆弧符号（图 7-29）。

圆弧符号显示在标注文字的上方或前方。可以使用"标注样式管理器"指定位置样式。可以在"新建标注样式"对话框或"修改标注样式"对话框的 符号和箭头 选项卡上更改位置样式（图 7-30）。

图 7-30 弧长标注 圆弧符号显示设置

4）坐标标注

命令：dimordinate↵＜标注工具条→＞＜ 标注(N) ＞

用来标注图形上特征点在当前用户坐标系中的 X 或 Y 坐标，并有一条引导线，该引导线与当前用户坐标系的坐标轴正交。

Auto CAD 设计的坐标标注形式，建筑绘图中极少使用。适合建筑制图的坐标标注形式需要自己设计。比如，用动态块的方法来解决。

5）半径标注

命令：dimradius↵＜标注工具条→ ◎ ＞＜ 标注(N) → ◎ ＞

用来标注圆弧或圆的半径，当尺寸文本采用其测量值时，文本前面自动加字符"R"。

6）折弯标注

命令：dimjogged↵＜标注工具条→ ⚡ ＞＜ 标注(N) → ⚡ ＞

折弯半径标注也称为缩放半径标注。

指定中心位置替代：指定点

接受折弯半径标注的新中心点，以用于替代圆弧或圆的实际中心点。

7）直径标注

命令：dimdiameter↵＜标注工具条→ ◎ ＞＜ 标注(N) → ◎ ＞

标注圆弧的直径，当尺寸文本采用其测量值时，文本前面自动加直径符号"φ"。

8）角度标注

命令：dimangular↵＜标注工具条→ △ ＞＜ 标注(N) → △ ＞

角度标注用来标注两条非平行线的角度、圆弧两端点所对应的圆心夹角。

(1) 点击 △；

(2) 选择第一条边；

(3) 选择第二条边；完成。

如果要标注大于 180 度的夹角，则如下操作：

(1) 点击 △，

(2) 选择圆弧、圆、直线或＜指定顶点＞：回车，

(3) 指定角的顶点：选择顶点，

(4) 指定角的第一个端点：选择第一条边，

(5) 指定角的第二个端点：选择第二条边，

(6) 指定标注弧线位置或[多行文字(M)/文字(T)/角度(A)]：指定标注位置（左键点击），

(7) 标注文字＝316，完成（图 7-31）。

9）快速标注

命令：qdim↵＜标注工具条→ 🖽 ＞＜ 标注(N) →快速标注＞

选择要标注的几何图形：

指定尺寸线位置或[连续(C)/并列(S)/基线(B)/坐标(O)/半径(R)/直径(D)/基准点(P)/编辑(E)/设置(T)]＜当前＞：输入选项或按↵键

使用 qdim 快速创建或编辑一系列标注。可创建系列基线或连续

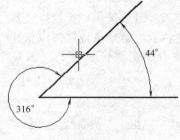

图 7-31　角度标注

标注，或者为一系列圆或圆弧创建标注时，此命令特别有用。

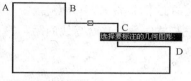

图 7-32　快速标注

操作快速连续标注

（1）点击 回，开始快速标注，选择对象（图 7-32）；

（2）确认连续（C）选项，指定标注尺寸线的位置（图 7-33）；

（3）回车确定，一次完成对象的所有标注（图 7-34）。

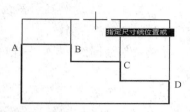

图 7-33　快速标注

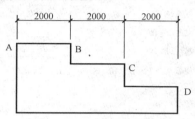

图 7-34　快速标注

10）基线标注

基线标注，从同一基线测量的多个标注。即前一个尺寸标注的第一条尺寸界线作为下一个尺寸标注的第一条尺寸界线，即两者拥有共同的第一条尺寸界线，如果有后续的第三、第四、…… 多个连续的标注，则它们都共同拥有第一条尺寸界线。所以通常把第一个尺寸标注的第一条尺寸界线称为"基线"。

如图 7-35～图 7-38 中 A 处的那根尺寸界线就是基线。

命令：dimbaseline↵＜标注工具条→ ＞＜ 标注(N) ＞

操作基线标注

（1）在 AB 段建立一个基本标注（必须）；

（2）点击 开始基线标注

★ 选择 A 点处的尺寸界线作为基准（基线）（图 7-35、图 7-36）；

（3）标注 C 点（图 7-37）；

（4）标注 D 点，完成（图 7-38）。

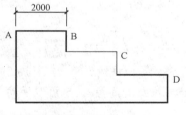

图 7-35　基线标注（1）

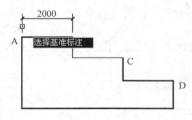

图 7-36　基线标注（2）

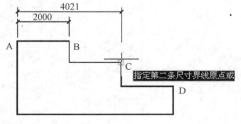

图 7-37　基线标注（3）

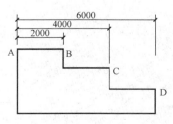

图 7-38　基线标注（4）

第 7 章　标注　179

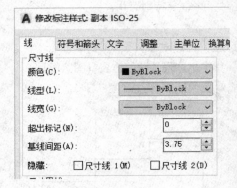
图 7-39

说明：

（1）在开始基线标注之前必须建立一个基本标注；

（2）需要事先在"标注样式"里设置"基线间距"的值（图 7-39）。

操作如下：

点击标注样式 ![icon]，在"直线"选项卡内对"基线间距"的值进行设置、保存。

本例"基线间距"=4，一般默认样式 ISO-25 的值为 3.75。

11）连续标注

命令：dimcontinue↵ ＜标注工具条→ ![icon] ＞＜ 标注(N) → ![icon] ＞

连续标注，指前一个标注的第二条尺寸界线作为下一个标注的第一条尺寸界线，依此类推，连续标注。

操作 连续标注

（1）建立一个基本标注（图 7-40）；

（2）点击 ![icon]，开始连续标注

★ 选择 B 点处的尺寸界线作为基准（基线）；

（3）标注 C 点（图 7-41）；

（4）标注 D 点，完成（图 7-42）。

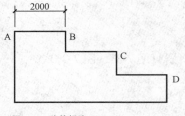

图 7-40 连续标注（1）

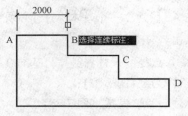

图 7-41 连续标注（2）

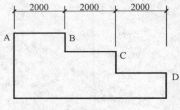

图 7-42 连续标注（3）

12）等距标注

命令：DIMSPACE↵ ＜标注工具条→ ![icon] ＞＜ 标注(N) → ![icon] ＞

使用 DIMSPACE 命令可以快速调整一组标注之间的间距（图 7-43）。可以自动调整（按标注样式设置的间距），也可以手动调整（自行输入需要调整

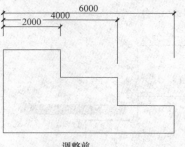
调整前

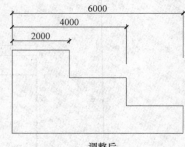
调整后

图 7-43 用等距标注调整一组标注的间距

的间距数值)。

13) 圆心标注

命令:DIMCENTER↵<标注工具条→⊕><标注(N)→⊕>

该命令创建圆和圆弧的圆心标记或中心线(图7-44)。可以在"标注样式"中进行设置,可以选择圆心标记或中心线,并在设置标注样式时指定它们的大小。

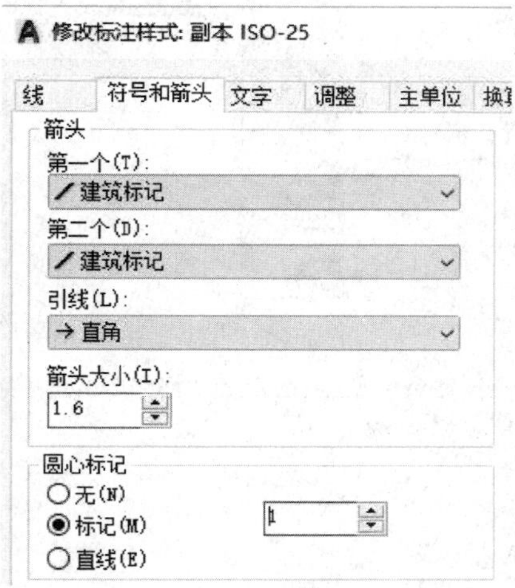

图7-44 圆心标记 设置

7.3.4 尺寸标注的编辑

1) 用特性管理器编辑尺寸标注

命令:PROPERTIES↵<PR↵><鼠标双击对象><Ctrl + 1>
<默认→特性 ▼ 右首之><选择对象→单击鼠标右键→特性>(图7-45)

使用对象特性管理器编辑尺寸标注是最简单、快捷的一种方式。对于许多不大习惯使用"标注样式"以及初学的人来说,用"特性"编辑、修改尺寸标注是非常方便、直观的。

当激活特性面板后,可以看到它类似于"标注样式管理器",有八张选项卡,"标注样式"里所有设置的项目这里几乎全部都有。能够逐个修改各个参数,并能立即看到修改后的效果,"所见即所得",非常人性化。

更为方便的是,它还能将修改后的标注特征保存到新样式中。

2) 用"另存为新样式"方法 创建新的标注样式

在实际应用中,最方便、快捷制造标注样式的方法是利用"另存为新样式"途径来创建。

操作步骤如下:

(1) 用"特性"面板编辑好所需要的尺寸标注的式样;

(2) 左键单击,选中那个标注,单击鼠标右键;

(3) 在弹出的快捷菜单中选择"标注样式→另存为新样式"(图7-46);

(4) 在弹出的"对话框"中输入新样式名"建筑2"(图7-47),确定,即完成。

利用这个功能,可以将调整好的尺寸标注作为标注样式进行保存,创建出新的标注样式。省去了设置样式的繁杂步骤。

3) 用 DIMEDIT 命令编辑尺寸标注

DIMEDIT 命令用于编辑尺寸文本和尺寸界线等。

命令:DIMEDIT↵<DED↵><标注(N)→A>

输入标注编辑类型[默认(H)/新建(N)/旋转(R)/倾斜(O)]<默认>:

说明:

(1) 默认 (H):

将改变了原缺省位置的尺寸文本恢复到原有位置上。

选择对象:选择要恢复的尺寸标注即可。

图7-45 用"特性"管理器编辑尺寸标注

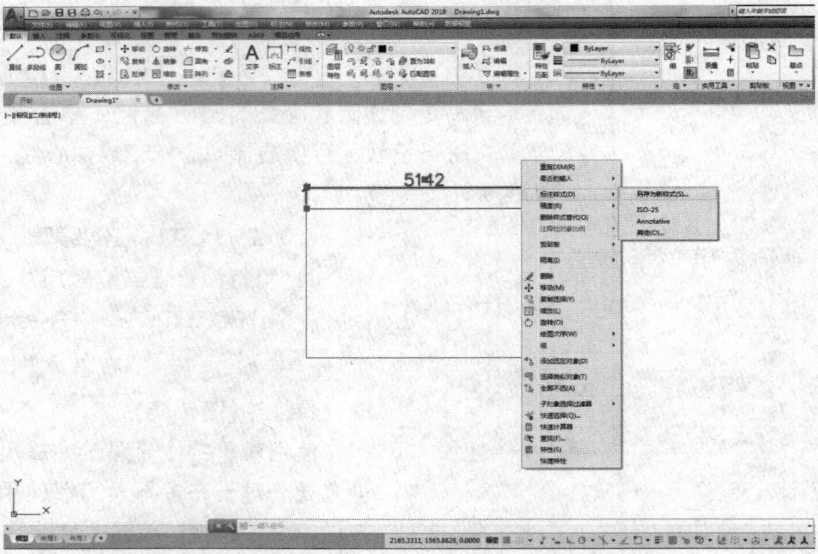

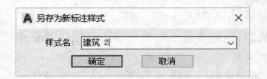

图7-46 用"另存为新样式"方法 创建新的标注样式

图7-47 新样式"建筑2"创建完成

(2) 新建 (N):

使用多行文本编辑器,对尺寸文本进行修改。

选择对象:选择要修改尺寸文本的尺寸标注。

(3) 旋转 (R):

旋转尺寸文本。

选择该项后,出现如下提示:

指定标注文字的角度:输入尺寸文本旋转角度。

选择对象:选择要旋转的尺寸标注即可。

(4) 倾斜 (O):

将线性标注的尺寸界线倾斜一个角度,而尺寸线方向不变,尺寸标注的值也不变。

选择该项后,出现如下提示:

选择对象:选择要编辑的尺寸。

选择对象:

输入倾斜角度(按 ENTER 表示无):输入要倾斜的角度即可(图7-48)。

4)用 DIMSTYLE 命令编辑尺寸标注

命令:DIMSTYLE←<标注工具条→⊢┫>─<标注(N)→⊢┫>

DIMSTYLE 命令是用当前的尺寸本标注样式去替代其他标注样式。

5)用 DIMTEDIT 命令编辑标注文本的位置

DIMTEDIT 主要用于编辑尺寸标注文本的位置和旋转角度。

6)用夹点编辑尺寸标注

利用夹点的拖拽的功能,结合尺寸标注的关联性质,可以对尺寸

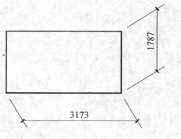

图7-48 尺寸标注编辑 倾斜

标注进行编辑。

　　7）用 QDIM 命令编辑尺寸标注

　　命令：QDIM↵<标注工具条→ ⊡ ><标注(N) ⊡ >

　　利用 QDIM 命令，通过添加和删除节点对自动标注的结果进行控制，达到编辑尺寸标注的目的。

【练习】

　　1. 根据绘图需要，设置几个常用文字样式。

　　2. 单行文本和多行文本有哪些差别？

　　3. 文本编辑有哪几种常用方法？

　　4. 在图形中创建几个字段。

　　5. Auto CAD 的表格和电子表格有什么异同？在图形中创建一例表格，再插入一个电子表格，试作分析比较。

　　6. 用"标注样式管理器"，创建几个"标注样式"。

　　7. 用"另存为新样式"方法，创建新的标注样式。

　　8. 选择一张建筑平面图，进行尺寸标注。

　　(1) 地下室平面图 ex07a. dwg（图 7-49）

　　(2) 卫生间平面图 ex07b. dwg（图 7-50）

　　9. 用 DIMEDIT 命令编辑尺寸标注，使尺寸界线能够随被标注线条倾斜。

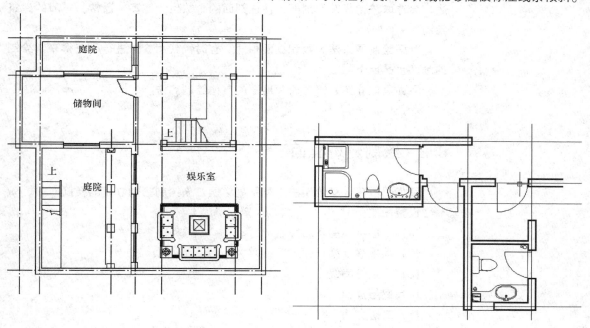

图 7-49　地下室平面图

图 7-50　卫生间平面图

第 8 章　建筑立面及剖面图的绘制

8.1　建筑立面、剖面图绘制流程

　　绘制建筑立面是为了全面反映建筑的外轮廓，正确表达墙面、屋顶及其他构筑物的关系、属性、尺寸等。建筑立面的绘制包括各个需要表达的方位，常见的多为东、西、南、北四个立面。或者根据不同的建筑、不同的设计，需要表达立面的数量有所增减。

　　建筑立面的绘制并没有一定的固定方法，通常是自下而上，先底层，而后绘制标准层，然后复制叠加上去，再绘制屋顶，检查、补充、调整后即告完成。

　　绘制建筑剖面是为了正确地反映层高的关系以及外墙的进退。剖面位置的确定大多与楼梯相关。如果建筑内部比较复杂，或是建筑师认为需要表达，会选取较为复杂的剖面，往往剖面的个数也会增多。通常，一般的建筑绘制 1~2 个剖面即可。

　　剖面绘制的方法大致和立面相同，有时候就用立面进行改造得来。绘制的顺序也是自下而上。

　　下面具体介绍建筑立面和剖面的具体绘制方法。

8.2　绘制建筑立面

　　我们仍以第 6 章绘制的小型别墅为例，来绘制它的立面图及剖面图。

　　设置图层：

　　(1)　一层平面图及轴线

　　(2)　地平线及高程线

　　(3)　竖直轮廓线

　　(4)　底层立面

　　(5)　二层立面

　　(6)　复式层立面

　　(7)　屋顶立面

8.2.1　绘制地平线及高程线

　　1)　绘制地平线及高程线，地平线用粗线，高程线层间距为 3.000m，如图 8-1、图 8-2。

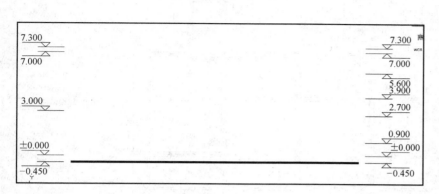

图 8-1 地平线及高程线

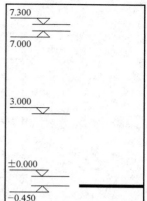

图 8-2 地平线及高程线局部

2）细化立面的高程线，各个高程要素控制线的绘制，并进行相应标注，如图 8-3、图 8-4。

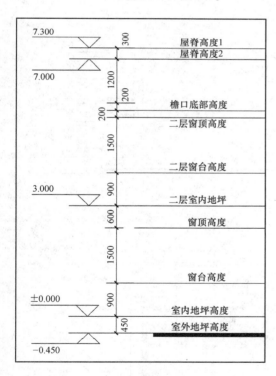

图 8-3 高程线及其各个高度要素的细化控制线绘制（1）

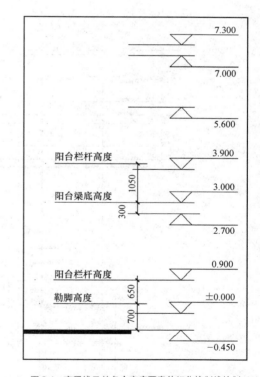

图 8-4 高程线及其各个高度要素的细化控制线绘制（2）

8.2.2 绘制立面控制轴线

1）将适当简化后的一层平面图引入，置于地平线下方（或者上方）（图 8-5）。

2）将平面图的轴线延长到立面上方，作为墙面轮廓的控制线（图 8-6、图 8-7）。

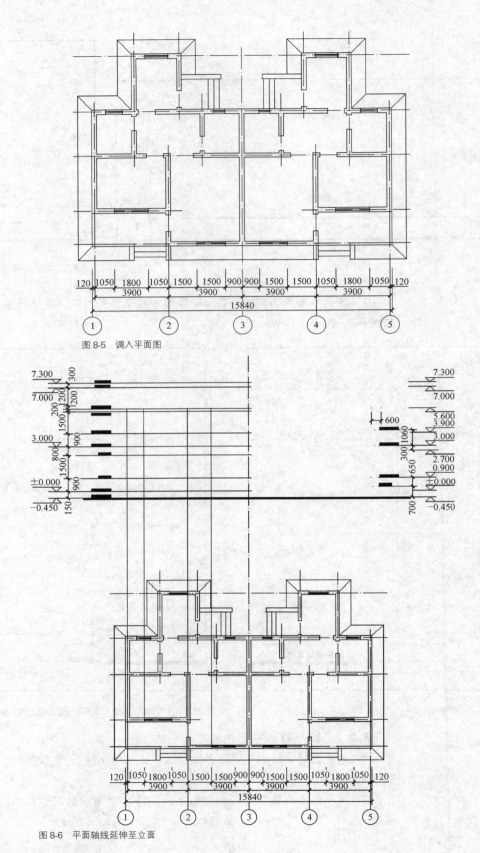

图 8-5　调入平面图

图 8-6　平面轴线延伸至立面

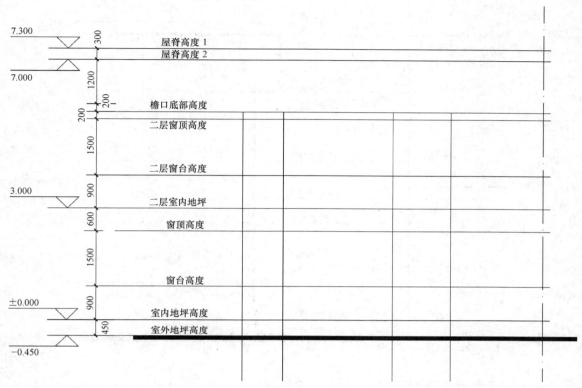

图 8-7 平面轴线延伸至立面 局部放大

8.2.3 绘制建筑立面

在绘制完成立面控制轴线后，立面上主要的对象基本定位完毕。然后，根据设计尺寸，绘制详细的立面图。

内容有：

立面外轮廓——【粗实线绘制】(图 8-8、图 8-9)；

立面对象看线——屋檐、门窗洞口等【中粗实线绘制】(图 8-10)；

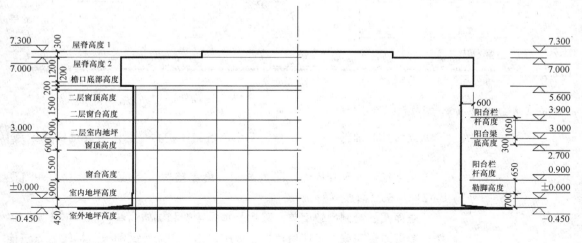

图 8-8 立面外轮廓

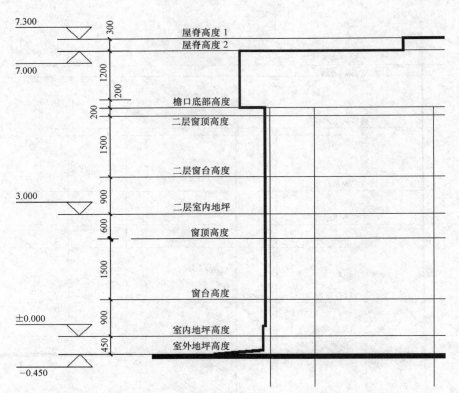

图 8-9　立面外轮廓 局部放大

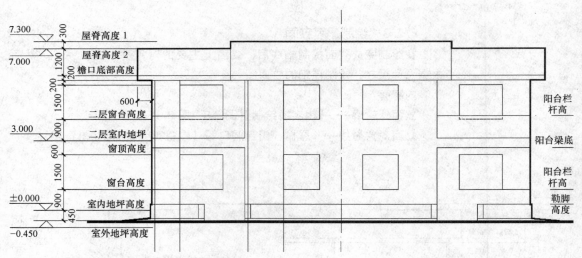

图 8-10　立面绘制-屋檐、勒脚、窗洞、栏杆、梁等看线

　　　　立面其他细部——门、窗、阳台、坡道、护栏、台阶等【细实线绘制】（图 8-11）；

　　　　文字标注、尺寸标注、配景绘制、检查整理，完成全部北立面图（图 8-12）及东立面图（图 8-13）。

　　　　立面图的绘制比较简单，采用基本的绘图和编辑命令：直线、复制、偏移、修剪即可完成。多使用捕捉、极轴追踪、正交开关和极坐标输入方法能大大提高绘图效率。

图 8-11 立面绘制-栏杆细部、台阶、坡屋面填充等

北立面图 1:100

图 8-12 北立面-绘制完成

东立面图 1:100

图 8-13 东立面

8.3 绘制建筑剖面

绘制建筑剖面图的步骤和方法基本上和立面图相同。

图 8-14 给出了剖面的位置（为方便观察，关闭了其他图层）。

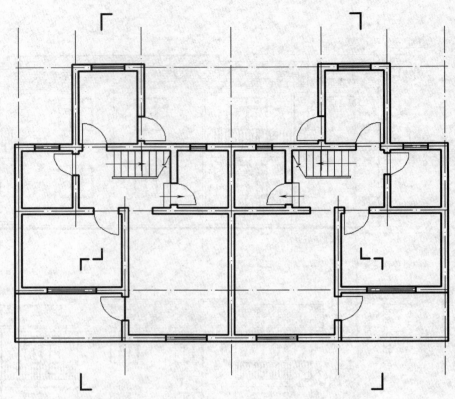

图 8-14 剖面的位置

8.3.1 绘制剖面图的地平线、高程线、轮廓线

可以直接将立面轴线标注拷贝到地平线下方，作为剖面轮廓的控制线。

如图 8-15，将图 6-45 中东面的标注旋转 90°后放置在地平线下方。

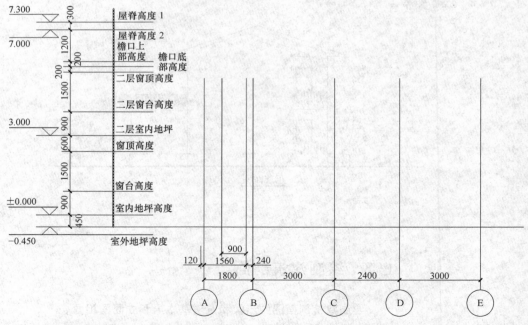

图 8-15 剖面轮廓的控制线

8.3.2 绘制剖面

剖面的绘制，墙、楼梯、踏步是重点。其绘制方法有：

1）对象复制法。即根据楼梯的总尺寸，计算出每个踏步的尺寸，绘出基本踏步后，用复制命令绘制完成整部楼梯，此为常用方法；

2）对象阵列法。利用踏步的等间距，可以用阵列方式完成楼梯绘制。但是，这种方法需要操作变化坐标系，稍为麻烦；

3）路径等分法。利用"定数等分"命令 DIVIDE，或者"定距等分"命令 MEASURE，PTYPE 将直线或斜线分割成踏步尺寸，然后绘制踏步和楼梯。这种方法较为灵活，需要对"点样式"和"点捕捉"的概念、方法比较了解。

剖面的绘制的顺序，一般都是自下而上。从底层绘起，逐层向上，直至屋顶。

(1) 绘制地平线（填充实线）（图 8-15）；

(2) 绘制剖面的实线（粗）：楼板、梁、墙、屋顶等等（图 8-16）；

(3) 绘制门洞、窗洞、外轮廓看线等（图 8-17）；

(4) 绘制剖面各个部位以及构件的看线（细实线）（图 8-18）；

(5) 绘制楼梯、踏步等（图 8-19）；

(6) 绘制标高、注记等，完成剖面图的全部制作（图 8-20）。

8.3.3 绘制完整剖面

在绘制完成各层剖面后，最后绘制"看线"；进行各项文字和细部尺寸、高程标注；检查有没有遗漏、错绘，即告完成。

完整的剖面图如图 8-20 所示。

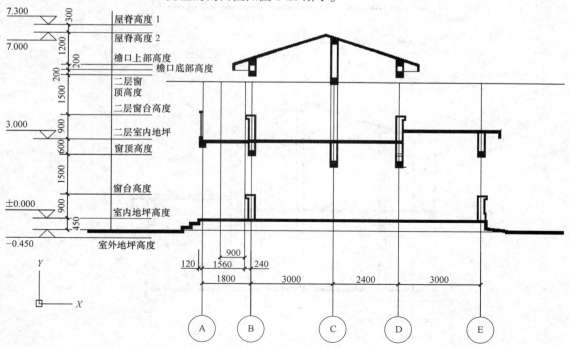

图 8-16 绘制剖面 填充实线

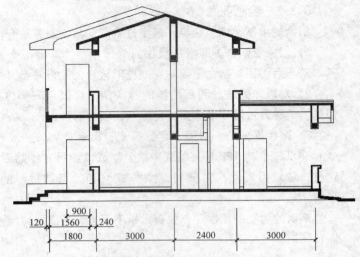

图 8-17　绘制门洞、墙等看线

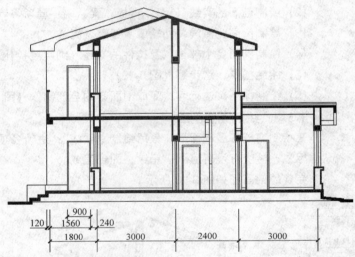

图 8-18　绘制门、窗等看线

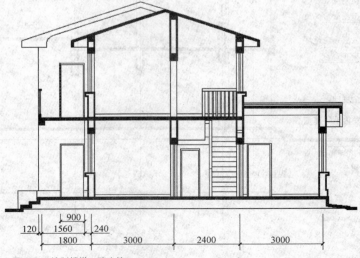

图 8-19　绘制楼梯、踏步等

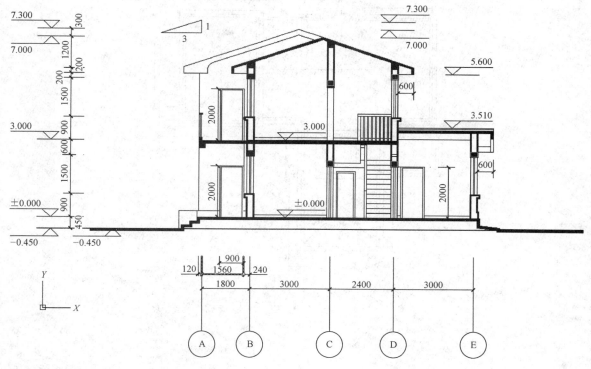

图 8-20 绘制标高、标注等 完整的剖面图

【练习】

1. 用填充方法练习填充一例"清水"墙面和一例坡屋顶。

（1）墙面填充（图 8-21，ex08a. dwg）

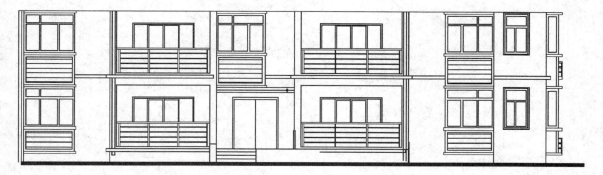

图 8-21 墙面填充

（2）坡屋顶填充（图 8-22，ex08b. dwg）

2. 用对象阵列法和路径等分法各绘制一段楼梯剖面。

3. 结合建筑设计课程绘制出建筑单体的东、西、南、北四个立面。

4. 选择 1～2 个剖面进行绘制。

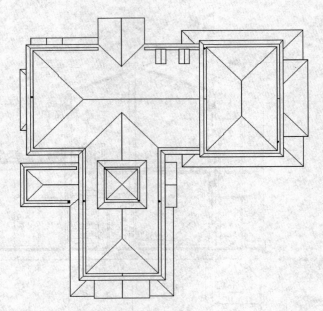

图 8-22　坡屋顶填充

第9章　三维建模环境

本书的前几章介绍了建筑物二维工程图的绘制方法，从现在起将主要介绍三维图样（即所谓立体图）的绘制方法，简称三维建模。而本章则重点介绍三维建模环境的设置，其主要内容包括：三维坐标体系的建立、三维图形的观察等。

9.1　专用工作空间

为了便于三维图样的绘制，AutoCAD 软件设置了两个专用于三维建模的工作空间——"三维基础"与"三维建模"。在 AutoCAD2018 版中，其默认的工具栏及布置如图 9-1、图 9-2 所示。

图 9-1　工作空间-"三维基础"的默认工具栏

图 9-2　工作空间-"三维建模"的默认工具栏

9.2　坐标系

在 AutoCAD 中，存在两种不同的坐标系统：世界坐标系（WCS）和用户坐标系（UCS）。默认情况下，这两个坐标系在新图形中是重合的。

所谓世界坐标系（World Coordinate System—WCS）又称通用坐标系，它是 AutoCAD 系统默认的坐标系，是一个固定坐标系。该坐标系是所有用户坐标系的基准，在使用时用户不能对其进行任何意义上的修改。WCS 规定：屏幕左下角点为坐标原点，以此为基准，X 轴水平向右为正；Y 轴竖直向上为正；而 Z 轴的正向则指向用户自己。如图 9-3 所示。在我们已绘制的图形文件中，所有图形对象均由世界坐标系 WCS 坐标定义。

而用户坐标系（User Coordinate System—UCS）则是由用户根据需要自

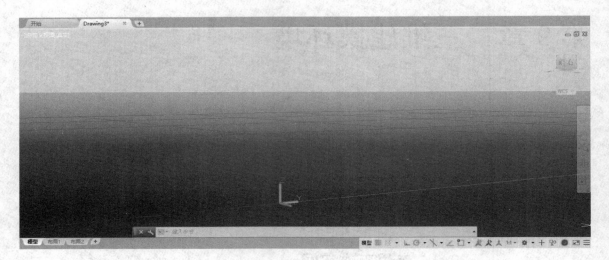

图 9-3　世界坐标系

行设置的坐标系统，这是一个可移动的坐标系。在 UCS 中，原点 O 的位置及 X、Y、Z 轴的方向均可由用户指定。通常，用户可将系统的 XOY 平面分别设置与三维模型上的相关平面重合（图 9-4），这样做便于使用坐标输入、栅格显示、栅格捕捉、正交模式和其他图形工具，可将复杂的三维问题转化到二维平面来解决。在实际应用中，为了绘图需要，也可以同时建立多个 UCS。

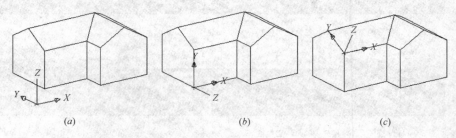

(a)　　　　　　　　　　　(b)　　　　　　　　　　　(c)

图 9-4　用户坐标系

在 AutoCAD 中，有关 UCS 的命令主要有：UCSMAN、UCS 和 UCSICON。其功能和使用方法简介如下。

9.2.1　用户坐标系对话框

点击"三维基础"菜单"默认"选项卡中"坐标"面板右侧的箭头或点击"三维建模"菜单"常用"选项卡中"坐标"面板右侧的箭头或直接输入下列命令，可以调出用户坐标系的管理对话框。

命 令：UCSMAN ↵ < 默认 → 坐标 ↘ > < 常用 →

坐标 ↘ >

该命令用于 UCS——用户坐标系的管理。从弹出的 UCS 对话框（图 9-5）可以看出，该对话框共有三张选项卡，下面分别介绍其功能。

1）命名 UCS 选项卡

说明：

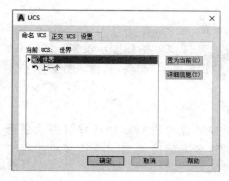

图 9-5　UCS 对话框——命名 UCS 选项卡

（1）当前 UCS

显示当前 UCS 的名称。如果该 UCS 未被保存和命名，则显示为未命名。

（2）UCS 名称列表

列出当前图形中已定义的坐标系。如果有多个视口和多个未命名 UCS 设置，列表将只包含当前视口中的未命名 UCS。锁定到其他视口的未命名的 UCS 定义（当 UCSVP 系统变量在该视口中设置为 1 时）不在当前视口中列出。指针指向当前的 UCS。

未命名始终是第一个条目。列表中始终包含世界，它既不能被重命名，也不能被删除。如果在当前编辑任务中为活动视口定义了其他坐标系，则下一条目为上一个。重复选择"上一个"和"置为当前"选项，可依次返回到相应的坐标系。

（3）置为当前按钮：

恢复已保存的 UCS，使它成为当前 UCS。操作时应先选定需要恢复的坐标系，然后单击按钮即可。

（4）详细信息按钮：

本按钮用于显示 UCS 详细信息对话框。该对话框可显示有关 UCS 坐标系中原点和 X、Y、Z 坐标轴的有关数据信息等。

2）正交 UCS 选项卡

在弹出的 UCS 对话框中，选取正交 UCS 选项卡（图 9-6）。

说明：

（1）当前 UCS

显示当前 UCS 的名称（图中显示为"世界坐标系"）。如果该 UCS 未被保存和命名，则显示为未命名。

（2）正交 UCS 名称列表

列出当前图形中已定义的正交坐标系。表中显示的内容应与下方"相对于"栏列表中的选择对应，在图 9-4 中显示了由系统默认的世界坐标系所对应的六个正交坐标系，它们通常被称为：俯视图、仰视图、前视图、后视图、左视图和右视图。

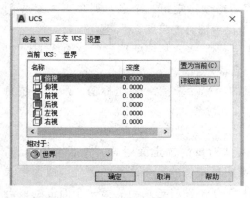

图 9-6　UCS 对话框——正交 UCS 选项卡

表中"深度"一栏列出的是正交坐标系与通过基准 UCS 原点的平行面之间的距离。

利用该列表，可为选定的正交 UCS 指定新的坐标原点和深度。

（3）置为当前按钮

将选定的正交坐标系设置为当前使用的坐标系。

（4）详细信息按钮

显示 UCS 详细信息对话框。

3）设置选项卡

在弹出的 UCS 对话框中，选取设置选项卡（图 9-7）。

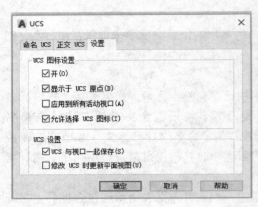

图 9-7　UCS 对话框——设置选项卡

说明:

(1) UCS 图标设置

用以指定当前视口的 UCS 图标显示设置。如图 9-7 中的设置,将在当前视口的当前坐标系原点处显示 UCS 图标。

(2) UCS 设置

用于指定更新 UCS 设置时 UCS 的动作 (包括是否与视口一起保存的设置及修改 UCS 时是否要更新平面视图等)。

9.2.2　用户坐标系命令行

该命令用于 UCS——用户坐标系的创建、编辑等操作。

命令:UCS↵

当前 UCS 名称: * 世界 *

指定 UCS 的原点或[面(F)/命名(NA)/对象(OB)/上一个(P)/视图(V)/世界(W)/X/Y/Z/Z 轴(ZA)]<世界>:

说明:

(1) 指定 UCS 的原点

在命令提示后直接屏幕点取,即指定 UCS 原点。此时可使用一点、两点或三点定义一个新的 UCS:

使用一点——如果指定单个点,当前 UCS 的原点将会移动但 X、Y 和 Z 轴的方向保持不变;

使用两点——如果在上个步骤后继续指定第二个点,则 UCS 将绕先前指定的原点旋转,以使 UCS 的 X 轴正半轴通过该点。

使用三点——继续指定第三个点,则 UCS 将绕新确定的 X 轴旋转,以使 UCS 的 XY 平面的 Y 轴正半轴包含该点。

注意:如果用户输入了一个点的坐标后未指定 Z 坐标值,那么系统将使用当前的 Z 值。

(2) 面 (F)

该选项可将新设置的 UCS 与实体对象的选定面对齐。其后续提示为:"选择实体对象的面:",此时可在某实体模型的一个表面的边界内或边上单击,被选中的面将亮显,则新建 UCS 的 X 轴将与找到的第一个面上的最近的边对齐。

(3) 命名 (NA)

在 UCS 变换频繁的三维建模工作中,应赋予每个新建的 UCS 以名称,命名 (NA) 选项的作用就是按名称保存并恢复通常使用的 UCS 方向。其后续提示为:"输入选项 [恢复(R)/保存(S)/删除(D)/?]:",各选项的含义为:R——恢复已保存的 UCS 使它成为当前 UCS;S——把当前的 UCS 按指定名称保存。在 AutoCAD 中,UCS 的名称最多可以包含 255 个字符,包括字母、数字、空格和一些未被别的程序占用的特殊字符;D——从已保存的用户坐标系列表中删除指定的 UCS;?——列出当前已定义的 UCS 的名称,并列出每个保存的 UCS 相对于当前 UCS 的原点以及 X、Y 和 Z 轴。如果当前 UCS 尚未命名，它将显示为"世界"（与 WCS 一致）或"未命名"。

（4）对象（OB）

该选项用于根据选定三维对象定义新的 UCS，新生成的 UCS 的 Z 轴方向与选定对象的拉伸方向一致。该选项的后续提示为："指定对象"，操作时应注意选择点的位置。通常，新 UCS 的原点将位于离选定对象最近的顶点处，且 X 轴与对象上的一条边对齐或相切；如果选择的对象为平面对象，UCS 的 XY 平面则与该对象所在的平面对齐；对于复杂对象，UCS 将重新定位原点，但是轴的当前方向保持不变（注意：该选项不能用于三维多段线、三维网格和构造线）。

（5）上一个（P）

该选项用于恢复上一个 UCS。AutoCAD 系统在图纸空间和模型空间中自动保留了创建的最后 10 个坐标系，重复该选项能依次返回到当前空间的上一个或其他。

（6）视图（V）

该选项以垂直于观察方向（平行于屏幕）的平面为 XY 平面，建立新的用户坐标系。所建新的 UCS 的原点保持不变。

（7）世界（W）

WCS——世界坐标系是所有用户坐标系的基准，不能被重新定义，但利用该选项却可将当前的用户坐标系设置为世界坐标系。

（8）$X/Y/Z$

绕指定轴（X、Y 或 Z 轴）旋转当前 UCS。其后续提示："指定绕 n 轴的旋转角度<0>:"用户可通过指定角度响应（注意：提示中的 n 代表 X、Y 或 Z 轴），输入正角度或负角度以旋转 UCS（此处的正负由右手定则确定）。

使用该选项，通过指定原点和一次或多次绕 X、Y 或 Z 轴的旋转，可以定义任意的 UCS。在实际应用中，移动或旋转 UCS 可以更容易地处理图形的特定区域，因此这是一个很好的选项。

（9）Z 轴（ZA）

该选项利用特定的 Z 轴正半轴来定义 UCS。操作时系统要求指定新原点和位于新建 Z 轴正半轴上的点，用户可直接屏幕点击，也可坐标输入。利用"Z 轴"选项可使所建 UCS 的 XY 平面倾斜。

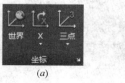
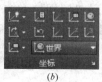

（a）　　　　　　（b）

图 9-8 "坐标"面板各选项

上述各项功能，也可分别点击"三维基础"菜单"默认"选项卡中"坐标"面板（图 9-8a）和"三维建模"菜单"常用"选项卡中"坐标"面板（图 9-8b）上的各个命令选项直接调用。

9.2.3 用户坐标系图标命令

为了方便用户区分不同的坐标系统和了解当前坐标系的原点及轴的方向，通常在屏幕上会显示坐标系图标。UCS 图标就是其中的一种，它主要用来表示用户坐标系（UCS）轴的方向和当前 UCS 原点的位置，同时，还表示相对于 XY 平面的当前查看方向。而本小节介绍的用户坐标系命令就是用来控制 UCS 图标的可见性和指示图标位置。

命令：UCSICON← < 常用 → 坐标 ↘ → >

输入选项[开（ON）/关（OFF）/全部（A）/非原点（N）/原点（OR）/特性（P）]＜当前＞：

说明：

(1) 开 (ON)/关 (OFF)

用以控制 UCS 图标的显示，开 (ON)——显示；关 (OFF)——关闭。

(2) 全部 (A)

该选项用于将对图标的修改应用到所有活动视口。否则，UCSICON 命令只影响当前视口。

(3) 非原点 (N)

使用该选项时，无论 UCS 的原点在何处，都会在视口的左下角显示图标。

(4) 原点 (OR)

该选项在当前坐标系的原点 (0，0，0) 处显示该图标。如果原点不在屏幕上，或者图标因未在视口边界处剪裁而不能放置在原点处时，图标将显示在视口的左下角。

(5) 特性 (P)

该选项也可利用点击< 常用 → 坐标 ↘ → >获得。它将显示如图 9-9 所示的"UCS 图标"对话框。利用它可以控制 UCS 图标的样式、可见性和位置。

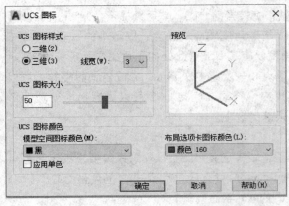

图 9-9 "UCS 图标" 对话框

有关选项的功能介绍：

(1) UCS 图标样式：指定二维或三维 UCS 图标的显示及其外观。其中：二维——只显示二维图标，不显示 Z 轴；三维——显示三维图标；线宽——控制选中三维 UCS 图标时 UCS 图标的线宽。其值可选 1、2 或 3（个像素）。

(2) UCS 图标大小：该选项按视口大小的百分比控制 UCS 图标的大小。其默认值为 12，有效值范围是 5～95。需要注意的是，UCS 图标的大小与显示它的视口大小成比例。

(3) UCS 图标颜色：该选项用于控制 UCS 图标在模型空间视口和布局选项卡中的颜色。默认情况下，模型空间图标颜色为"黑"，布局选项卡图标颜色为"蓝"。如需修改颜色，只需单击"选择颜色"打开"选择颜色"对话框，从中选择合适的颜色，进行新的定义即可。

9.3 三维视图

所谓三维视图是一个可以在当前视口中创建三维图形的交互式视图。

在绘制三维建筑图时，如果使用平面坐标系（即 Z 轴垂直于屏幕），即使是三维模型，也仅能看到物体在 XY 平面上的投影。此时需调整视点（例如将视点调整至当前坐标系的左上方）才可以看到三维的物体。

AutoCAD 为用户提供了多种三维图形的显示方式。利用这些命令，用户可以生成各种模型的轴测图和透视图，与其相关的命令有：VIEW、DVIEW 和 VPOINT 等。

9.3.1　视图对话框

使用视图（VIEW）命令可调出"视图"对话框，如图 9-10 所示。利用该对话框可以完成视图的创建、设置、重命名、修改和删除命名视图（包括模型命名视图）、相机视图、布局视图和预设视图的操作。视图（VIEW）命令不可透明使用。

使用该命令时，应先打开一个视图以显示该视图的特性，然后执行下列操作：

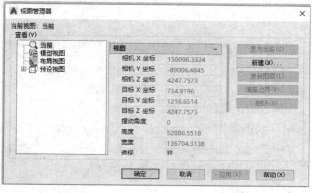

图 9-10　"视图管理器"对话框

命令：VIEW ←＜ V ←＞＜ 常用 → 视图 → 未保存的视图 →

视图管理器... ＞＜ 可视化 ＞ 视图管理器

说明：

（1）当前视图

显示当前视图的名称。该对话框第一次显示时，当前视图列出的就是"当前"。

（2）查看

显示当前打开的图形文件中可用视图的列表。默认情况下，指针指向当前视图。现将"查看"中各项节点简介如下：

① 当前

选中当前时，在对话框右侧将显示当前视图的"视图"和"剪裁"特性。其中："视图"一栏中包括：相机的 X、Y、Z 坐标；目标的 X、Y、Z 坐标；摆动角度值；高度值；宽度值；透视开关；镜头长度和视野。"剪裁"一栏包括：前向面的偏移值、后向面的偏移值和剪裁开关。

② 模型视图

显示命名视图和相机视图列表，并列出选定视图的"基本"、"视图"和"剪裁"特性。其中"视图"、"剪裁"栏所包含的内容与上述相同，"基本"栏的内容如下：名称；分类；UCS；图层快照；视觉样式；背景替代和活动截面。

③ 布局视图

在定义视图的布局上显示视口列表，并列出选定视图的"基本"和"视图"特性。有关栏的内容与上述相同。

④ 预设视图

显示正交视图（包括：俯视、仰视、左视、右视、前视和后视）和等轴测视图（包括：西南等轴测、东南等轴测、东北等轴测和西北等轴测）列表，并列出选定视图的"基本"特性。此栏的内容也与上述相同。

上述四项中除"当前"节点外，都可以展开以显示该节点的视图。

（3）置为当前按钮

用于恢复选定的视图。

（4）新建按钮

用于创建命名视图。点击"新建"按钮，弹出如图 9-11 所示的"新建视图"对话框，其中各项节点简介如下：

① 视图名称

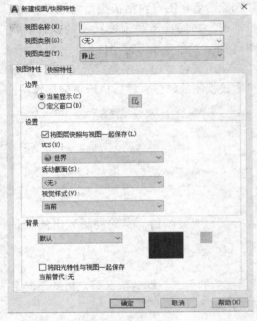

图 9-11 "新建视图"对话框

用以指定视图的名称。

② 视图类别

指定命名视图的类别。可从列表中选择一个视图类别，输入新的类别或保留此选项为空。

③ 视图类型

包括"静止"、"电影式"和"录制的漫游"三种视图类型。

④ 边界

当前显示——使用当前显示作为新视图。

定义窗口——使用窗口作为新视图，可通过在绘图区域指定两个对角点来定义。

"定义视图窗口"按钮 ——用来暂时关闭"新视图"和"视图管理器"对话框以便可以使用定点设备来定义"新视图"窗口的对角点。

⑤ 设置

提供用于将设置与命名视图一起保存的选项。

将图层快照与视图一起保存——在新的命名视图中保存当前图层可见性设置。

UCS——指定要与新视图一起保存的 UCS。该项适用于模型视图和布局视图。

活动截面——指定恢复视图时应用的活动截面。该项仅适用于模型视图。

视觉样式——指定要与视图一起保存的视觉样式。该项也仅适用于模型视图。

⑥ 背景

替代默认背景——指定应用于选定视图的背景替代。选中该项，则弹出"背景"对话框，进行背景颜色的设置，系统提供了"纯色"、"渐变色"或"图像"三种选择。

当前替代——在已定义的情况下，显示当前替代类型；否则，则显示"无"（图 9-11）。

［…］按钮——在已选择"替代默认背景"的前提下，该按钮可用。其作用为更改当前背景选择。按下后同样弹出"背景"对话框。

（5）更新图层按钮

更新与选定的视图一起保存的图层信息，使其与当前模型空间和布局视口中的图层可见性匹配。

（6）编辑边界按钮

显示选定的视图，绘图区域的其他部分以较浅的颜色显示，从而显示命名视图的边界。

（7）删除按钮

删除选定的视图。

9.3.2　视图命令行

如果在命令提示下输入-VIEW，将显示命令行提示如下：

命令：-VIEW↵＜-V↵＞

输入选项［？/删除（D）/正交（O）/恢复（R）/保存（S）/设置（E）/窗口（W）］：

说明：

（1）？——列出视图

列出图形中的命名视图和相机。该列表包含了每个指定视图的名称及其定义空间。其中：M——指定模型空间；P——指定图纸空间。

（2）删除

删除一个或多个命名视图。输入多个命名视图时，应在所输名称间插入逗号。

（3）正交

恢复预定义的正交视图，此视图被用户指定到当前视口中。其后续提示为："输入选项［俯视（T）/仰视（B）/主视（F）/后视（BA）/左视（L）/右视（R）］＜俯视＞："，此时用户可用输入选项或按 ENTER 键响应。

（4）恢复

恢复指定视图到当前视口中。如果 UCS 设置已与视图一起保存，它也被恢复，该选项还可恢复所保存视图的中心点和比例。如果用户在图纸空间工作时想恢复模型空间视图，系统将提示："选择视口："，利用一个选定的视口（该视口必须是打开、活动的）来恢复此视图；如果用户在布局选项卡上的模型空间工作，此时要恢复图纸空间视图，程序会自动切换到图纸空间然后恢复此视图。

（5）保存

使用用户提供的名称来保存当前视口中的显示。

（6）设置

指定 VIEW 命令的各种设置。其后续提示为："输入选项［背景（B）/分类（C）/图层快照（L）/UCS（U）/视觉样式（V）］："，其各项的含义及用法与9.2.1 中的相同，不再细述。

（7）窗口

将当前显示的一部分（指定窗口内的部分）保存为视图。由于指定的窗口形状可能与恢复视图的视口形状不同，所以恢复视图时显示的对象可能会超出指定的窗口边界，但打印视图时却只能打印窗口内部的对象，而不是整个视口显示。

9.3.3 自定义三维视图

自定义三维视图命令有 VPOINT。

1）视点预置

命令：DDVPOINT↵<VPOINT↵><VP↵>

弹出如图9-12 所示的"视点预置"对话框。利用它可进行三维观察方向的设置。

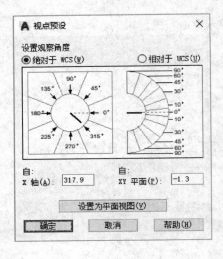

图 9-12 "视点预置"对话框

说明：

（1）设置观察角度 S

该栏分为"绝对于 WCS"和"相对于 UCS"两项。其中："绝对于 WCS"是指相对于世界坐标系 WCS 设置的查看方向而言；而"相对于 UCS"则是指相对于用户坐标系 UCS 设置的查看方向而言。默认情况下，观察角度是相对于 WCS 坐标系的。选择"相对于 UCS"单选按钮，可相对于 UCS 坐标系定义角度。在使用时应先确定。

（2）样例图像

可直接使用样例图像来指定查看角度。在对话框中，左侧的样例图像用于设置原点和视点之间的连线在 XY 平面的投影与 X 轴正向的夹角；右面的半圆形图则用于设置该连线与投影线之间的夹角，在图上直接拾取即可。

图中黑实线针指示新角度；灰虚线针指示当前角度。使用时可利用鼠标单击，由此选择圆或半圆的内部区域来指定一个角度。如果选择了边界外面的区域，那么就舍入到在该区域显示的角度值；反之，如果选择了内弧或内弧中的区域，角度将不会舍入，结果可能是一个分数。

（3）指定查看角度

该项位于样例图像的下方，"X 轴（A）"后填入的数据是用于指定与 X 轴的夹角，而"XY 平面（P)"项则是指定与 XY 平面的角度。

（4）设置为平面视图

该项用于设置查看角度以相对于选定坐标系显示平面视图（XY 平面）。使用时只需单击"设置为平面视图"按钮，可以将坐标系设置为平面视图。

2）视点

命令：-VPOINT↵<-VP↵>

当前视图方向：VIEWDIR＝0.0000,0.0000,1.0000

指定视点或［旋转（R)]<显示指南针和三轴架>：

该命令利用输入的 X、Y 和 Z 坐标，创建定义观察视图的方向矢量。此时的视图好像是观察者从定义点（视点）向原点（0，0，0）方向观察所得。

它的后续提示有三种选择：

(1) 指点视点：

直接输入空间点的坐标（均是相对于 WCS 坐标系的），该点朝坐标系原点的矢量方向就是所设定的轴测图的视线观察方向。

(2) 旋转 (R)：

该项利用两个角度来设定新的观察方向。一是方位角——观察方向矢量在 XY 平面中与 X 轴的夹角；二是高度角——观察方向矢量与 XY 平面的夹角。

(3) 显示指南针和三轴架：

该项为缺省选项。系统显示如图 9-13 所示的指南针和三轴架。三轴架的 3 个轴分别代表 X 轴、Y 轴和 Z 轴的正方向，指南针中心及两个同心圆可定义视点和目标点连线与 X、Y、Z 平面的角度。其中心点是北极 (0, 0, n)，内环是赤道 (n, n, 0)，整个外环是南极 (0, 0, -n)。

使用时可以利用鼠标等定点设备将图中的小十字光标移动到指南针球体的任意位置。随着十字光标的移动，三轴架将根据坐标球指示的观察方向旋转。如果要选择观察方向，应将鼠标移动到球体上的某个位置并单击。

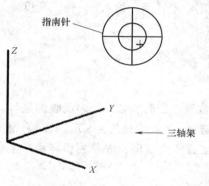

图 9-13　指南针和三轴架

9.3.4　透视图

为了在空间任一点观看模型空间透视图，AutoCAD 提供了 DVIEW 命令。该命令使用相机和目标来定义平行投影或透视视图，它采用了相机、目标机制，把相机到目标点的连线作为视线，即查看方向线。

命令：DVIEW↵<DV↵>

选择对象或<使用 DVIEWBLOCK>：选择对象或按回车键

输入选项

[相机 (CA) / 目标 (TA) / 距离 (D) / 点 (PO) / 平移 (PA) / 缩放 (Z) / 扭曲 (TW) / 剪裁 (CL) / 隐藏 (H) / 关 (O) / 放弃 (U) /]：

说明：

相比于前面介绍的许多命令，DVIEW 有其特殊性，即在该命令使用的过程中，不能使用 ZOOM、PAN、透明的 ZOOM、PAN 和 DSVIEWER 命令以及滚动条。该命令各选项的含义及操作简介如下：

(1) 对象选择：

用来指定修改视图时在预览图像中使用的对象。此选项的选择对象如果太多，会使图像拖动和更新的速度变慢。

(2) 使用 DVIEWBLOCK：

如果在"选择对象"提示下按回车键，系统将使用 DVIEWBLOCK 作为预览图像。此时可以在一个 1×1×1 的单位区域内创建用户自己的 DVIEW-BLOCK 块，其原点在左下角。

(3) 指定点：

该选项通过变动相机位置来改变视图。用定点设备选择的点是拖动操作的起点。移动定点设备时，查看方向围绕目标点而改变。其具体操作为：

输入方向和幅值角度：输入两个角度，也可使用定点设备指定点。

注意：

① 此时输入的两个角度，其值应该在 0°~360°之间（角度值始终为正），且中间必须用逗号分开；

② 方向角指示视图的前方，而幅值角确定查看的距离。

（4）相机（CA）：

通过围绕目标点旋转相机来确定新的相机位置。旋转的量由两个角度决定。其后续提示为：

指定相机位置，或输入与 XY 平面的角度，

或 ［切换角度单位（T）］＜当前＞:指定 XYZ 点，输入 t，输入角度或按回车键

指定相机位置，或输入 XY 平面上＜与 X 轴＞的夹角，

或 ［切换角度起点（T）］＜当前＞:指定 XYZ 点，输入 t，输入角度或按回车键

① 指定相机位置

按照指定点确定相机的位置。

② 输入与 XY 平面的夹角

按照与 XY 平面的夹角来设置相机的位置。此时"＜＞"内反映的是其当前值。例如：该值为 90.0000，表示它与 XY 平面的夹角为 90°，此时为俯视；依此类推，-90.0000 就表示仰视；当该值为 0°时，表示相机与用户坐标系（UCS）的 XY 平面平行。

③ 切换角度单位

该操作可在两种角度输入模式之间进行切换。通常在命令行输入一个角度后，系统将锁定光标，所以只能看到该角度的位置。而"切换"选项可解除该角度的光标锁定，此时可以用光标来旋转相机，这样操作更为直观。

④ 输入 XY 平面中与 X 轴的角度

按照 XY 平面相对于当前 UCS 中 X 轴的夹角来设置相机位置。此角度值的取值范围可从-180°~180°。其中，0°表示沿着当前 UCS 中的 X 轴朝原点方向看。

⑤ 切换角度起点

与③切换角度单位相同，也是在两种角度输入模式之间切换，操作也相同，故不再重复。

（5）目标（TA）

通过围绕相机旋转指定新的目标位置。与"相机"选项相反，选择此项时，相机位置不变，变化的是物体绕着相机转动，这种效果就好像是观察者转动头部，以便从有利位置观看图形的不同部分。旋转的量也由两个角度决定。

"目标"选项其后的提示内容及提示中各项的含义和操作都与"相机"选项的相同，在此不再细述。

（6）距离（D）

此选项假设视线方向已定，用户可通过调相机与目标间的距离，来等效于相对于目标沿着视线移近或移远相机。此选项将自动打开透视视图，这会使距离相机远的对象看起来比距离相机近的对象小，即所谓的"近大远小"。同时，在绘图区内还会出现一个特殊的透视图标来代替坐标系图标。具体的操作是由用户指定相机到目标的距离：

指定新的相机到目标距离<当前>：输入距离或按回车键

距离的输入应利用绘图区域顶部的滑块。滑块上标记为0×到16×，其中：1×代表当前距离。该滑块向右移动将增加相机和目标之间的距离，反之，向左移动则减小距离。

要关闭透视视图，请从主 DVIEW 提示中单击"关闭"选项。

如果目标点和相机点距离很近或者指定了一个长焦距镜头，那么当指定新距离时可能只能看见图形上很少的一部分。此时可试着使用最大比例值（16×）或输入较大距离值。要放大图形而不打开透视视图，请使用 DVIEW 的"缩放"选项。

（7）点（PO）

使用 X、Y、Z 坐标同时定位相机点和目标点。可以使用 XYZ 点过滤器。该选项必须在非透视视图中使用。如果操作时透视图是打开的，当指定新的相机位置和目标位置时，系统将自动关闭视图，然后再重新显示透视视图中的预览图形。

该选项的后续提示为：

指定目标点<当前>：用指定点或按回车键响应

指定相机点<当前>：用指定点、输入方向和幅值角度及按回车键响应

为了帮助用户定义一条新视线，系统将在当前相机位置和十字光标之间绘制一条拖引线，然后提示用户指定新的相机位置。同样，拖引线还能将目标点和十字光标连接起来，以帮助用户相对目标来放置相机。

（8）平移（PA）

该选项等同于二维平移（Pan）命令，它用于不改变放大比例而移动图像。其后续提示和操作也都很简单。

指定位移基点：指定点

指定第二个点：指定点

（9）缩放（Z）

该选项有两种作用：

① 当透视方式关闭时，"缩放"操作相当于二维缩放（Zoom）命令中的 Center 选项，可以在当前视口中动态地增大或缩小对象的外观尺寸。

指定缩放比例因子<当前>：指定比例或按回车键

此时，绘图区域顶部的滑动条标记为0×到16×，1×代表当前比例。向右移动滑动条将增加比例，而向左移动则减小距离。

② 当透视方式打开时，"缩放"可以调整相机镜头长度——又称焦距。在给定相机和目标距离的情况下，焦距的变化将改变视野从而改变所能看到

的图形的范围。在 AutoCAD 中，默认镜头长度为 50mm，可模拟用 35mm 相机和 50mm 镜头所看到的景象。增加镜头长度相当于换用远距镜头（又称长焦镜头），而减小镜头长度会增大视野，相当于使用广角镜头。

指定镜头长度<50.000mm>：指定值或按回车键

此时，绘图区域顶部的滑动条标记同样为 0× 到 16×，1× 代表当前镜头长度。向右移动滑动条增加的是镜头长度，反之向左移动则减小镜头长度。

(10) 扭曲（TW）

该选项使画面围绕视线旋转。操作时按逆时针方向测量扭曲角度，0°角指向右侧。由于该操作后的画面常为倾斜面，故在建筑图的绘制中很少用到。

(11) 剪裁（CL）

该选项的作用为设置剪裁平面。所谓剪裁平面是指在相机和目标之间任意放置的两个垂直于视线的平面（该平面本身不可见），在 AutoCAD 中，它们能将其前、后的物体统统遮掩去（常称为剪裁），只留下其间的部分供观察。这种方法在建筑绘图中使用较广。其后续提示如下：

输入剪裁选项［后向（B)/前向（F)/关（O)]<关>：输入选项或按回车键

各项含义为：

① 后向（B）：遮掩后向剪裁平面（指靠近目标、离相机较远的剪裁平面）之后的对象。操作时既可利用指定与目标的距离进行设定：直接输入距离值（正值表示平面在目标与相机之间，负值表示平面远在目标之后），或者利用屏幕上方的滑动条来直观操作（直接拖动剪裁平面）；也可直接输入 ON 或 OFF 来决定后向剪裁平面的开或关。

② 前向（F）：遮掩前向剪裁平面（指靠近相机、离目标较远的剪裁平面）和相机之间的对象。其操作和①相似，不再细述。

(12) 隐藏（H）

该选项用于消除选定对象上的隐藏线以增强可视性。将圆、实体、宽线、面域、宽多段线线段、三维面、多边形网格和厚度非零的对象的拉伸边视为可以隐藏对象的不透明表面。这种隐藏线消除方式比 HIDE 命令的消除速度快，但缺点是不能打印输出。

(13) 关（O）

该选项用于关闭透视视图。被关闭的透视图若要打开，可使用本命令中的"距离"选项。

(14) 放弃（U）

取消上一个 DVIEW 操作的结果。依次操作可以放弃多个 DVIEW 操作。

9.3.5 相机视图

从 AutoCAD200X 版起，新引入了一个对象——相机。该命令通过设置一台或多台相机和目标的位置来创建并保存对象的三维透视图。图 9-14 所示为"三维建模"工具栏中的"可视化"面板中的"创建相机"及"显示相机"命令。

图 9-14　"三维建模"工具栏中的"相机"命令

使用时，用户可以以定义相机的位置和目标，进而定义其名称、高度、焦距和剪裁平面来创建新相机，还可以直接选用工具选项板上的若干预定义相机类型中的任一个。

命令：CAMERA↵<可视化 → 相机 → 📷 >

指定相机位置：输入值或指定点（用来设置查看模型中对象的点）

指定目标位置：输入值或指定点（用来设置相机镜头的目标位置）

输入选项[↵/名称(N)/位置(LO)/高度(H)/目标(T)/镜头(LE)/剪裁(C)/视图(V)/退出(X)]：

说明：

(1)? ——列出相机

显示当前已定义相机的列表。

输入要列出的相机名称< * >：输入名称列表或按 ENTER 键列出所有相机。

(2) 名称 (N)

给相机命名。

输入新相机的名称<Camera1>：

(3) 位置 (LO)

指定相机的位置。

指定相机位置<当前>：

(4) 高度 (H)

更改相机高度。

指定相机高度<当前>：

(5) 目标 (T)

指定相机的目标。

指定相机目标<当前>：

(6) 镜头 (LE)

更改相机的焦距。焦距用来定义相机镜头的比例特性。焦距越大，则视野越窄。

指定焦距（以毫米为单位）<当前>：

(7) 剪裁 (C)

定义前后剪裁平面并设置它们的值。

是否启用前向剪裁平面？[是(Y)/否(N)]<否>：指定"是"启用前向剪裁

指定从目标平面的前向剪裁平面偏移<当前>：输入距离

是否启用后向剪裁平面？［是（Y）/否（N）］＜否＞：指定"是"启用后向剪裁

指定从目标平面的后向剪裁平面偏移＜当前＞：输入距离

（8）视图（V）

设置当前视图以匹配相机设置。

是否切换到相机视图？［是（Y）/否（N）］＜否＞：

（9）退出（X）

用来取消相机命令。选择该项后，系统将不设置任何相机而直接退出，否则将按照用户的选择设置一相机位于图中。

在视图中创建了相机后，当选中相机时，将打开"相机预览"窗口。其中，在预览框中显示了使用相机观察到的视图效果。在"视觉样式"下拉列表框中，可以设置预览窗口中图形的三维隐藏、三维线框、概念、真实等视觉样式。

9.4 视口

在 AutoCAD 中，利用"视口（VPORTS）"命令，可以将绘图区域分为多个窗口，其任意的一个窗口都称为"视口"。

在模型空间中，创建不同视口并结合三维视图命令，可实现从不同方向观看三维图形。而在图纸空间布局中建立多个视口则是为了便于控制打印效果的需要，该方法见§12.2.2：2）图纸空间打印输出。

9.4.1 视口对话框

打开某一已有的图形文件，输入以下命令，调用视口对话框：

命令：VPORTS←<　可视化 → 模型视口 → 🔲 >

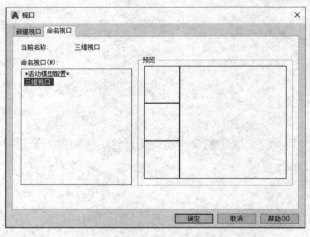

图 9-15　视口对话框——命名视口选项卡

弹出如图 9-15 所示的视口对话框。该对话框共有两张选项卡，其中可用的选项取决于用户是配置模型空间视口（在"模型"选项卡上）还是配置布局视口（在"布局"选项卡上）。

1）命名视口选项卡

该选项卡显示图形中任意已保存的视口配置（所谓视口配置是指可以被保存和恢复的模型视口的命名集合）。选择视口时，已保存配置的布局显示在右边的预览窗口中。

2）新建视口选项卡

图 9-16 所示的为新建视口选项卡，利用该选项卡，可显示标准视口配置列表并配置模型空间视口。其各项简介如下：

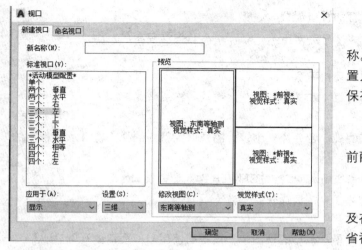

图 9-16　视口对话框——新建视口选项卡

（1）新名称

为新建的模型空间视口配置指定名称。如果不输入名称，则新建的视口配置只能应用而不保存。如果视口配置未保存，将不能在布局中使用。

（2）标准视口

列出并设定标准视口配置，包括当前配置（CURRENT）。

（3）预览

显示选定视口配置的预览图像，以及在配置中被分配到每个单独视口的缺省视图。

（4）应用到

将模型空间视口配置应用到整个显示窗口或当前视口。

① 显示

将视口配置应用到整个"模型"选项卡显示窗口。"显示"选项是默认设置。

② 当前视口

仅将视口配置应用到当前视口。

（5）设置

指定二维或三维设置。如果选择二维，新的视口配置将最初通过所有视口中的当前视图来创建；如果选择三维，一组标准正交三维视图将被应用到配置中的视口。

（6）修改视图

用从列表中选择的视图替换选定视口中的视图。可以选择命名视图，如果已选择三维设置，也可以从标准视图列表中选择。使用"预览"区域查看选择。

（7）视觉样式

将视觉样式应用到视口。

9.4.2　视口命令行

在命令提示区直接输入-VPORTS命令，可显示视口命令行及有关提示。

命令：-VPORTS↵

输入选项［保存(S)/恢复(R)/删除(D)/合并(J)/单一(SI)/？/2/3/4］<3>：输入选项

说明：

（1）保存

使用指定的名称保存当前视口配置。所谓视口配置是指活动视口的数目和布局及其相关设置。

输入新视口配置的名称或［?］：输入名称或输入?

（2）恢复

恢复以前保存的视口配置。

输入要恢复的视口配置名或［?］：输入名称或输入?

(3) 删除

删除已命名的视口配置。

输入要删除的视口配置名或［?］：输入名称或输入?

(4) 合并

将两个邻接的视口合并为一个较大的视口。得到的视口将继承主视口的视图。

选择主视口＜当前视口＞：按 ENTER 键或选择视口

选择要合并的视口：选择视口

(5) 单一

将图形返回到单一视口的视图中，该视图使用当前视口的视图。

(6)? —列出视口配置

显示活动视口的标识号和屏幕位置。

输入要列出的视口配置的名称＜＊＞：输入名称或按 ENTER 键

视口的位置通过它的左下角点和右上角点定义。对于这些角点，将使用 0.0，0.0（表示绘图区域的左下角点）和 1.0，1.0（表示右上角点）之间的值。首先列出当前视口。

(7) 2/3/4

将当前视口拆分为两个/三个/四个视口。根据选项的不同，后续的提示也略有差别，但基本的有："输入配置选项［水平（H）/垂直（V）/上（A）/下（B）/左（L）/右（R）］＜垂直＞:"，用户可输入选项或按 ENTER 键。

9.5　消隐与着色

在 AutoCAD 三维建模的过程中，可使用"视图"下的"缩放"、"平移"等命令缩放或平移三维图形，以观察图形的整体或局部，其具体的使用方法与观察平面图形相同。如果用户未指定图形的着色方式，则系统自动以线框模式显示图形，这样做可以提高显示速度。但随着建筑模型复杂程度的提高，图形也越来越复杂，这些纵横交错的线条重叠在一起，将会让人无法识别图形的真实面貌。此时，可通过旋转、消隐及设置视觉样式等方法来观察三维图形。

为了练习的方便，读者在看下述几个命令前，可先打开系统预设的某个三维图形文件（这些文件位于系统安装目录下的"Sample"目录下）。

9.5.1　消隐命令

使用视点（VPOINT）、透视图（DVIEW）或视图（VIEW）命令创建二维图形的三维视图时，当前视口中将会显示一个线框。此时可以看见所有的直线，包括其中被其他对象遮盖的直线。消隐命令（HIDE）通过对图形前后位置关系的分析，从而消除三维模型中被遮挡的线条，重生成出不显示隐藏线的三维线框模型，使模型更加形象化。

命令：HIDE↵＜HI↵＞＜ 可视化 → 视觉样式 ▼ → ■ ＞

说明：

（1）该命令的操作相当简单，没有后续提示，根据图形的复杂程度，屏幕将先后出现消除了隐藏线后的模型图形。如图9-17所示。

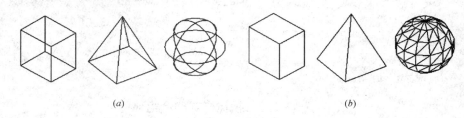

(a)   (b)

图9-17　消隐效果

（a）消隐前；（b）消隐后

（2）在AutoCAD中，消隐（HIDE）命令将下列对象视为隐藏对象的不透明曲面：圆、实体、文字、面域、宽多段线线段、三维实体、三维曲面、三维网格以及厚度非零的对象拉伸边。如果上述对象被拉伸，则它们将被视为具有顶面和底面的实体对象。

（3）消隐（HIDE）命令对冻结图层上的实体对象无效。但对于被关闭图层的对象，消隐命令是有效的。

（4）执行消隐操作之后，绘图窗口将暂时无法使用"缩放"和"平移"命令，直到选择"视图"菜单下的"重生成"命令重新生成图形为止。

（5）当AutoCAD中的系统变量（HIDETEXT）处于关闭状态时，消隐（HIDE）命令将忽略当前图中所有的文字对象。即系统始终显示文字对象（无论是否被其他对象遮盖），同时被文字对象遮盖的对象也不受其影响。如要隐藏使用MTEXT或TEXT命令创建的文字，可将系统变量（HIDETEXT）的值设置为1（或为文字指定的厚度值）。

（6）当视觉样式设置为二维线框时，利用INTERSECTIONDISPLAY系统变量可控制三维实体和曲面的相交边的显示，如图9-18所示。

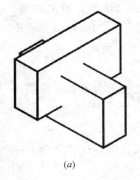　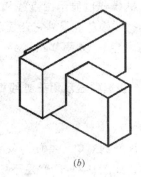

而当DISPSILH系统变量处于打开状态时，HIDE命令将显示具有轮廓边的三维实体和曲面对象，而不显示为镶嵌面（该设置对三维网格对象不起作用）。

（7）消隐后的结果无法以图形文件 *.dwg 的方式保留。用户如需保存，可将其制作成幻灯片或转化为 *.jpg、*.bmp、*.dxb 等图像文件保存。

9.5.2　着色命令

与消隐命令不同，着色（SHADE）命令是利用对图形进行明暗处理从而使其具有"面"的效果。

命令：SHADE↵

说明：

该命令的操作也相当简单，没有后续提示，根

(a)   (b)

图9-18　三维实体和曲面相交边的显示效果

（a）INTERSECTIONDISPLAY变量设置为开；

（b）INTERSECTIONDISPLAY变量设置为关

据图形的复杂程度，屏幕将先后出现着色后的模型图形，如图9-19所示。

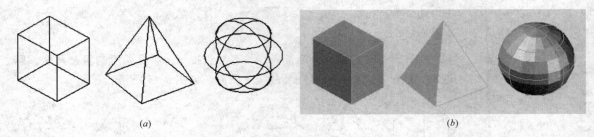

(a) (b)

图9-19　着色效果
（a）着色前；（b）着色后

9.5.3　视觉样式命令组

在 AutoCAD 中，还可以通过选择视觉样式（VSCURRENT）命令（该命令等效于之前版本中的 SHADEMODE）来更加真实的观察三维图形，该命令是一组设置，用来控制视口中物体模型边和着色的显示，其功能要比着色（SHADE）命令强大得多。具体如图9-20所示。

1）视觉样式命令

命令：VSCURRENT←（＜SHDAEMODE←＞＜SH←＞）

VSCURRENT 输入选项［二维线框（2）/线框（W）/隐藏（H）/真实（R）/概念（C）/着色（S）/带边缘着色（E）/灰度（G）/勾画（SK）/X 射线（X）/其他（O）］＜着色＞：输入选项

说明：

视觉样式命令是通过更改视觉样式的特性，而非使用命令和设置系统变量来进行选择。一旦应用了视觉样式或更改了其设置，就可以在视口中查看效果。该命令包括五种默认视觉样式，它们的功能简介如下：

（1）二维线框

显示用直线和曲线表示边界的对象。图中光栅和 OLE 对象、线型和线宽均可见，如图9-17（a）、图9-19（a）所示。

（2）线框

与二维线框模式相比，线框模式也显示由直线和曲线表示边界的对象，但同时它还显示应用到对象的材质颜色。另外它还显示一与二维线框模式不同的三维 UCS 图标（该图标已着色），如图9-21（a）左上角所示。

（3）隐藏

如图9-21（a）右上所示，该选项显示用三维线框表示的对象并隐藏表示后向面的直线。

（4）真实

该选项用来着色多边形平面间的对象，并使对象的边平滑化。同时，还能显示已附着到对象上的材质，如图9-21（a）左下所示。

（5）概念

如图9-21（a）右下所示，概念选项同样用来着色多边形平面间的对象，并使对象的边平滑化，但该命令着色使用的是古氏面样式。这是一种使

输入选项

二维线框（2）
线框（W）
隐藏（H）
真实（R）
概念（C）
● 着色（S）
带边缘着色（E）
灰度（G）
勾画（SK）
X 射线（X）
其他（O）

图9-20　视觉样式命令选项

用冷色和暖色之间的过渡（而不是暗色和亮色）来增强面的显示效果的方法，这些面可以附加阴影但很难在真实显示中看到，所以其效果缺乏真实感，但是该法可以更方便地查看模型的细节。

（6）着色

该选项产生平滑的着色模型。

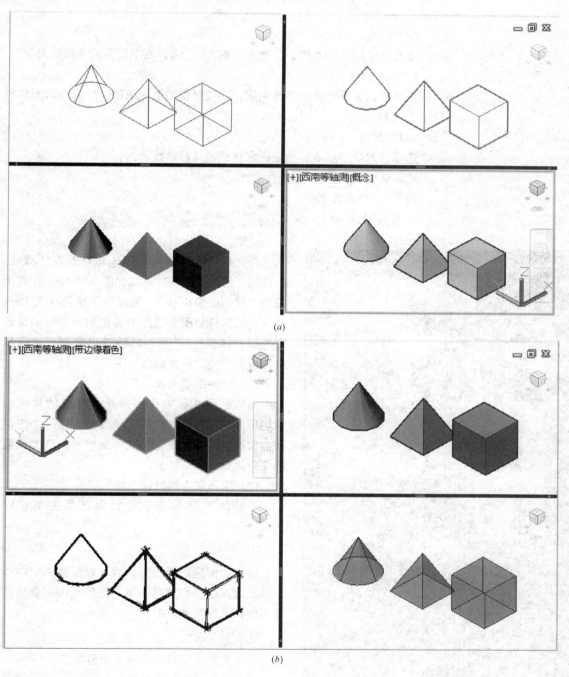

图 9-21　视觉样式命令应用举例

（a）线框、隐藏、真实、概念；（b）带边缘着色、灰度、勾画、X 射线

（7）带边缘着色

与（6）中的着色相比，该选项产生平滑、带有可见边的着色模型，见图 9-21（b）左上。

（8）灰度

该选项使用单色面颜色模式，产生灰色效果，如图 9-21（b）右上所示。

（9）勾画

该选项使用外伸和抖动，产生如图 9-21（b）左下所示的手绘效果。

（10）X 射线

该选项用于更改面的不透明度，以使整个场景变成部分透明，如图 9-21（b）右下所示。

（11）其他

选择该选项可按名称指定视觉样式。其后续提示为：

输入视觉样式的名称或［?］：

2）视觉样式管理器

命令：VISUALSTYLES←＜ 视觉样式 ▼ ⟶ 视觉样式管理器… ＞

图 9-22　视觉样式管理器

说明：

视觉样式管理器用于创建和修改视觉样式。打开的"视觉样式管理器"如图 9-22 所示，其上方为"样例图像面板"，用来显示图形中可用的视觉样式的样例图像（图中黄色边框表示的是选定的视觉样式），其具体的特性设置则显示在样例图像下方的"特性面板"中。

（1）样例图像面板

用来显示图形中可用的视觉样式的样例图像。用户在该面板中所作的更改将创建一个应用到当前视口的临时视觉样式 * 当前 *。这些设置不保存为命名视觉样式。

（2）工具条中的按钮

中部的工具条用于对常用选项提供按钮访问。

① 按钮

显示"创建新的视觉样式"对话框，从中用户可以输入名称和可选说明。新的样例图像将被置于面板末端并被选中。

② 按钮

将选定的视觉样式应用于当前视口。

③ 按钮

为选定的视觉样式创建工具并将其置于活动

工具选项板上。如果"工具选项板"窗口已关闭，则该窗口将被打开并且该工具将被置于顶部选项板上。

④ 🔘 按钮

从图形中删除视觉样式。但默认视觉样式或正在使用的视觉样式则无法被删除。

(3) 特性面板

下方的"特性面板"中共有三项，利用它们可以更改面设置和边设置并使用阴影和背景，进而创建自己的视觉样式。

① 面设置

控制面在视口中的外观。内容包括："亮显强度"按钮、"不透明度"按钮、面样式（用于定义面上的着色）、光源质量（设定光源是否显示模型上的镶嵌面，其默认选项为"平滑"）、亮显强度（控制亮显在无材质的面上的大小）、不透明度（控制面在视口中的不透明度或透明度）。其中，面样式又分为：真实（默认选项，一种非常接近于面在现实中的表现方式）；古式（指古氏面样式）；无（指不应用面样式，即其他面样式都被禁用的一种选择）。

"材质和颜色"也是面设置中的重要内容，其功能为控制面上的材质和颜色的显示。其内容有：材质（控制是否显示材质和纹理）、面颜色模式（控制面上的颜色的显示）和单色/染色选项（用于显示"选择颜色"对话框）。其中面颜色模式又分有：普通（不应用面颜色修改器）、单色（显示以指定颜色着色的模型）、染色（更改面颜色的色调和饱和度值）和降饱和度（通过将颜色的饱和度分量降低百分之三十来使颜色柔和）四个选项。而利用"选择颜色"对话框，用户可以根据面颜色模式选择单色或染色，但要注意的是，当面颜色模式设定为"普通"或"降饱和度"时，此设置不可用。

② 环境设置

用于控制阴影和背景。有"阴影"和"背景"两个选项。

③ 边设置

用于控制边的显示方式。通过设置，用户可以让不同类型的边使用不同的颜色和线型来显示，还可以添加特殊效果，例如对边缘的抖动和外伸的设置。其内容包括：边模式、颜色（设定边的颜色）、边修改器、快速轮廓边、遮挡边和相交边。其中"边修改器"最为复杂，它用于控制应用到所有边模式的设置，设置项有："突出"按钮、"抖动"按钮、折痕角（设定面内的镶嵌面边不显示的角度以达到平滑的效果）和光晕间隔%（指定一个对象被另一个对象遮挡处要显示的间隔的大小）。

(4) 快捷菜单

在面板中的样例图像上单击鼠标右键，系统将弹出"视觉样式"快捷菜单。该菜单的主要内容包括：

① 应用到所有视口

将选定的视觉样式应用到图形中的所有视口。

② 编辑说明

显示"编辑说明"对话框，从中用户可以添加说明或更改现有的说明。当光标在样例图像上晃动时，将在工具栏中显示说明。

③ 复制

将视觉样式样例图像复制到剪贴板。可以将其粘贴至"工具选项板"窗口以创建视觉样式工具，或者可以将其粘贴至"可用视觉样式"面板以创建一个副本。

④ 粘贴

将视觉样式工具粘贴至面板并将该视觉样式添加到图形中，或者将视觉样式的副本粘贴至"可用视觉样式"面板中。

⑤ 大小

设定样例图像的大小。"完全"选项使用一个图像填充面板。

⑥ 重置为默认

恢复某个默认视觉样式的原来设置。

3）着色模式命令

如果在命令提示下直接输入-SHADEMODE 或者在脚本中使用 SHADEMODE，系统将在命令行上显示下列提示：

输入选项［二维线框(2D)/三维线框(3D)/消隐（H）/平面着色（F）/体着色（G）/带边框平面着色（L）/带边框体着色（O）］＜当前＞：

说明：

该命令中的后四个选项为一组"真实"模式下的着色命令，在 AutoCAD 的早期版本中是"着色命令组"中的主要成员。下面简介它们的功能：

（1）平面着色（F）

在多边形面之间着色对象。此对象比体着色的对象平淡和粗糙。当对象进行平面着色时，将显示应用到对象的材质，如图9-23 上方所示。

（2）体着色（G）

着色多边形平面间的对象，并使对象的边平滑化。着色的对象外观较平滑和真实。当对象进行体着色时，将显示应用到对象的材质。

（3）带边框平面着色（L）

结合"平面着色"和"线框"选项。对象被平面着色，同时显示线框，如图9-23 下方所示。

（4）带边框体着色（O）

结合体"着色"和"线框"选项。对象被体着色，同时显示线框。

图 9-23　着色模式命令

9.6　三维导航

使用三维观察和导航工具，可以在图形中导航、为指定视图设置相机以及创建动画以便与其他人共享设计。可以围绕三维模型进行动态观察、回旋、漫游和飞行，设置相机，创建预览动画以及录制运动路径动画，用户可以将这些分发给其他人以从视觉上传达设计意图。

点击"视图"菜单下"视口工具"内的"导航栏"图标，则可得到如图9-24 所示的导航工具。

图9-24 "三维导航" 工具条

该工具允许用户从不同的角度、高度和距离查看图形中的对象，使用它们可以在三维视图中进行平移、缩放、动态观察和ShowMotion 等操作。下面介绍其中常用的几个选项。

9.6.1 SteeringWheels（查看对象控制盘）

SteeringWheels 又被称为查看对象控制盘或追踪菜单，在 AutoCAD 软件中，它被划分为不同部分（称作按钮），每个按钮都代表一种导航工具，如图 9-25 所示。单击图标 下的箭头，在弹出的菜单中分别选择"查看对象控制盘（大）"和"查看对象控制盘（小）"，可得到 SteeringWheels 查看对象控制盘。查看对象控制盘用于三维导航，使用此类控制盘可以查看模型中的单个对象或成组对象。

如图 9-25 所示，查看对象控制盘（大）中的 4 个按钮，其功能分别为：

图9-25 "查看对象控制盘"

中心——在模型上指定一个点以调整当前视图的中心，或更改用于某些导航工具的目标点。

缩放——调整当前视图的比例。

回放——恢复上一视图方向。用户可以通过单击并向左或向右拖动来实现向后或向前移动。

动态观察——绕位于视图中心的固定轴心点旋转当前视图。

而查看对象控制盘（小）中的 4 个按钮其功能则分别如下：

缩放（顶部按钮）——调整当前视图的比例。

回放（右侧按钮）——恢复上一视图。用户可以通过单击并向左或向右拖动来实现向后或向前移动。

平移（底部按钮）——通过平移重新放置当前视图。

动态观察（左侧按钮）——绕固定的轴心点旋转当前视图。

通常新手可使用查看对象控制盘（大），而查看对象控制盘（小）功能也更强大些，例如可以按住鼠标中间按钮进行平移、滚动滚轮按钮进行放大和缩小，还可以在按住 SHIFT 键的同时按住鼠标中间按钮来动态观察模型，所以更适合有经验的三维用户使用。

9.6.2 动态观察

在 AutoCAD2018 中，单击图 9-26 中的上的 命令，可以启动三维动态观察器。该观察器围绕目标移动。当相机位置（或视点）移动时，视图的目标将保持静止，目标点是视口的中心，而不是正在查看的对象的中心。该观察器由三选项组成，如图 9-26 所示。

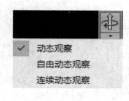

图9-26 "动态观察" 选项

1）动态观察和三维自由动态观察

该命令可以实现对视图动态实时的旋转功能，启动该命令后，鼠标箭头改为圆环形图标，此时系统沿 XY 平面或 Z 轴约束三维动态观察，即当用户在图形中单击并向左或向右拖动光标时，将绕物体沿 XY 平面旋转；单击并上下拖动光标时，将绕物体沿 Z 轴旋转；如果想要沿 XY 平面和 Z 轴进行不受约束的动态观察，则需按住 SHIFT 键并拖动光标。此时将出现导航球（如图 9-27），系统转为三维自由动态观察（3DFORBIT）状态，视点将不受任何约束。需要说明的是，该操作对 OLE 对象和光栅对象无效，它们不能出现在三维动态观察器中。

2）连续动态观察

该命令可连续地进行动态观察。使用时，在需要连续动态观察移动的方向上单击并拖动，然后释放鼠标按钮，此时动态观察将沿拖动方向继续移动。

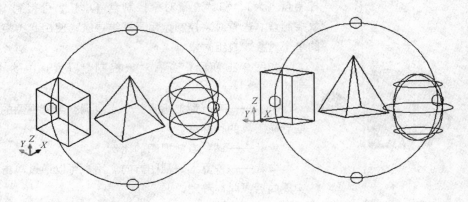

图 9-27 "三维动态观察器"

9.6.3 ShowMotion

ShowMotion 工具可提供用于创建和回放以便进行设计查看、演示和书签样式导航的屏幕显示。使用 ShowMotion，用户可以将移动和转换操作，添加到保存的视图中，该保存的视图即为快照。所谓快照是用于显示模型的特定特征或部分的命名位置，将相关快照组成一个称为快照序列的组。在 Auto-CAD 中，可以创建的快照类型包括：

静止画面：利用单个固定的相机位置。

电影式：利用具有电影式相机移动的单个相机。

录制的漫游：通过围绕和穿过模型导航来录制动画。

单击图标，可得到图 9-28 所示的"ShowMotion"控件工具条。利用它可以实现播放指定给快照的动画、固定和取消固定 ShowMotion 以及关闭 ShowMotion 等操作。

各按钮的功能简介如下：

固定/取消固定 ShowMotion ——该按钮用于固定 ShowMotion，以便在焦点从 ShowMotion 移开后，仍然显示 ShowMotion 控件和所有缩略图。

图 9-28 "ShowMotion 控件"

未固定 ShowMotion 时，将焦点从 ShowMotion 移开后，将不显示 ShowMotion 控件和所有缩略图。

全部播放 ▷——开始回放所有快照序列中的快照。从最左侧的快照序列开始，快照按从左到右的顺序播放。

停止 □——停止回放当前快照。

打开/关闭循环 ↻——在回放时，打开或关闭指定给快照或快照序列的动画的循环回放。

新建快照 ⊡——显示"新建视图/快照特性"对话框，可以从中创建新快照。

关闭 ShowMotion ✖——关闭 ShowMotion 控件和所有缩略图。

9.6.4 相机调整

相机调整命令包括："回旋"和"调整视距"，均用于相机视图的调整操作：

1）回旋（S）

命令：3DSWIVEL↵

回旋命令可以在拖动方向上模拟相机的平移，此时查看的目标将更改，用户可以沿 XY 平面或 Z 轴回旋视图。启用该命令后，系统自动进入交互式三维视图模式，随着鼠标（此时已变成回旋图标）的移动，视图中的物体对象会看起来更近（或更远）。

使用时，除利用上述菜单和工具条外，也可通过按住 CTRL 键然后单击鼠标滚轮的方法，暂时进入到回旋模式。

2）调整视距

命令：3DDISTANCE↵

此处的视距是指相机位与目标点之间的距离，此值愈大，目标显示愈小；反之则愈大。使用时，图中光标将自动更改为具有上箭头和下箭头的直线。单击它并向屏幕顶部垂直拖动，可使相机靠近对象，从而使对象显示得更大；反之，单击并向屏幕底部垂直拖动，可使相机远离对象，从而使对象显示得更小（注意：此处的拖动应为垂直拖动，用户可自行练习，体会）。

9.6.5 漫游与飞行

这同样是在 AutoCAD 新版本中的新功能。用户可以在"漫游和飞行"的模式下，通过键盘和鼠标来控制视图显示，模拟在三维图形中漫游和飞行，并用此来创建导航动画。（注：在 AutoCAD 中，漫游模式使人感觉镜头沿 XY 平面行进，穿越模型；而飞行模式下，镜头将不受 XY 平面的约束，所以看起来像"飞"过模型中的区域一样。）

1）漫游与飞行

命令：3DWALK↵ ◄— 可视化 → 动画 → 👣▾ → 👣 漫游

命令：3DFLY↵ ◄— 可视化 → 动画 → 👣▾ → ✈ 飞行

注：默认情况下，"动画"面板不显示。当"可视化"选项卡处于活动状态时，

图 9-29 "定位器"选项板

读者可在功能区上的任意位置单击鼠标右键，然后依次选择"可视化"→"动画"。

输入上述命令，可以打开"定位器"选项板（如图 9-29 所示）。该"定位器"选项板用于当系统处于漫游或飞行导航中时，显示三维模型的俯视图位置，选项板中各项的功能如下：

(1) 放大：放大"定位器"窗口中显示的内容。

(2) 缩小：缩小"定位器"窗口中显示的内容。

(3) 范围缩放：缩放到"定位器"窗口中显示内容的范围。

(4) 预览：显示在模型中的当前位置。用户可以拖动位置指示器来更改位置，也可以拖动目标指示器来更改视图的方向。

(5) 位置指示器颜色：设置显示当前位置的点的颜色。

(6) 位置指示器大小：设置指示器的大小。选项有："小"、"中"和"大"。

(7) 位置指示器闪烁：打开或关闭闪烁效果。

(8) 目标指示器：显示指示器，它显示视图目标。

(9) 目标指示器颜色：设置目标指示器的颜色。

(10) 预览透明度：设置预览窗口的透明度。其值的选择范围：0～95。

(11) 预览视觉样式：设置预览的视觉样式。

读者也可以使用一套标准的键和鼠标交互在图形中漫游和飞行。使用键盘上的四个箭头键或 W 键、A 键、S 键和 D 键来向上、向下、向左或向右移动。若需要在漫游模式和飞行模式之间切换，则按 F 键。若要在指定方向查看，可沿着查看方向拖动鼠标。

2）漫游与飞行设置：

命令：WALKFLYSETTINGS←<可视化→动画→👣 ▾→👣漫游和飞行设置>

打开的"漫游和飞行设置"对话框如图 9-30 所示。该对话框的内容较为简单，利用它用户可以设置显示指令气泡的时机；是否显示定位器窗口；以及当前图形设置的步长和每秒步数。

图 9-30 "漫游和飞行设置"对话框

9.6.6 其他功能

1）运动路径动画

命令：ANIPATH←<可视化→动画→👣 ▾→🎞>

使用上述命令将弹出"运动路径动画"对话框，如图 9-31 所示。该对话框被用来指定相机沿运动路径创建动画的设置并创建动画文件。

在"运动路径动画"对话框中有"相机"、"目标"和"动画设置"三个部分。其中：

"相机"选项组用于设置相机链接到的点或路径，它可使相机位于指定点观测图形或沿路径观察图形；

"目标"选项组用于设置相机目标链接到的点或路径；

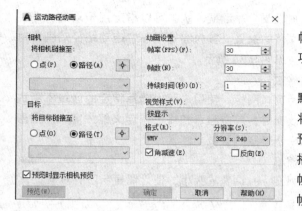

图 9-31 "运动路径动画"对话框

"动画设置"选项组则用于设置动画的帧频、帧数、持续视觉、分辨率以及动画输出格式等选项。在 AutoCAD 软件中，动画文件的格式包括：.avi、.mov、.mpg 和 .wmv，其中 .avi 是系统的默认选项。当设置完动画选项后，单击预览按钮，将打开"动画预览"窗口（如图 9-32 所示），可以预览动画播放效果。需要说明的是，在预览动画播放效果时，可以移动滑块以查看动画中的特定帧，此时工具栏将提示显示当前帧和动画中的总帧数。

2）三维动态观察快捷菜单

当任意三维导航命令处于活动状态时，在图形区域中单击鼠标右键，然后选择"其他导航模式"，可得到图 9-33 所示的快捷菜单。该菜单中的各项简介如下：

图 9-32 "动画预览"窗口

图 9-33 "三维动态观察"快捷菜单

（1）当前模式

显示当前模式。

（2）启用动态观察自动目标

默认情况下，此功能为打开状态。使用时请将目标点保持在正查看的对象上，而不是视口的中心点。

（3）其他导航模式

"其他导航模式"是指下列三维导航模式之一，它们是：受约束的动态观察（1）；自由动态观察（2）；连续动态观察（3）；（D）调整视距（4）；（E）回旋（5）；（F）漫游（6）；（G）飞行（7）；（H）缩放（8）和（I）平移（9），使用时应选择一个（图 9-26 中已选"受约束的动态观察"）。选择时可以通过使用快捷菜单或直接输入显示在模式名称后面的数字切换至任意模式。

（4）动画设置

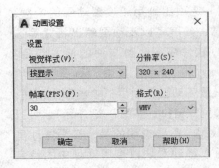

图 9-34 "动画设置"对话框

打开"动画设置"对话框，从中可以指定用于录制、保存三维导航动画文件的设置。其内容等同于"运动路径动画"对话框中的部分。见图9-34所示。

(5) 窗口缩放

将光标变为窗口图标，使用户可以选择特定的区域不断进行放大。光标改变时，单击起点和终点以定义缩放窗口。图形将被放大并集中于选定的区域。

(6) 范围缩放

居中显示视图，并调整其大小，使之能显示所有对象。

(7) 缩放上一个

显示上一个视图。

(8) 平行

显示对象，使图形中的两条平行线永远不会相交（即所谓的轴测图）。图形中的形状始终保持相同，靠近时不会变形。

(9) 透视

按透视模式显示对象，使所有平行线相交于一点。对象中距离越远的部分显示得越小，距离越近显示得越大。当对象距离过近时，形状会发生某些变形。该视图与肉眼观察到的图像极为接近。

(10) 重置视图

将视图重置为第一次启动 3DORBIT 时的当前视图。

(11) 预设视图

显示预定义视图（例如俯视图、仰视图和西南等轴测图）的列表。从列表中选择视图来改变模型的当前视图。

(12) 命名视图

显示图形中的命名视图列表。从列表中选择命名视图，以更改模型的当前视图。

(13) 视觉样式

提供用于对对象进行着色的方法。

【练习】

1. 在 AutoCAD 中创建用户坐标系的命令是_____。

2. 在 AutoCAD 中观察三维模型的命令有_____、_____、_____、_____。

3. 在 ex09a. dwg 文件中建立四个命名用户坐标系 UCS_1、UCS_2、UCS_3 和 UCS_4。

4. 在 ex09b. dwg 文件中，以 VIEWDIR = −1，−1.2，1.5 方向建立三维视图，并命名为 V_1；从同一方位建立透视图，并命名为 P_1。

5. 在 ex09c. dwg 文件中，以 3D 方式建立 4 个等分视口。左上视口以 2D Wireframe 显示，右上视口以 Flat Shaded 显示，左下视口以 Gouraud Shaded 显示，右下视口以 Gouraud Shaded, Edges On 显示。

第 10 章　三维建模工具

AutoCAD 中的三维模型有四种类型：线架模型、表面模型、实体模型和网格模型，如图 10-1 所示。

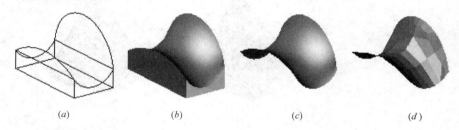

(a)　　　　　　　(b)　　　　　　　(c)　　　　　　　(d)

图 10-1　三维模型类型

(a) 三维线框；(b) 三维实体；(c) 三维曲面；(d) 三维网格

三维线框模型是真实对象的边缘或骨架的表示。它是一种用点、直线和曲线等几何元素描述的轮廓模型，由三维的直线和曲线组成，没有面和体的特征。其优点是简单、数据量少；缺点是不能进行消隐和渲染处理。故线框建模方法对于初始设计迭代非常有用，并且作为参照几何图形可用作三维线框，以进行后续的建模或修改。但对于形体复杂的建筑模型，该类型不是最好的选择。

三维实体模型的描述除了常用的点、线、面外，还增加了体内和体外的判别运算，所以它具有体的特征。在 AutoCAD 系统中，创建实体模型的方法有：几何体创建、拉伸建模和旋转建模，同时，为了帮助用户创建更为复杂的几何形体，系统还提供了包括布尔运算 (Boolean Operation) 在内的实体编辑命令。利用这些实体建模工具，不但能高效使用、易于合并图元和拉伸的轮廓，还能提供质量特性和截面功能。相比于其他的模型类型，实体模型的特性最为优秀，其信息最完整，歧义最少，但由于其描述模型的数据量庞大，所以并不是常用三维建筑模型创建命令的首选。

三维曲面模型是无限薄的壳体三维对象。与实体模型不同，曲面模型不具有质量或体积。曲面模型能很好的描述常见的三维建筑模型，所产生的数据量也较适中，同时系统还提供了许多简便有效的生成和编辑三维曲面模型的工具和方法。

三维网格模型由用于定义三维形状的顶点、边和面（包括三角形和四边形）组成。与曲面模型一样，网格模型也没有质量特性。但是它又与三维实体一样，可以利用相关建模命令直接创建长方体、圆锥体和棱锥体等图元网格形状。三维网格模型的修改方法也很特殊：可以使用锐化、分割以及增加平滑度的操作；也可以拖动网格子对象（顶点、边和面）使对象变形；为获得更细致的效果，还可以在修改网格之前优化特定区域的网格等等。

AutoCAD 为用户提供了多种三维建模方法，其中每种三维建模技术都具有不同的功能集。在 AutoCAD2018 版中，有关三维建模的菜单主要分为：实体、曲面和网格三部分。它们分别提供不同的功能，这些功能综合使用时可提供强大的三维建模工具套件。例如，可以将实体模型转换为网格模型再使用网格锐化和平滑处理，然后将模型转换为曲面，以使用关联性和 NURBS 建模，如图 10-2 所示。

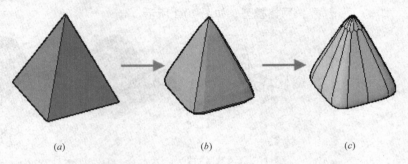

图 10-2　三维模型的转换

（*a*）三维实体；（*b*）三维网格；（*c*）锐化和平滑

10.1　简单建模方法

10.1.1　*XY* 平面内建模

1）二维实体

命令：SOLID↵＜SO↵＞

指定第一点：指定点（1）

指定第二点：指定点（2）

指定第三点：指定点（3）或按 ENTER 键结束命令

指定第四点：指定点（4）

说明：

（1）该命令是一个作法比较特殊的实体绘制命令。其特殊性体现在下述两个方面：

① 使用该命令每次最多给定四个点。若要绘制实体三角形，用户可在给定三个点后用回车响应；若绘制多于五边的多边形，则必须在输入第四点后，反复输入"指定第三点："和"指定第四点："，具体如图 10-3（*b*）所示。

② 该命令中四个输入点的给定顺序很特殊，不同的输入方式可产生不同的结果，如图 10-3（*a*）所示。

（2）填充模式的开关同样由系统变量（FILL-MODE）控制。当此值为"1"即表示开、并且查看方向与二维实体正交时才可以填充二维实体。

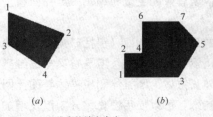

图 10-3　二维实体填充命令

2）面域

所谓面域（REGION）是指用闭合的形状或环创建的二维区域。其命令很是简单。

命令：REGION↵<　常用　→　绘图(D)→　◎　>

选择对象：使用对象选择方法并在完成选择后按 ENTER 键

说明：

（1）面域的功能是将包含封闭区域的对象转换为面域对象。闭合多段线、直线和曲线都是有效的选择对象，其中曲线包括圆弧、圆、椭圆弧、椭圆和样条曲线。

（2）将选择集中的闭合二维多段线和分解的平面三维多段线将被转换为单独的面域，然后转换多段线、直线和曲线以形成闭合的平面环（面域的外边界和孔）。如果有两个以上的曲线共用一个端点，得到的面域将会是不确定的。

（3）面域的边界由端点相连的曲线组成，曲线上的每个端点仅连接两条边。拒绝所有交点和自交曲线。

（4）如果选定的多段线通过 PEDIT 中的“样条曲线”或“拟合”选项进行了平滑处理，得到的面域将包含平滑多段线的直线或圆弧。此多段线并不转换为样条曲线对象。

（5）如果未将系统变量（DELOBJ）设置为零，面域（REGION）命令会在将原始对象转换为面域之后删除这些对象；如果原始对象是图案填充对象，那么图案填充的关联性将丢失。要恢复图案填充关联性，请重新填充此面域。

3）多段线改变宽度

多段线是 AutoCAD 中极具特色的绘图命令，它可以由直线与圆弧任意组合成一个整体，而每一段图元还可以设定不同的宽度。具体见本书第 2 章所述。

10.1.2　等高度竖直面建模

在 AutoCAD 中，每一个对象都具有一些用来描述其特性的属性数据，厚度就是其中的一项。所谓厚度是指对象的拉伸厚度，这是使特定对象具有三维外观的一个特性参数，利用对该参数的修改，可使原本的二维图形具有三维特性，成为所谓的三维模型。该法在建筑建模时经常用到，现简述如下：

1）在用该法建模时，所谓对象的三维厚度是指对象于所在的空间位置向上或向下延伸或加厚的距离。其中厚度值为正，是指沿 Z 轴正向（向上）拉伸；厚度值为负，指沿 Z 轴负向（向下）拉伸；厚度值为零（0），则表示对象没有三维厚度（即为二维图形）。注意：此处的 Z 方向由创建对象时的 UCS 的方向确定。

2）系统可以对具有非零厚度的对象进行着色，也可以在其后面隐藏其他对象。

3）在 AutoCAD 中，可以更改厚度特性的对象有：二维实体（SOLID）、圆弧、圆、直线、多段线（包括样条曲线拟合多段线、矩形、正多边形、边界和圆环）、文字（仅包含使用 SHX 字体创建为单行文字的对象）、宽线和点。除此之外的其他对象，即使更改了它的厚度特性，也不能影响它的外观。

4）该建模方法的使用有下述途径：

（1）设置系统变量

利用系统变量（THICKNESS）可以为创建的新对象设置默认厚度特性。

命令：THICKNESS↵

输入 THICKNESS 的新值＜0.0000＞：

（2）使用"特性"选项板

利用"特性"选项板，可以更改现有对象的厚度特性。使用时，将三维厚度统一应用到对象上；一个对象上各个点的厚度必须一致。

5）通常，需要改变三维视点才可以查看对象上的厚度效果。

6）在 AutoCAD 系统中，还有一个系统变量——ELEVATION 也很重要，这就是标高。所谓标高，是指位于用户坐标系中的对象，其基点与坐标系 XY 平面（该平面的高度值为 0）之间的距离。一般情况下，该变量的值为 0，表示对象位于 XY 面上；当此值＞0 时，对象被抬高；反之，则低于 XY 面。如图 10-4 所示。

图 10-4　厚度和标高

10.1.3　绘制三维多段线

该命令用于创建三维空间的多段线。

命令：3DPOLY↵＜ 常用 → 绘图 ▾ → 🗔 ＞

指定多段线的起点：指定点（1）

指定直线的端点或［放弃（U）］：指定点或输入选项

指定直线的端点或［放弃（U）］：指定点或输入选项

指定直线的端点或［关闭（C）／放弃（U）］：指定点或输入选项

说明：

（1）该命令的操作和多段线（PLINE）等命令相似，其主要选项有：

① 直线端点：从前一点到新指定的点绘制一条直线。将重复显示提示，直到按 ENTER 键结束命令为止。

② 放弃：删除创建的上一线段。可以继续从前一点绘图。

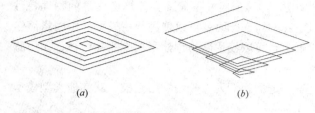

图 10-5 PLINE 和 3DPLOY 命令比较
(a) PLINE；(b) 3DPLOY

③ 关闭：从最后一点至第一个点绘制一条闭合线，然后结束命令。要闭合的三维多段线必须至少有两条线段。

所绘三维多段线（3DPOLY）与多段线（PLINE）如图 10-5 所示。

（2）因为该命令中无"Width"和"Arc"选项，所以"三维多段线（3DPOLY）"命令只能用来绘制宽度为零的直线段。

10.1.4 绘制空间三维面

该命令用于在三维空间中的任意位置创建一个不透明的平面。

命令：3DFACE↵

指定第一个点或[不可见(I)]：指定点(1)或输入 i

指定第二点或[不可见(I)]：指定点(2)或输入 i

指定第三点或[不可见(I)]＜退出＞：指定点(3)，输入 i，或按 ENTER 键

指定第四点或[不可见(I)]＜创建三侧面＞：指定点(4)，输入 i，或按 ENTER 键

说明：

（1）利用三维面命令，可以生成一个"面化"的模型平面。虽然从屏幕上看只是产生了一个四边形线框，但它与由 LINE、PLINE 等命令产生的四边形有着本质的区别。

（2）该命令的操作很简单。其后续提示及各选项的功能如下：

① 第一点：用来定义三维面的起点。用户只需在命令提示行后依次输入所绘三维面的各顶点，且点的输入顺序可以是顺时针，亦可以是逆时针。如果将所有的四个顶点定位在同一平面上，那么将创建一个类似于面域对象的平面。当着色或渲染对象时，该平面将被填充。

② 不可见：控制三维面各边的可见性，以便建立有孔对象的正确模型。在边的第一点之前输入 i 或 invisible 可以使该边不可见。

不可见属性必须在使用任何对象捕捉模式、XYZ 过滤器或输入边的坐标之前定义。可以创建所有边都不可见的三维面。这样的面是虚幻面，它不显示在线框图中，但在线框图形中会遮挡形体。三维面确实显示在着色的渲染中。

（3）利用三维面命令，还可以组合成复杂的三维曲面。

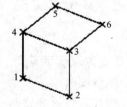

图 10-6 空间三维面命令示例

和上述的二维实体（SOLID）命令相似，在指定第四点后，系统将重复显示"指定第三点和第四点"的提示，直到用户按 ENTER 键为止。因此，若绘制如图 10-6 所示的图形，可在这些重复提示中指定点 5 和点 6，完成输入点后，按 ENTER 键，结果如图 10-6。

10.2 网格建模

在实际建模时经常会遇到这样的情况：用户需要使用消隐、着色和渲染

功能（线框模型无法提供这些功能），但并不需要实体模型提供的物理特性（如质量、体积、重心、惯性矩等）。此时就可以使用网格模型（由网格面组成）来进行网格建模。工程上也可以使用网格创建不规则的几何体，如山脉的三维地形模型等。

网格建模的方法分为：创建网格图元、母线网格建模、从其他类型模型转换网格和创建自定义网格。

由于组成网格模型的网格面是平面，因此用网格表示的曲面只能是一近似曲面，其光滑程度由相应的系统变量控制。例如，可以应用锐化、分割以及增加平滑度。可以拖动网格子对象（面、边和顶点）使对象变形。要获得更细致的效果，还可以在修改网格之前优化特定区域的网格。

图 10-7 所示为"网格建模"选项卡的组成，其各项简介如下。

图 10-7 "网格建模"选项卡

10.2.1 创建网格图元

在 AutoCAD2018 中，创建三维网格图元命令包括：网格长方体、圆锥体、圆柱体、棱锥体、球体、楔体和圆环体。单击"网格"选项卡"图元"面板中的"网格长方形"下的箭头，可得到如图 10-8 所示的菜单。

图 10-8 "基本网格图元"菜单

由此所建的称为基本网格图元，是三维实体图元的等效形式。可以通过对面进行平滑处理、锐化、优化和拆分来重塑网格对象的形状，还可以拖动边、面和顶点以塑造整体形状。其具体操作方法如下：

命令：MESH←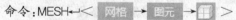

当前平滑度设置为:0

输入选项[长方体（B）/ 圆锥体（C）/ 圆柱体（CY）/ 棱锥体（P）/ 球体（S）/楔体（W）/ 圆环体（T）/ 设置（SE）]<长方体>:

说明：

（1）默认情况下，创建的新网格图元平滑度为零。要更改默认平滑度，可在命令提示下输入 MESH，然后输入 se（设置）并输入平滑度值。

（2）以创建如图 10-9 所示的网格立体为例：该命令操作时，始终将网格长方体的底面设置为与当前 UCS 的 XY 平面（工作平面）平行。利用后续提示中的"中心（C）"选项，可以创建使用指定中心点的网格长方体；而"立方体（C）"选项则用于创建一等边长方体（通常称为立方体）。如果在创建长方体时使用了"立方体（C）"或"长度（L）"选项，则还可以在单击以指定长度时指定长方体在 XY 平面中的旋转角度。

（3）利用图 10-7 所示"网格"面板中的各命令项，可以将其他的三维对象转换为网格对象，或对已创建的网格对象进行平滑、锐化、优化和拆分等处理。图中各命令选项的功能分别为：

（平滑对象）——功能为将三维对象转换为网格对象。使用此命令可以将三维面（3DFACE）及传统多边形和多面网格（在 AutoCAD 2009 及之前版本中）转换为网格来利用三维网格的细节建模功能，也可以转换面域和闭合多段线等二维对象，如图 10-10 所示。

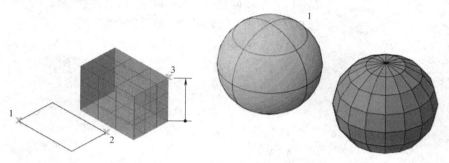

图 10-9　网格长方体（MESH）命令　　　　　图 10-10　利用平滑对象（MESHSMOOTH）命令将三维对象转换为网格对象

　　　（提高网格平滑度）——该命令通过增加网格中镶嵌面的数目，将网格平滑度提高一个级别。

　　　（降低网格平滑度）——将选定对象的网格平滑度降低一个级别。注意：该命令仅可以降低平滑度为 1 或大于 1 的对象的平滑度，且不能降低已优化对象的平滑度。

　　　（优化网格）——该命令通过增加对象可编辑面的数目，从而提供对精细建模细节的附加控制。使用时为保留程序内存，可以优化特定面而非整个对象。另外，优化对象会将指定给该对象的平滑度重置为 0，此平滑度将成为对象的新基线。也就是说，无法再将此平滑度减小到该级别范围之外。注：优化子对象并不会重置平滑度。

　　　（增强锐化）——用于锐化选定的网格面、边或顶点。锐化可使与选定子对象相邻的网格面和边变形。为不具有平滑度的网格添加的锐化在对网格进行平滑处理之前不会显现。也可以通过更改"特性"选项板中的锐化类型和锐化级别将锐化应用于网格子对象。

　　　（删除锐化）——从选定的网格面、边或顶点取消锐化，恢复已锐化边的平滑度。

　　　（4）利用图 10-11 所示的"网格图元选项"对话框，可为选定的网格图元类型设置细分数和预览平滑度，从而控制新网格图元对象的外观。

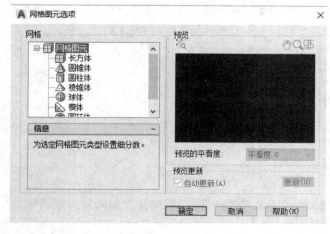

图 10-11　"网格图元选项"对话框

10.2.2　母线网格建模

　　　所谓母线网格建模是指母线按照一定

的运动方式所生成的网格曲面。网格在 M 方向的密度受系统变量 SURFTAB1 控制，在 N 方向的密度受系统变量 SURFTAB2 控制。M 方向和 N 方向根据母线的运动方式而定义。

在 AutoCAD 中，有关母线网格建模的命令有四个：直纹网格（RULESURF）、平移网格（TABSURF）、旋转网格（REVSURF）和边界网格（EDGESURF），如图 10-12 所示。现分别介绍如下：

1）直纹网格

命令：RULESURF←＜ 网格 → 图元 → ▨ ＞

当前线框密度：SURFTAB1＝32

选择第一条定义曲线：

选择第二条定义曲线：

说明：

（1）使用该命令可在用户选择的两条边界图线间构成多边形网格以成为一有规则的曲面，如图 10-12 所示。

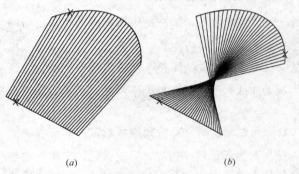

（2）可以使用以下两个不同的对象定义直纹网格的边界：直线、点、圆弧、圆、椭圆、椭圆弧、二维多段线、三维多段线或样条曲线。需要注意的是，此处的两个对象必须全部开放或全部闭合，而点对象可以与开放或闭合对象成对使用。

（3）该命令就如同一个 2×N 的多边形网格面。系统在构成该面时，自动将 2N 个顶点等距离地分放在两条边界线上。

（4）本命令在响应"选择第一/二条定义曲线："的提示时，鼠标点取的位置很重要，图

图 10-12　直纹网格（RULESURF）命令
（a）正常直纹曲面；（b）交错曲面

10-12 中的（a）、（b）分别表示了两个不同的选取位置（图中"×"处）及其结果，用户使用时请一定注意。

（5）直纹网格命令（以及后述的三个命令）本身并不包括 N 值的选取。用户若要改变网格顶点的数目，可改变系统变量 SURFTAB1 的值。通常，该变量的默认值为 6（此值表示的曲面较为粗糙，本处已改为 32）。

2）平移网格

命令：TABSURF←＜ 网格 → 图元 → 﨓 ＞

当前线框密度：SURFTAB1＝32

选择用作轮廓曲线的对象：

选择用作方向矢量的对象：

说明：

（1）利用平移网格命令可以生成由一路径曲线及方向向量构成的柱状面，如图 10-13（c）所示。

（2）该命令中的路径曲线可以是直线、圆弧、圆、椭圆、椭圆弧、二维

多段线、三维多段线或样条曲线；方向矢量可以是直线，也可以是开放的二维或三维多段线。作图时，必须事先绘制好原对象和方向矢量，如图 10-13 中（a）、（b）所示。

（3）该命令也可以构成一个 2×N 的多边形网格面，此时，M 方向即延伸的方向向量方向，而 N 向的网格就沿着路径曲线。

（4）当路径曲线为一闭合图形时，所产生的多边形网格面在 N 向也是闭合的。

3）旋转网格

命令：REVSURF←< 网格 → 图元 → 🔄 >

当前线框密度：SURFTAB1＝32　SURFTAB2＝32

选择要旋转的对象：选择图 10-13（a）中的曲线

选择定义旋转轴的对象：选择图中的直线

指定起点角度＜0＞：回车（表示为"0"）

指定包含角（＋＝逆时针，－＝顺时针）

＜360＞：

说明：

（1）该命令可通过设置一个轮廓线及一个旋转轴线而画出立体网面图形，建成的模型是一对称旋转的网格，如图 10-14（b）所示。在实际应用中，很多物体（例如酒杯、花瓶、构造柱等）都可以使用本命令。

（2）命令提示行中的"选择要旋转的对象："，其中的对象又称路径曲线，是指物体的轮廓线。在使用时，它可以是直线、圆、圆弧、椭圆、椭圆弧、多段线、样条曲线、闭合多段线、多边形、闭合样条曲线或圆环的任意组合，也就是说，该轮廓应是一条完整的图线（如果原来是分开绘制的多条图线，可利用 PEDIT 中的 JOIN（连接）功能连接为一条）。

（3）如果在上面的提示后输入不同的角度值，则可生成有不同开口的不完整的回转体。

4）边界网格

命令：EDGESURF←< 网格 → 图元 → 🗂 >

当前线框密度：SURFTAB1 ＝ 16　SURFTAB2 ＝ 16

选择用作曲面边界的对象 1：

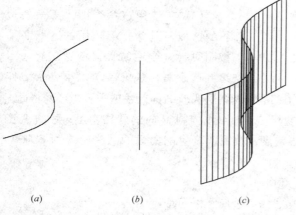

图 10-13　平移网格（TABSURF）命令

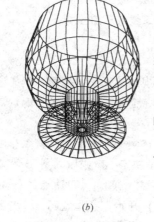

图 10-14　旋转网格（REVSURF）命令

选择用作曲面边界的对象 2：

选择用作曲面边界的对象 3：

选择用作曲面边界的对象 4：

说明：

（1）该命令由四个相邻边建立一孔斯（Coons）曲面片网格，如图 10-15（b）所示。

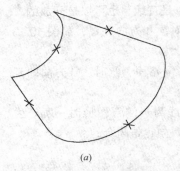

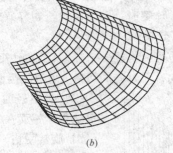

图 10-15　边界网格（EDGESURF）命令

（2）该命令中的边界可以是圆弧、直线、多段线、样条曲线和椭圆弧，并且所有四条边界必须互相连接，形成闭合环和共享端点。若某边的端点未曾相接，则后续提示："边 x 未接触其他边界"（其中 X 指未连接的那条边）。

（3）在使用该命令时，第一条边界的选取可任意，但随后的选取必须按顺时针（或逆时针）依次进行。当边界选定后，系统自动以第一条边作为网格面的 M 方向，和它相邻的另两条边为 N 方向而生成一多边形网格面。

（4）此命令中，系统变量 SURFTAB1 控制 M 向的网格密度；系统变量 SURFTAB2 控制 N 向的网格密度，故由此产生的曲面的网格密度为 SURFTAB1 × SURFTAB2。

10.2.3　创建自定义网格

该命令用于创建自由格式的多边形网格平面。

命令：3DMESH↵

输入 M 方向上的网格数量：输入 2 到 256 之间的值

输入 N 方向上的网格数量：输入 2 到 256 之间的值

指定顶点(0,0)的位置：输入二维或三维坐标

指定顶点(0,1)的位置：输入二维或三维坐标

指定顶点(0,2)的位置：输入二维或三维坐标

……

说明：

运用此命令可以构造出极不规则的复杂网格面，例如建立高低起伏的地形表面模型或建筑的折壳屋顶等，但建模过程却较为麻烦。现介绍其中后续提示的含义：

（1）该命令创建的多边形网格由一矩阵定义，其大小由 M 和 N（类似于 XY 平面的 X 轴和 Y 轴）的尺寸值决定。M 乘以 N 等于必须指定的顶点数。

（2）网格中每个顶点的位置由 m 和 n（即顶点的行下标和列下标）定义。定义顶点首先从顶点（0，0）开始。在指定行 m＋1 上的顶点之前，必须先提供行 m 上的每个顶点的坐标位置。

（3）网格各顶点之间可以是任意距离。网格的 M 和 N 方向由其顶点所在的位置决定（如图 10-16a 所示）。

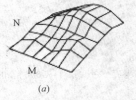

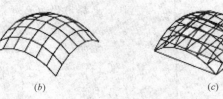

图 10-16　空间三维网格面命令

(4) 3DMESH 多边形网格在 M 向和 N 向上始终处于打开状态（如图 10-16b 所示），可以使用 PEDIT 命令来闭合网格（如图 10-16c）。

下面通过一个例子来演示 3DMESH 多边形网格命令的使用步骤：

应用样例（图 10-17）：

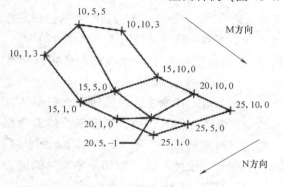

图 10-17　空间三维网格面命令应用举例之一

命令：3DMESH

M 方向网格数目：4(输入的是 M 方向的顶点数)

N 方向网格数目：3(输入的是 N 方向的顶点数)

顶点(0,0)：10，　1，　3

顶点(0,1)：10，　5，　5

顶点(0,2)：10，　10，　3

顶点(1,0)：15，　1，　0

顶点(1,1)：15，　5，　0

顶点(1,2)：15，　10，　0

顶点(2,0)：20，　1，　0

顶点(2,1)：20，　5，　－1

顶点(2,2)：20，　10，　0

顶点(3,0)：25，　1，　0

顶点(3,1)：25，　5，　0

顶点(3,2)：25，　10，　0

(5) 由上例可以看出，该命令在使用时需输入大量的坐标数据，这使得建模工作较为烦琐且不够直观。所以为了方便建模，在已知网格点数的情况下，通常可以将 3DMESH 命令与脚本或 AutoLISP 编程配合使用（故该命令主要为程序员而设计）。例如，图 10-18 所示为一高低起伏的地形表面模型，该模型的创建就是由 3DMESH 命令和脚本文件配合使用完成的。

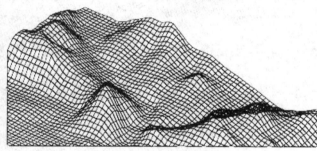

图 10-18　空间三维网格面命令应用举例之二

10.2.4　网格编辑

网格编辑命令包括：拉伸面、分割面、合并面和闭合孔，其位于图 10-7 所示的"网格建模"选项卡中的"网格编辑"面板上。具体如下：

1) 拉伸面

命令：MESHEXTRUDE←< 网格 → 网格编辑 ▼ → 🔲 >

相邻拉伸面设置为：合并

选择要拉伸的网格面或[设置(S)]：

指定拉伸的高度或[方向(D)路径(P)倾斜角(T)]：

说明：

(1) 使用该命令可以将网格面延伸到三维空间。

(2) 拉伸或延伸网格面时，可以指定几个选项以确定拉伸的形状，还可以确定拉伸多个网格面将导致合并的拉伸还是独立的拉伸。

(3) 系统默认选择拉伸高度时将沿 Z 轴方向拉伸网格面，如输入拉伸高度值为正值将沿 Z 轴正方向，反之输入负值则将沿 Z 轴负方向拉伸。

(4) 此外，也可通过选择"方向（D）"/"路径（P）"/"倾斜角（T）"选项，设定不同的拉伸方法。需要注意的是，当选择"方向（D）"时，指定方向不能与拉伸创建的扫掠曲线所在的平面平行；而当选择"路径（P）"时，网格面的轮廓将沿路径扫掠，所以扫掠网格面在路径端点处必须与路径垂直。

 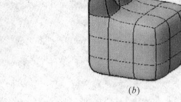

(a)   (b)

图 10-19　"拉伸时合并相邻网格面"的设置

(5) 启动该命令，在选择面之前可通过选择"设置（S）"选项，来设定拉伸多个相邻网格面的样式，如图 10-19 所示。图 10-19（a）设定"拉伸时合并相邻网格面"的值为"是"，图 10-19（b）则设为"否"。

2）分割面

使用分割面命令可以将一个网格面拆分为两个面。由于操作时需要指定分割的起点和端点，所以该方法可更加精确地控制分割位置。该命令的操作非常简单，其命令及相应的选项如下。

命令：MESHSPLIT↵ ＜ 网格 → 网格编辑 ▾ → ▢ ＞

选择要分割的网格面：

指定面边缘上的第一个分割点或［顶点（V）］：

3）合并面

与分割面相反，使用合并面命令可以合并两个或多个相邻网格面以形成单个面。其命令及相应的选项如下。

命令：MESHMERGE↵ ＜ 网格 → 网格编辑 ▾ → ▣ ＞

选择要合并的相邻网格面：

注意：该操作只能在相邻的网格面上执行，且为了获得最佳结果，可限制需要合并的相邻网格面处于同一平面上。

4）闭合孔

闭合孔命令是一个创建新网格面的命令。它通过选择已有网格面的开放边，将其定义为新网格面的边，从而闭合网格对象中的间隙。其效果如图 10-20 所示。命令及相应的选项如下：

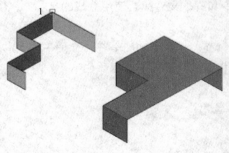

图 10-20　"闭合孔"命令

命令：MESHCAP↵ ＜ 网格 → 网格编辑 ▾ → ▣ ＞

选择相互连接的网格边以创建一个新网格面...

选择边或［链（CH）］：

(1) 选择相互连接的网格边以创建一个新网格面——指定形成闭合边界

的网格边。单击边可将其选中。

(2) 边——选择个别边并将它们添加到选择集中。

(3) 链（CH）——选择端点相连的网格对象的连续边。选择该项时，系统还会显示另外两个选择：

"选项"——设置用于指定新网格面边界的方法。

"尝试链接闭合的环?"——用于指定希望程序确定新网格面的边界（Y）还是要单独选择每条边（N）。

10.2.5 转换网格

通过转换建模是 AutoCAD 软件新版本的新增功能之一。在 AutoCAD2018版中，利用相关命令，既可以将对象转换为网格模型，也可以将网格模型转换为实体模型或曲面模型。在图 10-7 所示的"网格建模"选项卡中，"转换网格"面板包含：转换为实体、转换为曲面和平滑优化。具体如下：

1）转换为实体

"转换为实体（CONVTOSOLID）"可以将符合条件的三维对象转换为三维实体。此处的三维对象包括：具有一定厚度、没有完全封闭体积的三维网格（无间隙网格）；完全封闭体积的曲面；具有非零厚度的闭合多段线和圆。

转换网格时，可以指定转换的对象是平滑的，还是镶嵌面的，以及是否合并面。生成的三维实体的平滑度和面数则由系统变量（SMOOTHMESH-CONVERT）控制。

2）转换为曲面

利用"转换为曲面（CONVTOSURFACE）"命令，可以将现有的实体（包括：二维、三维实体；面域；开放的、具有厚度的零宽度多段线；具有厚度的直线、圆弧及复合对象等）、曲面以及网格模型转换为三维曲面。

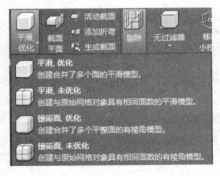

将对象转换为曲面时，同样可通过修改系统变量（SMOOTHMESHCONVERT）的值来控制曲面的平滑度及是否具有镶嵌面。

3）平滑优化

单击图 10-7 中"网格建模"选项卡"平滑优化"右侧的箭头，可得到图 10-21 所示菜单。其中的四个选项分别对应上述系统变量（SMOOTHMESHCONVERT）的值（该值取值范围 0～3）。

如图 10-22 为该系统变量的设置对转换模型表达的应用举例。

图 10-21 "平滑优化"菜单

例：欲将网格长方体转换为实体对象，当系统变量（SMOOTHMESH-CONVERT）分别设置为不同值时，将具有以下不同的效果：

(1) 左上图< 网格 → 网格编辑 ▼ → □ >

平滑，优化。其变量值（SMOOTHMESHCONVERT = 0），用于将共面的面合并为单个面。可以更改某些面的整体形状，还可以对不共面的面的边进行圆整。

（2）左下图＜ 网格 → 网格编辑 ▼ → □ ＞

平滑，未优化。变量值（SMOOTHMESHCONVERT = 1），每个原始网格面均保留在经转换的对象中。用于对不共面的面的边进行圆整。

（3）右上图＜ 网格 → 网格编辑 ▼ → □ ＞

镶嵌面，优化。变量值（SMOOTHMESHCONVERT = 2），将共面的面合并为单个平面。可以更改某些面的整体形状。对不共面的面的边进行锐化或设定角度。

（4）右下图＜ 网格 → 网格编辑 ▼ → □ ＞

镶嵌面，未优化。变量值（SMOOTHMESHCONVERT = 3），将每个原始网格面都转换为平面。对不共面的面的边进行锐化或设定角度。

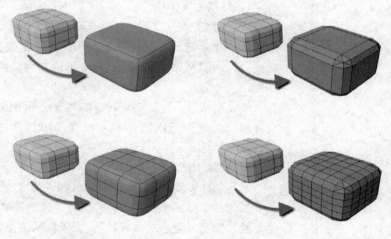

图 10-22 "转换为曲面"命令举例

10.3 实体建模

对于比较复杂的工程形体，使用实体建模要比使用网格建模更容易，并且实体模型还可以进行编辑运算（如并集、差集、交集等），所以在实际应用过程中，实体建模比网格建模更受用户的青睐。但是实体建模也有其致命的弱点：例如，当建模后的结果需要输出到其他软件进一步加工时，实体模型就远不如表面模型方便，有许多的应用软件可以处理表面模型，但却不接受实体模型（虚拟现实建模软件 Multigen-Cruator 就是一例，它根本无法处理 AutoCAD 实体模型）。另外，相比于网格建模，实体建模会占用更多的磁盘空间。

尽管如此，实体模型依然是 AutoCAD 三维模型中重要的组成部分，在 AutoCAD2018 中，建模及编辑命令位于如图 10-23 所示的选项卡中，其中主要命令简介如下。

图 10-23 "实体建模"选项卡

10.3.1 基本实体造型

在 AutoCAD，可以直接创建的基本实体图元有七个，分别是：长方体、圆锥体、圆柱体、球体、圆环体、楔体和棱锥体，通常这些造型称为实体图元。如图 10-24 所示，依次为：圆锥、圆台、圆柱、四棱锥、四棱台、楔体、圆球、圆环和长方体。

1) 长方体

命令：BOX←< 实体 → 图元 → ▢ >

指定第一个角点或[中心(C)]：

指定其他角点或[立方体(C)/长度(L)]：

指定高度或[两点(2P)]：

说明：

(1) 使用该命令可以创建实体长方体，如图 10-25 (a) 所示。

(2) 该命令操作时，始终将长方体的底面设置为与当前 UCS 的 XY 平面(工作平面) 平行。

(3) 利用后续提示中的"中心 (C)"选项，可以创建使用指定中心点的长方体；而"立方体 (C)"选项则用于创建一等边长方体 (通常称为立方体)，如图 10-25 (b) 所示。

(4) 如果在创建长方体时使用了"立方体 (C)"或"长度 (L)"选项，则还可以在单击以指定长度时指定长方体在 XY 平面中的旋转角度。

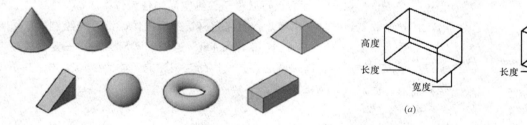

图 10-24 基本实体图元

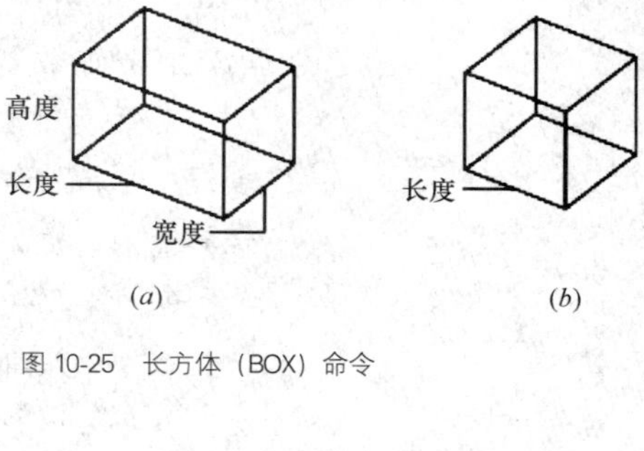

图 10-25 长方体（BOX）命令

2) 楔体

命令：WEDGE←< 实体 → 图元 → ◿ >

指定第一个角点或[中心(C)]：

指定其他角点或[立方体(C)/长度(L)]：

指定高度或[两点(2P)]<218>：

说明：

(1) 使用该命令可以创建实体楔体，如图 10-26（a）所示。系统自动设楔体的底面与当前 UCS 的 XY 平面平行，斜面正对第一个角点，此时楔体的高度则与 Z 轴平行。

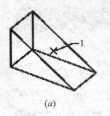

(a)　　　　　　　(b)

图 10-26　楔体（WEDGE）命令

(2) 后续提示中的"中心（C）"和"立方体（C）/长度（L）"的功能与长方体（BOX）命令基本相同，图 10-26（b）所示的为一等边楔体。

(3) 楔体高度值的输入可以用"两点（2P）"的方式，也可以直接输入数值。

3) 圆锥体

命令：CONE←<　实体 → 图元 → △ >

指定底面的中心点或 [三点(3P)/两点(2P)/相切、相切、半径(T)/椭圆(E)]：

指定底面半径或 [直径(D)]：

指定高度或 [两点(2P)/轴端点(A)/顶面半径(T)] <256.8168>：

说明：

(1) 该命令可以圆或椭圆为底面、将底面逐渐缩小到一点来创建实体圆锥体；也可以通过逐渐缩小到与底面平行的圆或椭圆平面来创建圆台。

(2) 默认情况下，圆锥体的底面位于当前 UCS 的 XY 平面上，而高度与 Z 轴平行。

(3) 该命令中的后续提示"指定底面的中心点或 [三点(3P)/两点(2P)/相切、相切、半径(T)/椭圆(E)]：",用于定义圆锥体的底面（可以通过在三维空间的任意位置指定三个点或其他方式来定义底圆大小）。

(4) 使用圆锥体命令中的"顶面半径（T）"选项，可以创建从底面逐渐缩小到椭圆或平整面的圆台。

(5) 而"轴端点（A）"选项则用来确定圆锥体的高度和方向。所谓轴端点是指圆锥体的顶点；当使用"顶面半径（T）"选项时，则为顶面的中心点。在 AutoCAD 中，轴端点可以位于三维空间的任意位置。

(6) 如欲创建一需要由特定角度来定义边的圆锥体，则可先绘制一二维圆，然后使用拉伸（EXTRUDE）和"倾斜角"选项使圆沿 Z 轴按一定角度逐渐缩小形成锥体。但是需强调的是，使用此法创建的实体为拉伸实体，并不是真正意义上的实体圆锥体。

4) 圆柱体

命令：CYLINDER←<　实体 → 图元 → ▢ >

指定底面的中心点或 [三点(3P)/两点(2P)/相切、相切、半径(T)/椭圆(E)]：

指定底面半径或 [直径(D)] <300>：

指定高度或 [两点(2P)/轴端点(A)] <200>：

说明：

(1) 该命令用以创建以圆或椭圆为底面的实体圆柱体。其后续提示与上述"圆锥体"命令基本相同，不再细述。

（2）要构造具有特定细节的圆柱体（例如沿其侧向有凹槽），可先使用多段线（PLINE）命令创建圆柱体底面的二维轮廓（必须封闭），然后使用拉伸（EXTRUDE）命令沿 Z 轴定义其高度。同样，使用此法创建的实体为拉伸实体，而不是真正的实体圆柱体。

5）实体球体

命令：SPHERE←< 实体 → 图元 → ◯ >

指定中心点或[三点(3P)／两点(2P)／相切、相切、半径(T)]：

指定半径或[直径(D)]<338.6624>：

说明：

该命令用以创建一实体球体。当指定中心点后，系统自动设置球体中心轴线，使其与当前用户坐标系（UCS）的 Z 轴平行。其他提示也较为简单，不再细述。

6）实体棱锥体

命令：PYRAMID←< 实体 → 图元 → ◆ >

4 个侧面　外切

指定底面的中心点或[边(E)／侧面(S)]：

指定底面半径或[内接(I)]<337.5809>：

指定高度或[两点(2P)／轴端点(A)／顶面半径(T)]<−636.7845>：

说明：

该命令不仅可以创建实体棱锥体和棱柱体，还可以定义棱锥体的侧面数(该数值介于 3～32 之间)。

7）实体圆环体

命令：TORUS←< 实体 → 图元 → ◉ >

指定中心点或[三点(3P)／两点(2P)／相切、相切、半径(T)]：

指定半径或[直径(D)]<300>：

指定圆管半径或[两点(2P)／直径(D)]：

说明：

（1）利用该命令可以创建与轮胎内胎相似的环形实体。该圆环体由两个半径值定义，一个是圆管的半径，另一个是从圆环体中心到圆管中心的距离。

（2）该命令的操作与上述几个命令基本相同。但是在指定圆管半径值的时候需注意两点：

① 该值不能为"负值"。若直接输入该值为负数时，系统会弹出"值必须为正且非零"的提示，并重复要求给定新的半径值；

② 圆环可能是自交的。当给定的圆管半径的绝对值大于圆环半径的绝对值时，圆环将发生自交现象，自交的圆环没有中心孔。

8）多实体

命令：POLYSOLID←< 实体 → 图元 → ⬚ >

指定起点或[对象(O)／高度(H)／宽度(W)／对正(J)]<对象>：

指定下一个点或[圆弧(A)/放弃(U)]：

指定下一个点或[圆弧(A)/放弃(U)]：

指定下一个点或[圆弧(A)/闭合(C)/放弃(U)]：

说明：

(1) 这是 AutoCAD 自 07 版以来增加的新功能，其绘制方法与绘制多段线基本相同。在系统默认的情况下，多实体始终带有一个矩形轮廓，通过指定轮廓高度和宽度的操作，可以创建建筑模型中的墙体，如图 10-27 所示。

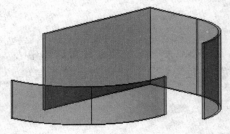

(2) 默认情况下的多实体轮廓始终为矩形。但用户也可利用命令后续提示中的"对象（O）"选项使其包含曲线线段。该选项可以使现有的直线、二维多段线、圆弧或圆直接转换为多实体。

(3) 绘制多实体时，还可以使用"圆弧（A）"选项将弧线段添加到多实体。使用"闭合（C）"选项将闭合操作过程中第一个和最后一个指定点之间的实体。

图 10-27　多实体（POLYSOLID）命令

(4) 上述操作中，多实体的宽度和高度由系统自动设定。如欲修改，可选用提示中的"宽度（W）"和"高度（H）"选项。在 AutoCAD 中，系统变量（PSOLWIDTH 和 PSOLHEIGHT）就用来控制多实体的默认宽度和默认高度的值。

(5) 在使用现有对象创建多实体时，系统以变量（DELOBJ）来控制是否在创建实体后自动删除路径，以及是否在删除对象时进行提示。该变量的值只有"0"和"1"，分别表示删除与否。

10.3.2　母线实体建模

在 AutoCAD2018 中，母线实体建模命令共有四个：拉伸、旋转、扫掠和放样。

1) 拉伸

命令：EXTRUDE←< 实体 → 实体 → 图元 >

当前线框密度：ISOLINES=4,闭合轮廓创建模式=实体

选择要拉伸的对象或[模式(MO)]：

选择要拉伸的对象：

指定拉伸的高度或[方向(D)/路径(P)/倾斜角(T)/表达式]：

说明：

(1) 该命令可以通过拉伸选定的对象来创建实体。具体操作时，可以沿指定的路径拉伸对象，也可以按照指定的高度值和倾斜角度的方法来确定拉伸方式。这是 AutoCAD 实体建模时，使用频率极高的命令之一。

(2) 为了获得实体模型，此处拉伸的对象必须是闭合图形，否则生成的对象是曲面而非实体。在 AutoCAD 中，可以充当拉伸对象的有很多：例如直线、圆和圆弧、椭圆和椭圆弧、二维多段线、二维样条曲线、三维面、二维实体、宽线、面域、平曲面及实体上的平面等等。但也有的对象是不可以拉伸的，它们是：具有相交或自交线段的多段线和包含在块内的对象。请用

户特别留心。

（3）如果选定多段线具有宽度，系统将忽略宽度并从多段线路径的中心处拉伸对象；如果选定对象具有厚度，系统将忽略其厚度不计。

（4）如果欲使用直线和圆弧做轮廓对象创建实体，可以使用 PEDIT 命令中的"合并"选项将它们转换为一个连续的多段线对象；也可以在使用本命令前将对象先转换为面域。

（5）在后续提示"指定拉伸的高度或［方向(D)／路径(P)／倾斜角(T)／表达式］："行中有四个选项：路径、倾斜角、方向和表达式。它们各自的含义是：

① 路径 (P)

使用"路径 (P)"选项，可以将对象指定为拉伸的路径，系统将沿选定路径拉伸选定对象的轮廓以创建实体或曲面（当拉伸对象未闭合时）。为获得最佳结果，建议将路径置于拉伸对象的边界上或边界内。注意：在进行该项操作时，切忌路径与对象处于同一平面，同时路径中也不要有高曲率的部分。

与拉伸对象相似，可以充当路径的对象也很多，不再细述。

② 倾斜角 (T)

使用该选项，可以指定拉伸实体的倾斜角，从而生成侧面带成一定角度的模型，例如各种台体和锥体。使用时应避免使用过大的倾斜角度，因为如果角度过大，轮廓可能在未达到所指定高度前就已经积聚为点了。

③ 方向 (D)：

使用"方向 (D)"选项，可以通过指定两个点来确定拉伸的长度和方向。

④ 表达式

选择该项时，可输入公式或方程式以指定拉伸高度。

（6）该命令提示行的第一行显示"当前线框密度：ISOLINES＝4"，其中 ISOLINES 为一系统变量，其值为整数（有效整数值范围为 0～2047），用来指定对象上每个面的轮廓线数目。该值的系统初始值为 4。在下述的几个命令中都会见到它。如果想让所建模型更为光滑，用户可自行修改此变量。

图 10-28 所示为拉伸命令的应用举例。

2）旋转

命令：REVOLVE↵＜ 实体 ➜ 实体 ➜ 🗑 ＞

当前线框密度：ISOLINES＝4,闭合轮廓创建模式＝实体

选择要旋转的对象或［模式(MO)］:找到 1 个

选择要旋转的对象或［模式(MO)］:

指定轴起点或根据以下选项之一定义轴［对象(O) X Y Z］＜对象＞:

指定轴端点:

指定旋转角度或［起点角度(ST)／反转(R)／表达式(EX)］＜360＞:

说明：

（1）使用旋转 (REVOLVE) 命令，可以通过绕轴旋转对象来创建实体

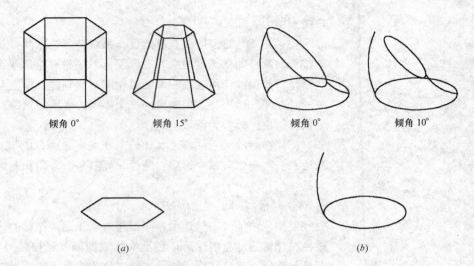

| 倾角 0° | 倾角 15° | 倾角 0° | 倾角 10° |

| (a) | (b) |

图 10-28 拉伸（EXTRUDE）命令应用举例

(a) 正六棱柱、台体（按高度拉伸）；(b) 由路径生成实体

(或曲面)。具体操作时，可以一次旋转一个对象，也可以同时旋转多个对象（可以在启动命令之前先选择所有要旋转的对象）。和上个命令相同，当选中的旋转对象闭合时，生成实体模型，反之则生成曲面模型。

(2) 同拉伸命令一样，可以充当旋转对象的也有很多，而且该命令同样不能旋转具有相交或自交线段的多段线和包含在块中的对象。

(3) 使用旋转命令时，可以用以下任意一个方法确定旋转轴：由直接指定的两个点的连线——"指定轴起点"后直接点取、分别由 X/Y/Z 轴代替——"X/Y/Z"选项、由某个已经存在的对象——"对象（O）"选项。

(4) 可根据右手定则判定旋转的正方向。旋转的起点位置为旋转对象所在平面，当旋转角度为正值时，系统将按逆时针方向旋转对象；反之为负值时将按顺时针方向旋转对象。

图 10-29 所示为旋转命令的应用举例。

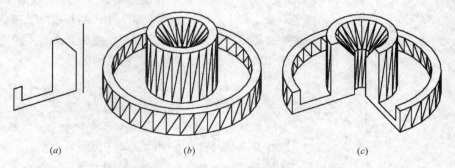

| (a) | (b) | (c) |

图 10-29 旋转（REVOLVE）命令应用举例

(a) 旋转对象和旋转轴；(b) 旋转角度 360°；(c) 起点角度 0°，旋转角度 270°

3) 扫掠

命令：SWEEP◄─◄ 实体 ─► 实体 ─► ⬚ ─►

当前线框密度：ISOLINES＝4,闭合轮廓创建模式＝实体

选择要扫掠的对象或[模式（MO）]：找到 1 个

选择要扫掠的对象[模式（MO）]：

选择扫掠路径或[对齐（A）/基点（B）/比例（S）/扭曲（T）]：

说明：

（1）这是 AutoCAD 的又一新功能。使用扫掠（SWEEP）命令，可以通过沿开放（或闭合）的二维或三维路径扫掠开放（或闭合）的平面曲线（轮廓）来创建新实体或曲面。

（2）与旋转命令相同，该命令也可一次扫掠多个对象，但在本命令中这些对象必须位于同一平面上。

（3）后续提示中的"对齐（A）"选项，用于对齐轮廓对象和扫掠路径。此处的对齐是指指定轮廓对象以使其作为扫掠路径切向的法向。默认情况下，该轮廓是对齐的，如若不对齐，则扫掠命令首先提示"扫掠前对齐垂直于路径的扫掠对象 [是(Y)/否(N)]＜是＞:"，将轮廓移动至与路径垂直且对齐（拉伸命令中是不一样的，请注意比较），然后系统才沿路径扫掠该轮廓。

（4）选用后续提示中的"比例（S）"和"扭曲（T）"选项，可在扫掠过程中缩放或扭曲对象。

（5）还可以在扫掠轮廓后，利用"修改"菜单中的"特性"选项板来改变轮廓的有关特性：轮廓旋转、沿路径缩放、沿路径扭曲和倾斜（自然旋转）等。

图 10-30 所示为扫掠命令的应用举例。

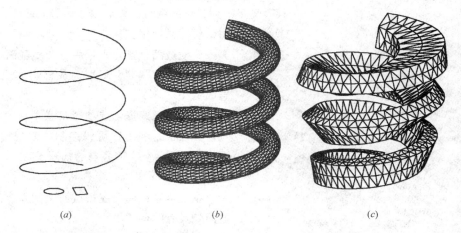

(a) (b) (c)

图 10-30 扫掠（SWEEP）命令应用举例

（a）轮廓对象和扫掠路径；（b）圆形轮廓对象扫掠结果；（c）矩形轮廓，比例 2，扭曲角度 90°

4）放样

命令：LOFT←＜ 实体 → ⊡ → ⊡ → ◯ ＞

当前线框密度：ISOLINES＝4，闭合轮廓创建模式＝实体

按放样次序选择横截面或[点（PO）/合并多条边（J）/模式（MO）]：找到 1 个

按放样次序选择横截面:找到 1 个,总计 2 个

……

按放样次序选择横截面:

输入选项[导向(G)/路径(P)/仅横截面(C)/设置(S)]<仅横截面>:

说明:

(1) 这也是 AutoCAD 的新功能。使用放样 (LOFT) 命令,可以通过指定一系列横截面来创建新的实体或曲面。其中,横截面用于定义结果实体或曲面的截面轮廓 (即形状),而放样 (LOFT) 命令就用于在横截面之间的空间内绘制实体或曲面。通常,横截面 (为曲线或直线) 可以是开放的 (例如圆弧),也可以是闭合的 (例如圆)。但至少要有两个以上的横截面才可以造型。

(2) 放样命令可以对一组闭合 (或开放) 的横截面曲线进行放样,生成实体 (或曲面)。但使用时需要注意:放样时使用的曲线必须全部开放或全部闭合。AutoCAD 不允许使用既包含开放曲线又包含闭合曲线的选择集。

(3) 利用后续提示"路径 (P)"可以指定放样操作的路径。该方法可使用户更好地控制放样实体的形状。但在使用应注意:路径曲线始于第一个横截面所在的平面,止于最后一个横截面所在的平面。

(4) 后续提示中的"导向 (G)"是指在放样时指定导向曲线。所谓导向曲线是系统控制放样实体的另一种方式。选择该项后,可以使用导向曲线来控制点如何匹配相应的横截面以防止出现不希望看到的效果 (例如结果实体或曲面中的皱褶等)。

只有满足下列条件的图线,才可以成为导向曲线:

① 必须与每个横截面都相交;

② 应始于第一个横截面,且止于最后一个横截面。

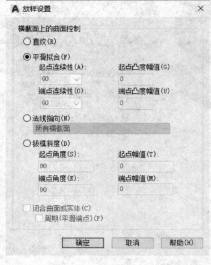

图 10-31 "放样设置"对话框

根据建模需要,可以为放样实体或曲面选择任意数目的导向曲线。

(5) 与后续提示选项"仅横截面 (C)"对应的对话框为"放样设置",利用它可以控制曲面或实体的形状。其组成如图 10-31 所示。它们各自的功能是:

① 直纹

指定实体或曲面在横截面之间是直纹 (直的),并且在横截面处具有鲜明边界。

② 平滑拟合

指定在横截面之间绘制平滑实体或曲面,并且在起点和终点横截面处具有鲜明边界。

③ 法线指向

控制实体或曲面在其通过横截面处的曲面法线。共有起点横截面、终点横截面、起点和终点横截面以及所有横截面四个选项,用来分别指定曲面法线为起点 (或端点、起点和终点以及所有) 横截面的法向。

④ 拔模斜度

控制放样实体或曲面的第一个和最后一个横截面的拔模斜度和幅值。所谓拔模斜度即曲面的开始方向。其值界于 0～359 之间：0 表示从曲线所在平面向外；1～180 表示向内指向实体或曲面；181～359 表示从实体或曲面向外。

该项又分四种情况设定：

起点角度——指定起点横截面的拔模斜度。

起点幅值——在曲面开始弯向下一个横截面之前，控制曲面到起点横截面在拔模斜度方向上的相对距离。

终点角度——指定终点横截面拔模斜度。

终点幅值——在曲面开始弯向上一个横截面之前，控制曲面到端点横截面在拔模斜度方向上的相对距离。

图 10-32 为几种不同拔模斜度下的放样体。

⑤ 闭合曲面或实体

闭合和开放曲面或实体。使用该选项时，横截面应该形成圆环形图案，以便放样曲面或实体可以形成闭合的圆管。

⑥ 预览更改

(a)   (b)   (c)

图 10-32　几种不同拔模斜度下的放样体
（a）拔模斜度为 0；（b）拔模斜度为 90；（c）拔模斜度为 180

将当前设置应用到放样实体或曲面，然后在绘图区域中显示预览。

图 10-33 所示为放样命令的应用举例——利用放样命令建立一简单山形地貌的三维立体模型。

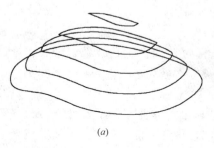 

(a)   (b)

图 10-33　放样（LOFT）命令应用举例
（a）横截面；（b）放样实体

10.4　曲面建模

曲面建模是 AutoCAD 软件新版本的新增功能之一。相比于实体建模和网格建模，曲面建模的方法更为灵活，用户既可以利用程序曲面将多个曲面作为一个关联组，也可以创建一种更自由的曲面形式——NURBS 曲面。

所谓程序曲面是指具有历史纪录和解析信息但没有控制点的三维曲面对

象。在 AutoCAD 中，程序曲面是可以为关联曲面的唯一曲面类型，即它能保持与其他对象间的关系，以便可以将它们作为一个组进行处理。

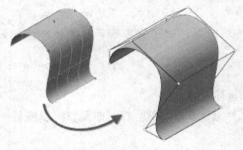

而 NURBS 曲面的 NURBS 是指 Nonuniform Rational B-spline Curve（非均匀有理 B 样条曲线）的缩写形式它是由一系列加权控制点及一个或多个节点矢量定义的 B 样条曲线曲面。NURBS 曲面不是关联曲面，此类曲面具有控制点，使用户可以一种更自然的方式对其进行造型。

在图 10-34 中，左侧显示的为程序曲面，而右侧显示了 NURBS 曲面。

图 10-34　程序曲面与 NURBS 曲面

在 AutoCAD2018 中，曲面建模方法可以分为：母线（轮廓）建模、曲面编辑建模、对象转换程序曲面建模和程序曲面转化 NURBS 曲面建模，其命令位于图 10-35 所示的选项卡中。现分别简介如下：

图 10-35　"曲面建模"选项卡

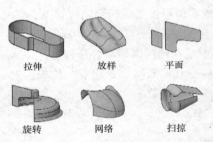

图 10-36　由母线轮廓创建曲面模型的命令集锦

10.4.1　母线（轮廓）

在 AutoCAD2018 中，基于母线（轮廓）来创建曲面的命令有：拉伸（EXTRUDE）、放样（LOFT）、平面（PLANESURF）、旋转（REVOLVE）、网格（SURFNETWORK）和扫掠（SWEEP）。其操作方法与实体建模和网格建模中的基本相同，不再详述。图 10-36 所示即为各命令应用的举例。

10.4.2　曲面编辑建模

所谓曲面编辑建模是指通过对曲面进行过渡、修补、延伸、圆角和偏移操作，以创建新曲面。其各项内容如下：

1）曲面过渡（SURFBLEND）

该命令在两个现有的曲面之间创建连续的过渡曲面，如图 10-37 所示。图中（a）为两个现有的水平面，图（b）为利用过渡命令在此之间完成新的连接曲面后的模型。

2）曲面修补（SURFPATCH）

使用该命令可创建新的曲面或封口以闭合现有曲面的开放边，也可以通过闭环添加其他曲线以约束和引导修补曲面。图 10-38 所示为利用曲面修补命令对已有曲面修补的举例。

3）曲面延伸（SURFEXTEND）

该命令可按指定的距离拉长曲面。通过对创建类型的选择，用户既可以将新延伸的曲面作为原始曲面的一部分进行合并，也可以创建与原始曲面相邻的第二个曲

（a）　　　　　　　　　　　（b）

图 10-37　"曲面过渡"命令举例

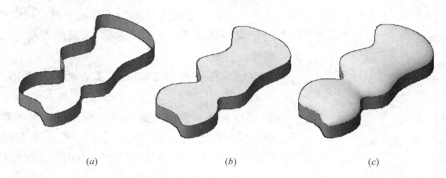

图 10-38 "曲面过渡"命令举例

(a) 需修补的曲面；(b) 修补后（连续性取 G0）；(c) 修补后（连续性取 G1）

面，并将其附加到需延伸的曲面上，如图 10-39 所示。

4）曲面圆角（SURFFILLET）

该命令用于在两个已完成的曲面之间创建圆角曲面。图 10-40 为曲面圆角命令的应用举例。

5）曲面偏移（SURFOFFSET）

该命令用于创建与原始曲面相距指定距离的平行曲面。使用时可利用"翻转方向"选项反转偏移的方向。图 10-41 所示即为曲面偏移的应用举例。

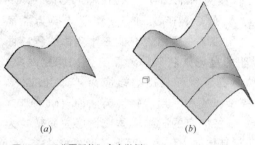
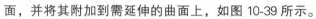

图 10-39 "曲面延伸"命令举例

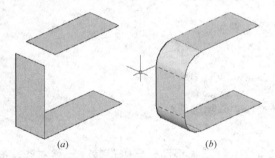

图 10-40 "曲面圆角"命令举例

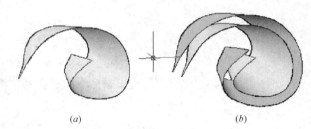

图 10-41 "曲面偏移"命令举例

说明：

(1) 在上述曲面编辑建模命令中，有些命令与对应的二维编辑命令相似，例如：曲面延伸（SURFEXTEND）与延伸（EXTEND）、曲面圆角（SURF-FILLET）与圆角（FILLET）、曲面偏移（SURFOFFSET）与偏移（OFFSET）等。

(2) 曲面连续性和凸度幅值是上述创建曲面命令的常用特性。其中：

① 连续性是衡量两条曲线或两个曲面交汇时平滑程度的指标。通常当用户需要将曲面输出到其他应用程序时，连续性的类型会很重要。在 Auto-CAD 中，连续性类型包括：

G0（位置）——仅测量位置。如果各个曲面的边共线，则曲面在边曲线处是位置连续的（G0）。请注意，两个曲面能以任意角度相交并且仍具有位置连续性。

G1（相切）——该类型包括位置连续性和相切连续性（G0 + G1）。对于相切连续的曲面，各端点切向在公共边一致。两个曲面看上去在合并处沿相同方向延续，但它们显现的"速度"（又称方向变化率，也称为曲率）可能大不相同。

G2（曲率）——该类型包括位置、相切和曲率连续性（G0 + G1 + G2）。两个曲面具有相同曲率。

② 凸度幅值是测量曲面与另一曲面汇合时的弯曲或"凸出"程度的一个指标。幅值可以是 0～1 的值，其中 0 表示平坦，1 表示弯曲程度最大。

创建新曲面时，可以使用特殊夹点指定连续性和凸度幅值。

10.4.3 通过转换建模

在 AutoCAD2018 版中，单击位于图 10-35 所示"曲面建模"选项卡中的"转换为 NURBS"按钮，可打开"转换为 NURBS（CONVTONURBS）"命令。其功能与前面介绍的"转换为实体（CONVTOSOLID）"和"转换为曲面（CONVTOSURFACE）"命令相似。使用该命令可将现有的三维实体或程序曲面转换为 NURBS 曲面。但需要说明的是无法将某些对象（例如网格对象）直接转换为 NURBS 曲面。在这种情况下，可利用"转换为实体（CONVTOSOLID）"将对象先转换为实体模型，或者利用"转换为曲面（CONVTOSURFACE）"命令相似。使用该命令可将现有的三维实体或程序曲面转换为 NURBS 曲面。但需要说明的是无法将其转换为程序曲面，然后再将其转换为 NURBS 曲面。

10.5 三维编辑命令

三维编辑命令包括：对象修改和实体编辑两部分。

10.5.1 对象修改

AutoCAD 中的三维对象修改命令有：三维移动、三维旋转、三维对齐、三维镜像和三维阵列。

1）三维移动

命令：3DMOVE←< 常用 → 修改 ▼ → ⊙ >

选择对象：使用对象选择方法

指定基点或[位移(D)]<位移>：指定基点或输入 d

指定第二个点或<使用第一个点作为位移>：指定点或按 ENTER 键

说明：

（1）该命令用于在三维视图中沿指定方向将对象移动指定距离。它等同于二维移动命令 MOVE，其后续提示也相似，用法也基本相同。但在具体使用时应注意其三维特点。

（2）该命令也可用于视觉样式设置为二维线框的视口中，此时如果执行该命令，系统会将视觉样式暂时更改为三维线框。

（3）能够显示移动夹点工具，也是该命令的一大特点。在使用该命令时，移动夹点工具将显示在指定的基点上。

2）三维旋转

命令：ROTATE3D← < 常用 → 修改 ▼ → ⊕ >

UCS 当前的正角方向：ANGDIR＝逆时针　　ANGBASE＝0

选择对象：使用对象选择方法并在完成选择后按 ENTER 键

指定基点：指定点

指定旋转角度，或［复制（C）／参照（R）］＜0＞：输入选项或按 ENTER 键

说明：

（1）该命令用于绕任意的空间三维轴旋转指定的对象。

（2）该命令使用的关键是旋转轴的指定。利用后续提示"指定基点："、"指定旋转角度，或［复制（C）／参照（R）］＜0＞："，用户可以选择不同的方法实现三维旋转。具体如下：

① 对象（O）

将旋转轴与现有对象对齐。其中的现有对象由用户选取，它可以是直线（将旋转轴与选定的直线对齐）、圆或圆弧（将旋转轴与圆或圆弧的三维轴对齐，即轴垂直于圆或圆弧所在的平面并通过圆或圆弧的圆心）以及二维多段线线段（将旋转轴与多段线线段对齐。使用时，可根据情况将多段线线段视为线段或圆弧）。

② 上一个（L）

使用最近的旋转轴。

③ 视图（V）

将旋转轴与当前通过选定点的视口的观察方向对齐。

④ X 轴（X）／Y 轴（Y）／Z 轴（Z）

将旋转轴与通过指定点的坐标轴（X、Y 或 Z）对齐。图 10-42 所示为同一实体绕不同旋转轴旋转后的情况。

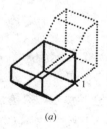 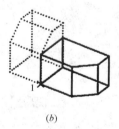 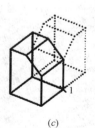

（a）　　　　　　　　　（b）　　　　　　　　　（c）

图 10-42　三维旋转命令应用举例

（a）绕 X 轴旋转；（b）绕 Y 轴旋转；（c）绕 Z 轴旋转

⑤ 两点（2）

使用两个点定义旋转轴，后续提示依次输入两点。若在该命令的主提示下直接按 ENTER 键也会显示上述提示，反之，如果在主提示下直接指定点（即"指定轴上的第一个点"）将跳过指定第一个点的提示。

3）三维对齐

命令：3DALIGN← < 常用 → 修改 ▼ → 🔲 > < 默认 → 修改 ▼ → 🔲 >

选择对象:使用对象选择方法并在完成选择后按 ENTER 键

指定源平面和方向…

指定基点或[复制(C)]:指定点或输入 c 以创建副本

指定第二个点或[继续(C)]＜C＞:指定对象的 X 轴上的点,或按 ENTER 键向前跳到指定目标点

指定第三个点或[继续(C)]＜C＞:指定对象的正 XY 平面上的点,或按 ENTER 键向前跳到指定目标点

指定第一个目标点:指定点

指定第二个源点或[退出(X)]＜X＞:指定目标的 X 轴的点或按 ENTER 键

指定第三个目标点或[退出(X)]＜X＞:指定目标的正 XY 平面的点,或按 ENTER 键

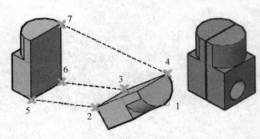

图 10-43　三维对齐命令应用举例

说明:

(1) 使用该命令可在二维和三维空间中将选定对象与其他对象对齐。其中选定对象为源对象,用来对齐的对象称为目标对象。使用时,首先为源对象指定一个、两个或三个点(如图 10-43 中的点 2、3、4),然后再为目标对象指定一个、两个或三个点(如图 10-43 中的点 5、6、7),通过移动、旋转选定的对象,使三维空间中的源和目标的基点、X 轴和 Y 轴均对齐。在此过程中,源对象的基点将被移动到目标的基点上。

(2) 三维对齐命令可用于动态 UCS,因此可以动态地拖动选定对象并使其与实体对象的面对齐。

(3) 后续提示中的三个点,其作用各不相同,使用时要理清。

(4) 如果选择的目标是现有实体对象上的平面,则可以通过打开动态 UCS 来使用单个点定义目标平面。

4) 三维镜像

命令:MIRROR3D↵＜ 常用 → 修改 ▼ → ✶ ＞＜ 默认 → 修改 ▼ → ✶ ＞

选择对象:使用对象选择方法并按 ENTER 键结束命令

指定镜像平面(三点)的第一个点或[对象(O)/最近的(L)/Z 轴(Z)/视图(V)/XY 平面(XY)/YZ 平面(YZ)/ZX 平面(ZX)/三点(3)]＜三点＞:输入选项、指定点或按 ENTER 键

说明:

该命令用于创建相对于某一平面的镜像对象,其操作和相应的二维命令基本相同,不再细述。

5) 三维阵列

命令:3DARRAY↵＜ 默认 → 修改 ▼ → ▦ ＞

选择对象:使用对象选择方法

输入阵列类型[矩形(R)/环形(P)]<矩形>:输入选项或按 ENTER 键

说明:

(1) 三维阵列命令用于在矩形或圆形的三维阵列中创建对象的副本。该命令的设置与二维阵列命令基本相同,其不同处有二:

① 三维阵列命令除需要指定列数(沿 X 方向)和行数(沿 Y 方向)值外,还要指定层数(沿 Z 方向);

② 三维阵列命令无对话框,所有设置都是通过后续提示来完成的。

(2) 选择后续提示"矩形(R)"后的有关命令提示如下:

输入行数(—)<1>:输入正值或按 ENTER 键

输入列数(|||)<1>:输入正值或按 ENTER 键

输入层数(...)<1>:输入正值或按 ENTER 键

指定行间距(—):指定距离

指定列间距(|||):指定距离

指定层间距(...):指定距离

(3) 选择后续提示"极轴(P)"后的有关命令提示为下:

输入阵列中的项目数目:输入正值

指定要填充的角度(+ = 逆时针,— = 顺时针)<360>:指定角度或按 ENTER 键

是否旋转阵列中的对象?[是(Y)/否(N)]<是>:输入 y 或 n,或按 ENTER 键

指定阵列的中心点:指定点

指定旋转轴上的第二点:指定点

图 10-44 所示为一小球按 3 行、4 列、2 层阵列后的排列情况。

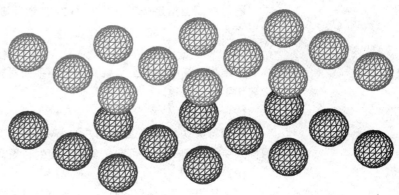

图 10-44 三维阵列命令应用举例

10.5.2 实体编辑

本节介绍的编辑命令均以实体模型为应用对象,故称实体编辑命令,位于图 10-23 所示的"实体建模"选项卡中的"实体编辑"面板内。其中的常用命令简介如下:

1) 实体剖切

命令:SLICE↵<SL↵><实体 → 实体编辑 → >

选择要剖切的对象：使用对象选择方法并在完成时按 ENTER 键

指定切面的起点或[平面对象（O）/ 曲面（S）/ Z 轴（Z）/ 视图（V）/ xy（XY）/ yz（YZ）/ zx（ZX）/ 三点（3）]<三点>：指定点、输入选项或按 ENTER 键以使用"三点"选项

指定平面上的第二点：指定点

指定平面上的第三点：指定点

选择要保留的实体[保留两侧（B）]<保留两侧>：选择生成的实体之一或输入 b

说明：

该命令利用切割法的原理建模。其中的剖切面（平面或曲面）就好像是切割用的刀，用户可利用它将模型实体中多余的部分剖去，剩余的部分就是新创建的实体模型。实体剖切命令各选项的要点分别为：

（1）在响应"选择要剖切的对象："选项时，如果选中的对象选择集里包括面域，那么这些面域将被忽略。

（2）"指定切面的起点或…"选项行，是为了选择剖切平面，在实体剖切命令中，该平面应垂直于当前 UCS。

（3）平面对象（O）

选择此项时，可指定一个已存在的对象，该对象可以是圆、椭圆、圆弧、椭圆弧、二维样条曲线或二维多段线等，剪切面与所选对象平行。

（4）曲面（S）

将剪切平面与曲面对齐。需要注意：该选项不能选择使用 EDGESURF、REVSURF、RULESURF 和 TABSURF 命令创建的网格曲面。

（5）Z 轴（Z）

通过平面上指定一点和在平面的 Z 轴（法向）上指定另一点来定义剪切平面。

（6）视图（V）

设定将剪切平面与当前视口的视图平面对齐，此时只需指定一点就可定义剪切平面的位置。

（7）XY / YZ / ZX

分别将剪切平面与当前用户坐标系（UCS）的 XY / YZ / ZX 平面对齐，同样只要再指定一点就可定义剪切平面的位置。

（8）三点

这是较为常用的一个选项，它利用三点来定义剪切平面。其后续提示：

指定平面上的第一点：指定点

指定平面上的第二点：指定点

指定平面上的第三点：指定点

（9）剖切与保留

在 AutoCAD 中，剖切命令也可以保留剖切实体的所有部分，且剖切实体能够保留原实体的图层和颜色特性。后续提示"选择要保留的实体[保留两侧（B）]<保留两侧>："就是用来进行相关设置的。在上述提示后定义

一点，系统将据此确定图形要保留剖切实体的一侧，如果需要保留两侧，则应以字母"b"响应。

2）干涉

命令：INTERFERE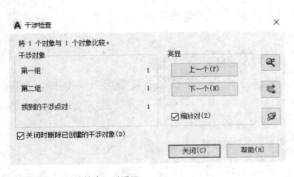

选择第一组对象或［嵌套选择（N）/设置（S）］：使用对象选择方法或输入选项

选择第二组对象或［嵌套选择（N）/检查第一组（K）］＜检查＞：使用对象选择方法，按 ENTER 键检查干涉，或输入 n

说明：

（1）干涉（INTERFERE）命令通过从两个或多个实体的公共体积创建临时组合三维实体，来亮显重叠的三维实体。如果定义了单个选择集，干涉命令将对比检查集合中的全部实体；如果定义了两个选择集，那么将对比检查第一个选择集中的实体与第二个选择集中的实体；如果在两个选择集中都包括了同一个三维实体，该命令将此三维实体视为第一个选择集中的一部分，而在第二个选择集中忽略它。

（2）使用该命令时，将在实体相交处创建和亮显临时实体，因此可以使用干涉命令，通过对比两组对象或一对一地检查所有实体来检查实体模型中的干涉（三维实体相交或重叠的区域）。实际操作时，还可以对包含三维实体的块以及块中的嵌套实体使用干涉命令。

（3）启动干涉检查后，可以使用"干涉检查"对话框（图 10-45）在干涉对象之间循环以及缩放干涉对象，也可以指定在关闭对话框时删除干涉检查的过程中创建的临时干涉对象，还可以通过使用"干涉设置"对话框（图 10-46）中的选项来指定干涉对象的显示。

（4）如果在命令提示下输入-INTERFERE，还将显示干涉命令行提示行。

图 10-45 "干涉检查"对话框

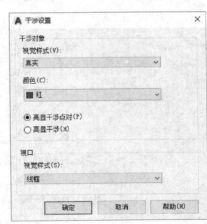

图 10-46 "干涉设置"对话框

3）实体编辑

该命令其实是若干个小命令的组合。在 AutoCAD 中，这些命令都集中在"实体编辑"面板上，下面作简单介绍。

命令：SOLIDEDIT↵

实体编辑自动检查：SOLIDCHECK＝1

输入实体编辑选项[面(F)/边(E)/体(B)/放弃(U)/退出(X)]＜退出＞：
_face

输入面编辑选项

[拉伸(E)/移动(M)/旋转(R)/偏移(O)/倾斜(T)/删除(D)/复制(C)/颜色(L)/材质(A)/放弃(U)/退出(X)]＜退出＞：

说明：

无论选择哪个具体命令，实体编辑命令前几步的提示都是相同的，见上述。由此可以看出，该命令主要是通过对三维实体面和边的编辑而实现其对实体的编辑。其主要选项的功能简介如下：

(1) 拉伸 (E) ＜ 常用 → 实体编辑 → ⬛ ＞：

将选定的三维实体对象的面拉伸到指定的高度或沿一路径拉伸。一次可以选择多个面。

(2) 移动 (M) ＜ 常用 → 实体编辑 → ⬛ ＞：

沿指定的高度或距离移动选定的三维实体对象的面。一次可以选择多个面。

(3) 偏移 (O) ＜ 常用 → 实体编辑 → ⬛ ＞：

按指定的距离或通过指定的点，将面均匀地偏移。正值增大实体尺寸或体积，负值减小实体尺寸或体积。

(4) 删除 (D) ＜ 常用 → 实体编辑 → ⬛ ＞：

删除面，包括圆角和倒角。

(5) 旋转 (R) ＜ 常用 → 实体编辑 → ⬛ ＞：

绕指定的轴旋转一个或多个面或实体的某些部分。

(6) 倾斜 (T) ＜ 常用 → 实体编辑 → ⬛ ＞：

按一个角度将面倾斜。倾斜角的旋转方向由选择基点和第二点（沿选定矢量）的顺序决定。

(7) 复制面 (C) ＜ 常用 → 实体编辑 → ⬛ ＞：

将面复制为面域或体。如果指定两个点，该命令将使用第一个点作为基点，并相对于基点放置一个副本。如果指定一个点（通常输入为坐标），然后按 ENTER 键，本命令将使用此坐标作为新位置。

(8) 颜色 (L) ＜ 常用 → 实体编辑 → ⬛ ＞：

通过选择面在"特性"选项板中更改其"颜色"特性，从而来修改三维实体上的面的颜色。

(9) 复制边 (C) ＜ 常用 → 实体编辑 → ⬛ ＞：

复制三维边。使用该命令所有三维实体边都可被复制为直线、圆弧、圆、椭圆或样条曲线。

（10）着色边＜ 常用 → 实体编辑 → ⬛ ＞：

更改边的颜色。

（11）清除＜ 常用 → 实体编辑 → 🖌 ＞：

删除共享边以及那些在边或顶点具有相同表面或曲线定义的顶点。删除所有多余的边、顶点以及不使用的几何图形。不删除压印的边。

4）创建复合实体

UNION（并集）、SUBTRACT（差集）和 INTERSECT（交集）均属于布尔运算。其名称来源于数学运算符："∪"、"-"和"∩"，其功能含义也相仿。以并集为例，该命令通过添加操作合并选定面域或实体，其所形成的组合面域是由两个或多个现有面域的全部区域合并而成；而组合实体则是由两个或多个现有实体的全部体积合并而成。并集命令也可合并无共同面积或体积的面域或实体。

在 AutoCAD 中，这三个命令同样位于"实体编辑"面板。用户可任意使用上述命令，通过合并、减去或找出两个或两个以上三维实体、曲面或面域的相交部分来创建复合三维对象。

如图 10-47 所示，图中左部为"并集"，右部为"交集"举例。

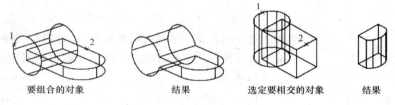

要组合的对象　　　　　　结果　　　　　选定要相交的对象　　　　结果

图 10-47　"布尔运算"命令举例

（1）并集（UNION）

命令：UNION↵＜UNI↵＞＜ 常用 → 实体编辑 → ◉ ＞＜ 实体 →

布尔值 → ◎ ＞

选择对象：

说明：

① 选择集可包含位于任意多个不同平面中的面域或实体，系统把这些选择集分成单独连接的子集。实体组合在第一个子集中，第一个选定的面域和所有后续共面面域组合在第二个子集中，下一个不与第一个面域共面的面域以及所有后续共面面域组合在第三个子集中，依此类推，直到所有面域都属于某个子集。

② 使用该命令后，得到的复合实体包括所有选定实体所封闭的空间，得到的复合面域包括子集中所有面所封闭的面积。

（2）差集（SUBTRACT）

命令：SUBTRACT↵＜SU↵＞＜ 常用 → 实体编辑 → ◐ ＞＜ 实体 →

布尔值 → ◑ ＞

选择要从中减去的实体或面域...

选择对象:使用对象选择方法并在完成时按 ENTER 键

选择要减去的实体或面域...

选择对象:使用对象选择方法并在完成时按 ENTER 键

说明:

① 差集命令通过减操作合并选定的面域或实体。使用时，系统从第一个选择集中的对象减去第二个选择集中的对象，然后创建一个新的实体或面域。故该命令操作时，对象的选择顺序很重要，不能颠倒。如图 10-48 所示，应先选择实体 1（被减实体），然后再选择实体 2（减去的实体）。

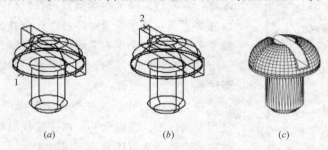

图 10-48 "差集" 命令举例

(a) 要从中减去的对象；(b) 选定要减去的对象；(c) 结果（消隐后）

② 执行减操作的两个面域必须位于同一平面上。但是，通过在不同的平面上选择面域集，可同时执行多个差集操作。程序会在每个平面上分别生成减去的面域。如果面域所在平面上没有其他选定的共面面域，则该面域将被系统拒绝。

(3) 交集（INTERSECT）

命令：INTERSECT↵＜IN↵＞ 常用 → 实体编辑 → ◯ ＞＜ 实体 →

布尔值 → ◯◯ ＞

选择对象:

说明:

① 交集命令从两个（或多个）实体（或面域）的交集中创建复合实体或面域，然后删除交集外的区域，见图 10-47。

② 只能选择面域和实体与交集一起使用。

③ 交集命令可计算两个（或多个）现有面域的重叠面积和两个（或多个）现有实体的公共体积。

④ 交集的选择集可包含位于任意多个不同平面中的面域或实体。交集将选择集分成多个子集，并在每个子集中测试相交部分。其中：第一个子集包含选择集中的所有实体；第二个子集包含第一个选定的面域和所有后续共面的面域；第三个子集包含下一个与第一个面域不共面的面域和所有后续共面面域，如此直到所有的面域分属各个子集为止。

【练习】

1. 常用的三维模型有_____模型、_____模型和

_____模型。

2. 用 SOLID（填实）命令绘制一个四边形区域，设其四个顶点按顺时针编号为 A、B、C、D，则在输入顶点坐标时，应该选择的次序是_____。

3. 了解各种简单建模方法的操作，练习使用各方法创建三维模型。

4. 掌握"网格"命令集里各命令的功能，练习运用这些命令创建三维曲面模型。

5. 练习绘制简单几何体造型。

6. 练习绘制母线表面造型。

7. 练习绘制基本实体造型。

8. 练习绘制母线实体造型。

第 11 章　三维建模实践

11.1　一般形体建模常用方法

此处的一般形体定义有二：一种是组成建筑物的最普通、最常见的形体，如墙体、门窗、踏步、楼梯等；另一种是建筑物中形体比较工整，建模不太复杂的形体。但无论如何，它们都是建筑建模中非常重要的部分，绝不可因其"一般"而轻视之。下面就分别介绍它们的建模方法。

11.1.1　建筑墙体建模

在房屋建筑中，墙体起着承重和围护的重要作用，是建筑物的重要组成部分。在房屋建筑的三维模型中，墙体模型也是很重要的一个部分。创建墙体模型的方法很多，在工程中常见的有以下几种：

1）利用直线、圆弧和多段线建模

这是一种常用的建模方法，其步骤分为两大步：

(1) 确定直线、圆弧和多段线的厚度和宽度

此处的厚度实际上就是建模后墙体的高度，而宽度则是用来控制墙体的厚度。由于直线和圆弧本身并没有宽度参数，所以用它们创建的模型是由几个面片包围起来的表面模型。这样的模型有时不能满足用户的要求，为此可在建模时选用多段线命令。

确定厚度和宽度可采用下面的方法：

① 利用"特性"命令

命令：PROPERTIES↵＜PR↵＞＜ 默认 → 特性 ▼ → ↘ ＞＜状态栏→ ▦ ＞

直接修改其中的"厚度"和"全局宽度"（只有多段线才有）的值。

② 利用"厚度"命令

命令：THICKNESS↵

输入 THICKNESS 的新值＜0.0000＞：输入墙体的高度

(2) 绘制墙体的平面形状

利用多段线命令绘制墙体平面，如图 11-1 所示。左下方的视口中为俯视效果。可以看见所绘墙体的平面形状；左上方视口为正立面效果；右方是正等轴测的立体效果。

说明：

(1) 为了控制不同墙体的宽度，在上述特性修改中，也可不用"全局宽

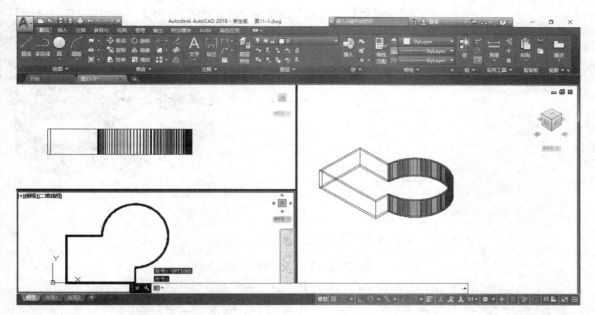

图 11-1　利用多段线进行墙体建模应用举例

度"，改为分别调整多段线各段的宽度。方法如下：

① 在"特性"对话框中选择"几何图形"中的"顶点"栏，按顺序分别选择图线上的各顶点序号；

② 调整其起点和终点宽度。注意：对每一个顶点而言，其起点和终点的宽度必须相同，否则在同一段线段上的墙体宽度不一。

(2) 对于较为复杂的平面形式，多段线的绘制会比较麻烦，而且在绘制过程中很容易出错。通常我们可采用建立平面轴网的方法解决。

2) 利用布尔运算工具建模

考虑到建筑设计过程的需要，墙体建模也可采用下面的方法：

(1) 利用实体建模工具建模 + 布尔运算工具修改

这里所说的是一个概念，很像孩子在搭积木。实际操作时会有许多的做法，在此仅举一例：

该方法将整个墙体拆为一个个独立的基本立体（例如长方体），然后利用基本体的建模命令直接建模，最后再合为整体。各步骤如下：

① 分别创建各段直线墙体模型。所用命令是：长方体（BOX）命令。操作是注意各段间的相对位置。

② 创建圆弧墙体模型。所用命令有：圆柱体（CYLINDER）和布尔运算中的差集（SUBT-RACT）命令。

③ 利用布尔运算组合成整体，如图 11-1 所示。所用命令：布尔运算中的并集（UNION）命令。

④ 为了模拟墙面开门窗洞的效果，只需再进行下面的操作：

A. 分别创建用于开门窗洞的小长方体 M 和 C，其平面位置如图11-2 (a) 所示。

B. 继续运用布尔运算中的差集（SUBTRACT）命令，在墙体上减去 M 和 C，如图 11-2（b）所示。

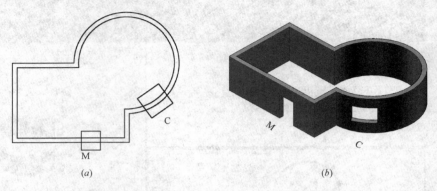

（a）   （b）

图 11-2　布尔运算进行墙体建模应用举例

该方法建模的思路清晰，但操作烦琐。

（2）利用平面布尔运算工具＋实体拉伸命令建模

该方法以每一面墙体作为建模对象。建模步骤分为：

① 绘制该面墙体的轮廓线，如图 11-3（a）所示。

② 分别绘制墙面门窗洞的轮廓，对于多个相同的窗洞，可采用阵列等复制方法，以提高绘图速度和精度，如图 11-3（a）所示。

③ 利用面域（REGION）命令将上面所绘图形设为面域。

④ 运用布尔运算之差集命令，结果如图 11-3（b）所示。

⑤ 使用实体拉伸命令，输入墙体厚度，完成建模，如图 11-3（c）所示。

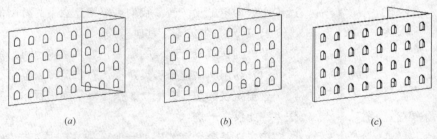

（a）   （b）   （c）

图 11-3　平面布尔运算进行墙体建模举例

（a）二维图框；（b）二维表面；（c）三维实体

说明：

（1）请注意观察上图（a）、（b）、（c）中的不同之处，图（b）下方右边的第三、第二个窗洞中显示了其后平面的轮廓线。

（2）除非必须，否则上述第五步骤亦可改为直接用多段线（其厚度为墙体宽度）绘制窗台等细节。用户可自行练习。

3）利用实体命令（多实体）建模

这是 AutoCAD 自 2007 版开始增加的新功能，利用该命令可直接创建有宽度和墙体厚度的模型。下面仍以图 11-1 所示的模型为例，介绍其建模步骤如下：

命令：POLYSOLID↵ <实体 → 图元 → ▢>

指定起点或[对象(O)/高度(H)/宽度(W)/对正(J)]＜对象＞：键入 H

指定高度＜0.0000＞：输入 80

指定起点或[对象(O)/高度(H)/宽度(W)/对正(J)]＜对象＞：键入 W

指定宽度＜5.0000＞：输入 4

指定起点或[对象(O)/高度(H)/宽度(W)/对正(J)]＜对象＞：屏幕点取 1 点(如图 11-4 所示,下同)

指定下一个点或[圆弧(A)/放弃(U)]：屏幕点取 2 点

指定下一个点或[圆弧(A)/放弃(U)]：屏幕点取 3 点

指定下一个点或[圆弧(A)/闭合(C)/放弃(U)]：屏幕点取 4 点

指定下一个点或[圆弧(A)/闭合(C)/放弃(U)]：键入 A(选择画圆弧方式)

指定圆弧的端点或[闭合(C)/方向(D)/直线(L)/第二个点(S)/放弃(U)]：键入 S

指定圆弧上的第二个点：屏幕点取 5 点

指定圆弧的端点：屏幕点取 6 点

指定下一个点或[圆弧(A)/闭合(C)/放弃(U)]：键入 ENTER

指定圆弧的端点或[闭合(C)/方向(D)/直线(L)/第二个点(S)/放弃(U)]：键入 L(选择画直线方式)

指定下一个点或[圆弧(A)/闭合(C)/放弃(U)]：键入 C

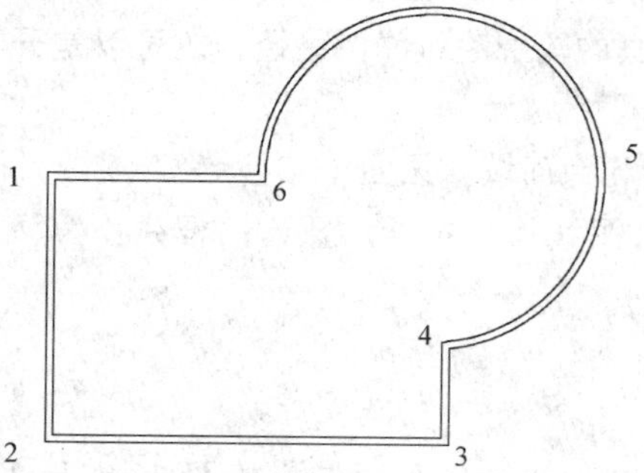

11.1.2 建筑门窗建模

无论是建筑外观模型还是室内模型，门窗都是不可缺少的重要构件。所以门窗建模方法的介绍，自然也是本书的重点。现分别通过两个应用实例介绍如下：

1）利用多段线创建窗户模型

该方法利用多段线绘制窗的轮廓形状，然后利用"特性"命令修改其厚度和宽度来完成建模。具体步骤如下：

（1）利用"多段线"命令绘制如图 11-5（a）所示的矩形线框，在绘制中间横档和竖梃时，应打开中点捕捉开关。

（2）利用"特性"对话框，设置厚度和宽度。设置时，可定义横档和竖梃的尺寸宽度、厚度小于外框，如图 11-5（b）所示。

（3）为了达到更为逼真的效果，可利用一拉伸面来模拟窗玻璃。具体步骤为：

① 利用"UCS"命令建立新的用户坐标系，此坐标系的 Z 轴应与窗户的高度方向一致；

② 设置 THUCKNESS 的值等于窗高；

③ 沿窗户的长度方向绘制直线，即得到玻璃平面；

注意：为了不使该平面挡住窗框，应将其后移，这样做的好处是，不仅

图 11-4　多实体命令进行墙体建模举例

窗框不受其影响，而且在着色渲染时，前面的窗框会在玻璃平面上产生落影，更加丰富了立体表现，如图 11-5（c）所示。

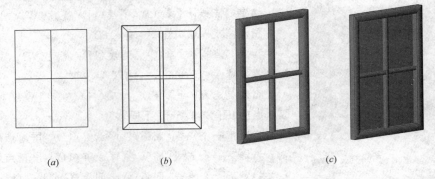

（a）　　　　　　　（b）　　　　　　　（c）

图 11-5　窗户建模举例

（a）二维图框；（b）表面模型；（c）增加"玻璃"前后的效果比较

另外，玻璃的制作也可利用三维平面等其他建模工具，读者可自行练习。

2）利用实体拉伸命令创建门模型

利用上述方法同样可以创建门的模型，在此就不再重述。由于房屋建筑中的门的种类很多，主要有：平开门、镶板门，因为平开门的建模较为简单，所以此处以一带有古典风格的镶板门为例，介绍建模方法。

该门的模型由门框线模型、门扇模型和门把手模型组成，下面逐步建模如下：

（1）创建门框线模型

① 利用多段线绘出门框线的剖面形状和门框的轮廓。注意：其中表示剖面形状的图线必须是闭合图线，而门框的轮廓线可作为路径，故可以是开放的图形。

② 利用面域命令将上述闭合图线转化为面域，见图 11-6（a）。

③ 使用拉伸命令，选择上面的闭合图线作为拉伸对象，门框线作为路径，得到门框线模型，见图 11-6（b）。

（2）创建门扇模型

该门为双扇门，建模步骤为：

① 利用矩形命令绘出门扇的立面图，并转化为面域，如图 11-6（c）所示。

② 使用拉伸命令创建门扇。在制作门扇镶板时，可输入 45° 的偏移角度以丰富造型。

（3）创建门扇模型

利用实体建模中的球体命令，制作两个等大的小球，作为门的把手。

最后将门框线、门扇和把手组合到一起，注意各部分的相对位置，完成建模，如图 11-6（d）、（e）所示。

11.1.3　台阶、楼梯建模

台阶和楼梯都是建筑物的组成部分，从建筑构造的角度看，所谓楼梯是用来连接室内垂直方向交通的构件，而台阶则为连接室内外交通之用。它们

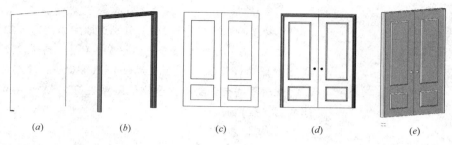

图 11-6　门建模举例

除了上述功能的区别外，在建模方法上却有不少相同之处。例如，它们都是由踏步构成（相比之下，楼梯的踏步数更多而已），所以建模也都是由踏步建模而成。现分别介绍如下：

1）台阶的建模

台阶的建模较为简单，现以两例说明其建模步骤。

（1）三向直角台阶的建模

① 利用厚度（THICKNESS）命令设置所绘图线的厚度，其值应等于台阶的踏步高；

② 利用多段线命令绘制台阶的平面图形。操作时，可利用偏移命令复制图线至指定的踏步数，如图 11-7（a）、（b）所示。

③ 将视图转换至立面视图，利用移动（MOVE）命令将各层踢面上移至合适位置，如图 11-7（c）所示。

④ 使用三维空间面（3DFACE）命令将各层踏面封闭，完成建模，如图 11-7（d）所示。

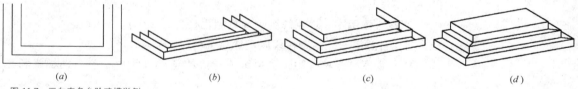

图 11-7　三向直角台阶建模举例

（2）带圆弧角台阶的建模

该台阶的建模，前几步均与上例相同，但由于本例中的台阶带有圆角（图 11-8a），无法使用上述第四步中的三维面命令，此时可改用面域（或其他）命令封闭踏面，如图 11-8（b）所示。如果此模型将转入 3DS MAX 软件中做进一步的处理，那么采用下面的方法更为简单：

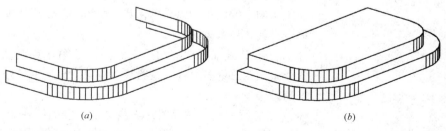

图 11-8　带圆弧角台阶建模举例

命令：PEDIT↵<PE↵><【 常用 → 修改 ▼ → ◇ 】>

选择多段线或[多条(M)]：分别选取台阶的每一层踢面

输入选项[闭合(C)/合并(J)/宽度(W)/编辑顶点(E)/拟合(F)/样条曲线(S)/非曲线化(D)/线型生成(L)/放弃(U)]：键入 C

此时图线自动封口，这样的图线在 3DS MAX 中可以通过设定转化为封闭的顶（底）面。

2）楼梯建模

一个完整的楼梯模型应该由（楼）梯段、休息平台、栏杆和扶手组成。现逐一介绍它们的建模方法：

（1）梯段建模

梯段包括踏步和楼梯梁两部分。其中踏步建模的基本方法和上述相同，但由于与台阶相比，楼梯的踏步数多出了许多，所以也可以使用多段线一次完成建模工作，方法如下：

① 选择主视图，设置厚度（应与梯段宽度相同），并利用多段线命令绘制踏步的轮廓线，如图 11-9（a）、（b）所示。

② 仍然回到主视图，设置厚度为 0，以已有的踏步为参考，绘制楼梯梁的轮廓；然后转为面域；最后使用拉伸命令，完成楼梯梁建模，见图 11-9（c）、（d）。

（2）休息平台建模

本例中的休息平台为正方形平板。

（3）栏杆建模

① 本例中使用圆柱栏杆，其建模利用带有厚度的圆命令（其厚度即为栏杆的高度）。

② 在主视图中，使用阵列命令复制栏杆（共 9 个）。

（4）合并第一、第二梯段以及休息平台。

① 将视图转至俯视图，选中第一梯段的全部（包括踏步、楼梯梁和栏杆）进行复制；

② 选中复制的对象做二维旋转，旋转角为 90°，请留心梯段的走向。说明：虽然 AutoCAD 提供了三维旋转等命令，但个人以为，可能的情况下还是尽量使用二维编辑命令。

③ 将视图转至三维视图（例如西南轴测图）中，利用捕捉工具将休息平台和第二梯段整个上移至合适位置，如图 11-9（e）所示。

（5）扶手建模

本例中的扶手较为简单，其断面为一小圆。建模可利用新版本中的拉伸命令，具体步骤为：

① 在三维视图中，利用三维多段线命令绘制扶手的拉伸路径。注意：此处必须用三维多段线，且绘线时应将对象捕捉打开（本例捕捉的是栏杆顶部的圆心）。

② 将视图转至左视图，绘制确定直径的圆作为扶手的断面（此处的断面为侧垂面，若有要求，可在主视图中做二维旋转至与路径垂直），移动至

路径的端点处（圆心与端点重合），并设置为面域。

　　③ 利用拉伸命令，以小圆为拉伸对象、三维多段线为路径，建模成功，见图11-9（f）。

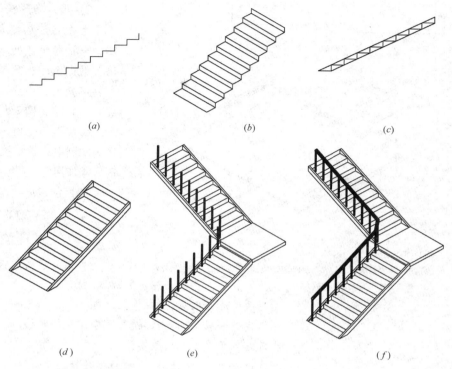

(a)　　　　　　　　　　　*(b)*　　　　　　　　　　　*(c)*

(d)　　　　　　　　　　　*(e)*　　　　　　　　　　　*(f)*

图11-9　双跑折角楼梯建模举例

11.1.4　建筑檐口建模

　　建筑檐口的建模方法通常有两种：实体建模和表面建模，现分别介绍如下：

　　1）墙檐的实体建模

　　该方法是一种比较简单的建模方法，主要步骤分为：

　　（1）绘制檐口的断面和屋顶平面

　　① 屋顶的平面轮廓线可由其建筑平面图获得，在本例中仅强调一点，因为在建模过程中该轮廓线充当拉伸路径，所以该平面轮廓线必须是一条完整的多段线（不一定要闭合）。如若不是，应使用多段线修改（PEDIT）命令连接之，如图11-10（a）所示。

　　② 将视图转换至右视图，绘制檐口的断面轮廓线，该线必须闭合，见图11-10（b）。注意：此处视图的选择与屋顶平面轮廓的起点有关，应保证所绘檐口断面垂直于起点处的路径。

　　③ 将所绘制的断面轮廓转化为面域。

　　（2）利用实体拉伸命令完成建模

　　① 将视图转换至三维视图，利用移动命令将檐口断面面域移至路径起点处（注意对齐），如图11-10（c）所示。

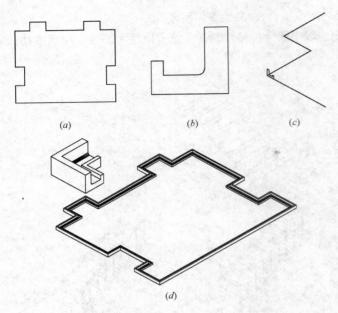

图 11-10 墙檐的实体建模举例

(a) 屋顶平面轮廓; (b) 檐口断面轮廓; (c) 移动断面至路径起点处;
(d) 建模效果 (右上为局部放大图)

② 选择拉伸命令，以檐口断面为拉伸对象、屋顶平面轮廓为路径完成建模，如图 11-10 (d) 所示。

2) 正六角形檐口的表面建模

上述方法虽然简单，但数据量较大，实为一种遗憾。而本处介绍的表面建模方法，数据量小，只是建模却较麻烦，现以一特例介绍其主要建模步骤如下：

(1) 绘制檐口断面

该步骤与上例一样，要求也基本相同。因为本例中的断面较上例要复杂，所以绘图时应稍加用心。所绘图形见图 11-11 (a)。

(2) 创建母线网格模型

命令：REVSURF↵ →

当前线框密度：SURFTAB1 = 6   SURFTAB2 = 6

选择要旋转的对象：选择檐口断面

选择定义旋转轴的对象：选择图中定义的轴线

指定起点角度＜0＞：直接回车

指定包含角（＋＝逆时针，—＝顺时针）＜360＞：

结果如图 11-11 (b) 所示。

说明：

(1) 本例利用旋转命令建立檐口模型。其中，系统变量 SURFTAB1 值的设置尤其重要。如果将该值改为 4，则所建模型为正四边形，如图 11-11 (c) 所示。当此值较大时，模型近似成为圆柱形。

(2) 在确定旋转轴线时应注意回转半径的值。由图 11-11 (b)、(c) 可以看出，此处的半径（图中的水平线）相当于正六边形和正方形的半对角线，不一定是正多边形的边长。因此，在具体建模时要进行换算。例如，在图 11-11 (b) 中，因为正六边形的特殊性，回转半径即为边长，可直接确定轴线的位置；但在图 11-11 (c) 中，则需要利用几何公式进行转换，转换后的半径值 = ($\sqrt{2}/2$ =)0.707 个边长值。

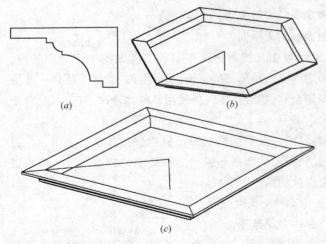

图 11-11 墙檐的表面体建模举例

(a) 檐口的断面轮廓; (b) 正六角形檐口模型; (c) 正四角形檐口模型

11.1.5 小型建筑物直接建模

所谓建筑物的直接建模就是指利用已有的建筑平、立面图来创建建筑三维模型的方法。它要求在同一个三维视图中，应同时包括有平面图（处于水平位置放置）和立面图（以某立面位置放置）。其中，平面图作为所建模型的基础，从中可获得包括构件的坐标、长度和宽度尺寸等在内的有关信息，而立面图则用于提供构件的标高位置和高度尺寸信息。

通常该建模方法由下而上逐个对构件建模，当建筑物较为复杂时，其建模步骤就相当的多，因此直接建模法较适合于小型或体量造型都比较简单的建筑物。

现以一例介绍该方法及其建模的主要步骤：

1）清除无关信息

如图 11-12 所示，打开已有的房屋建筑平面图，清除其中不用的图层（如尺寸和文字标注层、家具层等）以及其上的对象（如室内楼梯、墙体、室内门、家具和尺寸等等）。

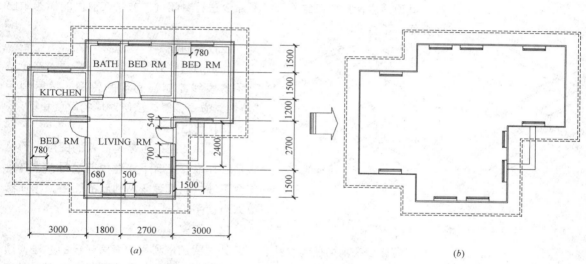

图 11-12 小型建筑物直接建模之——清理图面
(a) 原有建筑平面图；(b) 清除后的平面图

2）合并视图

所谓合并视图是指将分开在几个不同图形文件中的平、立面图组合到同一文件中，便于建模。如果原本建筑平、立面图就在同一文件中，则直接进入（2），否则按下列步骤进行：

（1）打开建筑立面图文件，按步骤 1）进行图面清理。选择全部，使用"编辑"→"复制"命令。然后在平面图文件窗口下，使用"编辑"→"粘贴"命令，将立面图调入平面图文件中；

（2）在平面图文件中，将视图转换为三维视图，此时所有图形均"躺在"水平地面上；

（3）选择正立面图的全部，使用三维旋转（ROTATE3D）命令旋转至正立位置。旋转时可选择立面图中的地平线为旋转轴，旋转角度为 90°；同理，将另一立面图（本例是右侧立面图）旋转至相应位置（其旋转轴和相应的旋转角度请自行设置），如图 11-13 所示。实际应用中，也可分别在不同的二

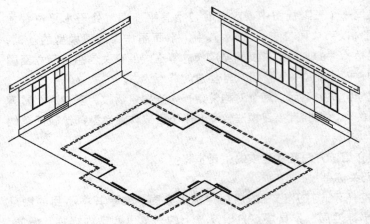

图 11-13 小型建筑物直接建模之——合并视图

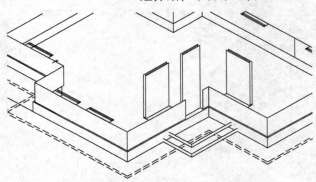

图 11-14 小型建筑物直接建模之——建模过程

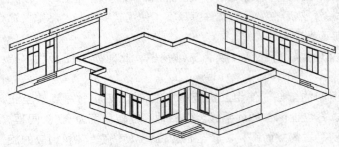

图 11-15 小型建筑物直接建模之——最终效果

维视图下利用 ROTATE 进行二维旋转，多做几次，最终效果相同。

3）创建模型

以平面图为基础，立面图作参考，自下而上依次创建勒脚、台阶、窗下墙、窗间墙、窗过梁、门窗、屋顶等的模型，其步骤大致有：

（1）勒脚、台阶和窗下墙

直接使用改变厚度的方法就可以完成勒脚、台阶和窗下墙的建模，其高度值由立面图获得，见图 11-14。图中的台阶仅设置了标高和厚度，其顶面应使用"三维平面"等命令进行封闭（该方法在前面的例题中已经介绍，不再絮叨）。

（2）窗间墙

为了建模的方便可新建一图层，在此层利用多段线绘制窗间墙的轮廓。然后利用"特性"命令，修改该层对象的厚度和标高。

（3）窗过梁

窗过梁的建模也需建立新的图层，而且该项工作最好在窗下墙建模前进行，这样可将窗下墙的轮廓线复制到新的图层，稍加修改即可使用。

（4）门窗

门窗建模在前面已作介绍，在此处主要还是利用的表面建模的方法，通过改变平面图中已绘门窗的平面投影的厚度和标高，直接转换成三维表面模型。见图11-14中已建的门和窗模型。

为了更加逼真的效果，应注意将窗台的上表面封闭。另外还可在门窗洞处加上"玻璃"、"横档"和"竖梃"。

（5）屋顶

本例中屋顶的建模分为两大步：①利用 11.1.4：1）墙檐的实体建模中介绍的方法，建立檐口模型；②使用"三维面"命令将屋顶封闭。

至此完成整个建筑物的建模工作，所建模型效果见图 11-15。

11.1.6 大型建筑物分块建模

对于大型建筑物的"大"。此处的解释有二：一是说该建筑物的占地面积较大，二则是说它的高大（可能有若干的楼层）。对于这样的高大建筑，上述的建模方法已远远不够。为此，可将建筑物分为若干体块（简称分块），建模时分别对每个体块单独建模并独立存储，最后再统一"组装"成一个完整的三维建筑模型。此法即所谓的大型建筑物的分块建模。下面简述该方法的建模步骤：

1）分解

对于由建筑平、立面图创建的建筑模型，建模过程的分块工作可参照图纸进行。对照图纸，可将建筑物进行垂直或者水平的分解。

（1）垂直分解

垂直分解指模拟将建筑物沿垂直方向分割、切块的一种方法。通过对图11-16 的分析可以看出，在建筑物立面图中沿左右方向，该建筑物可分为墙体、门窗、阳台等几个部分。依次单独创建各个构件的模型并进行组合，就可以得到整个建筑物的模型。

（2）水平分解

水平分解一般是按层进行的，此处的"层"是指楼层而非图层。由图11-16 可以看出，该建筑物是一多层建筑，对于这类建筑，按水平方向可以做如下的分解：底层体块、中间标准层体块和屋顶体块。其中标准层体块的建模可以一个自然层为单位，其余楼层采用"阵列"命令进行叠加组合。

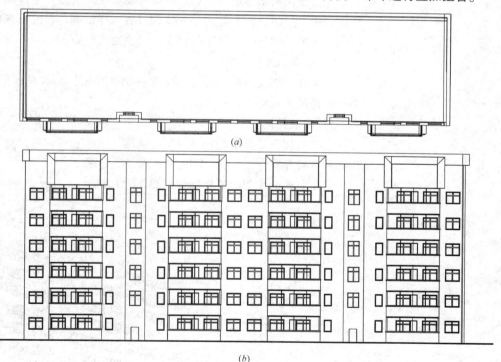

(a)

(b)

图 11-16　大型建筑物分块建模之——分块分析
（a）大型建筑物平面图；（b）大型建筑物立面图

2）信息的取舍

庞大的信息数据是大型建筑物建模时最常遇到的问题，如何处理将直接影响到建模速度和建模质量。学会分解图纸，"取其精华，去其糟粕"是解决这类问题最好的办法。通常我们可将图纸提供的建模信息分为主要信息、次要信息和无用信息。

所谓主要信息，是指有关建筑模型主要组成构件的信息。例如：墙体（主要指外轮廓墙体）、门窗、阳台、屋顶等。

次要信息包括：除主要构件以外的其他构件，这些构件是建筑物组成的一部分，且在最后的模型上也能看到，需要建模，但为了建模方便，我们可以将其暂时搁置，等主要构件模型完成后，再进行绘制。

无用信息则是指：建筑物内部的墙体、楼梯、门窗、家具以及背立面上的构件，这些构件在建模后均不可见，应该坚决舍弃，如图 11-16（a）所示。这样做可以节省大量的时间和机器空间，从而大大提高工作效率。

3）设置图层

和建筑平、立、剖面图的绘制一样，在大型建筑物模型创建过程中，图层也起着很大的作用。例如：可以将一些具有相同信息数据的对象放置在同一层中。在图 11-16 所示的建模过程中，就设有以下图层：轴线、地面、墙体、门窗、阳台、屋顶及其他等。

4）创建模型

大型建筑物虽然庞大，可同时也有其优点。例如：主体部分常常具有对称性（图 11-16）、门窗等构件的排列具有规律性等，因此，在建模时可充分利用"镜像"、"阵列"等修改命令，减少建模时间。

5）检查调整

在完成分块建模后，要仔细检查各构件模型，尤其是模型之间的连接，发现问题及时调整。

6）后期美化

后期美化主要是指建筑物周围的环境、道路和绿化等，地形环境的创建在后续中有专题介绍，图 11-17 中仅添加了道路。

最终完成的大型建筑物模型如图 11-17 所示。

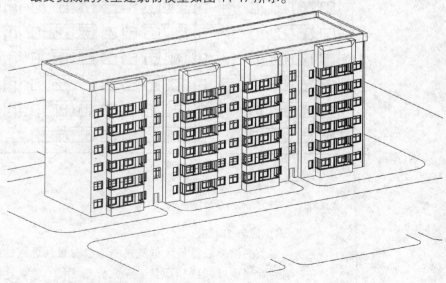

图 11-17　大型建筑物分块建模之——最终结果

11.2 复杂形体建模方法

复杂形体建模包括：弧线楼梯建模、弧形车道建模、曲面墙体建模、斜坡屋顶建模以及起伏地面建模。现分别介绍如下：

11.2.1 弧线楼梯建模

圆弧线楼梯的建模方法有很多，但制作过程却非常麻烦，尤其是其中的螺旋型的扶手。在早期的建模过程中，人们为此绞尽了脑汁，有人因此将模型转入其他软件中处理，甚至有人为此而学习研究相关编程软件的编程，比如利用 LISP 语言编写建模程序以解决该难题。但随着 AutoCAD 新版本的出现，该难题已不再存在，现以一例演示其建模步骤。

1) 初始设置

(1) 图纸的设置

使用"新建"创建新的图形文件；

使用单位制（UNITS）和绘图范围（LIMITS）等命令设置、图纸幅面和绘图比例等；

(2) 三维观察的设置

利用"视口"命令完成三维视图的设置（可设置三个视口，分别用以平面、立面和三维轴测观察）；

(3) 绘图的设置

绘图设置包括图层设置、捕捉工具设置等。

2) 绘制踏步单元

为了建模的需要，此处的踏步单元由踏步（包括：踏面、踢面、两侧的圆弧面）和栏杆共同组成。其主要步骤有：

(1) 将视图转至平面视图，利用"圆"命令绘制一直径为 1880mm 的圆；

(2) 使用"偏移"、"阵列"、"修剪"等命令，创建踏步单元中的踏步，此时它仅为一平面扇形，其尺寸为：长 1320mm，宽 420～172mm（两侧宽度不等，也可直接设计扇面的圆心角大小）；

(3) 同样使用"圆"命令，绘制两直径为 40mm 的小圆。注意它们与踏步的位置关系；

(4) 利用图层控制分别设置如下：大圆和踏步中踏面及两侧圆弧面的厚度为 150mm；设置两个小圆的厚度为 900mm；设置踏面标高为 150mm 并将其转为面域（注意：此处应先设标高再转面域），结果见图 11-18。

3) 创建梯段模型

创建梯段可利用"三维阵列"中的"弧形阵列"、"移动"或"旋转"及"三维旋转"等命令。楼梯的踏步数可自行设置，在本例中该值设为 25 级。

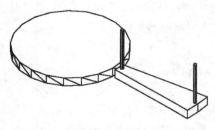

图 11-18　弧形楼梯建模举例之——踏步单元

本步骤要求操作者的建模思路清晰，实际操作细心。同时要利用各绘图工具（特别是"对象捕捉"）帮助建模。例如在进行"阵列"时，可利用图中的大圆的圆心为阵列定位，还有在执行"移动"等操作时，可利用踏步本身的高度帮助定位等等。

4）添加扶手

本例中的扶手建模采用了和 11.1.3：1）楼梯建模中的方法，即利用"拉伸"命令对扶手断面进行沿路径的拉伸。只是本例中无论断面还是路径都较前例复杂而已。

如图 11-19（a）所示，本例扶手断面由多条圆弧曲线组合而成，故首先请参考本书前面的章节，自行练习绘制扶手的断面轮廓。图 11-19（b）、（c）所示分别为以本例断面沿前面例中的折角路径和本例中路径（三维多段线路径）拉伸建模的效果，请注意其中折角处的情况。

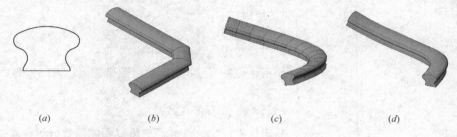

（a）　　　　　　　　（b）　　　　　　　　（c）　　　　　　　　（d）

图 11-19　弧形楼梯建模举例

（a）扶手断面；（b）扶手示例一；（c）扶手示例二；（d）扶手示例三

弧形楼梯中扶手的拉伸路径应是一条螺旋线。早期的 AutoCAD 版本中没有该类图线的创建命令，此时可使用"三维多段线"代替，只是此法较为烦琐，需逐个捕捉各栏杆的顶点，一旦有错就必须从头再来。而若使用新版本，因新加了"螺旋"命令，就没有这样的后顾之忧了。

命令：HELIX↵< 常用 → 绘图 ▼ → 彐 >

圈数＝1.0000 扭曲＝CCW

指定底面的中心点：

指定底面半径或[直径(D)]<1.0000>：

指定顶面半径或[直径(D)]<178.5563>：

指定螺旋高度或[轴端点(A)/圈数(T)/圈高(H)/扭曲(W)]<1.0000>：

利用上面的各提示项，可以设置所建螺旋线旋转的圈数、每个圈的圈高以及是否进行扭曲（该项在扶手建模时应注意，否则扶手将会扭曲成"麻花"一样）。图 11-19（d）中的模型就是使用螺旋线为路径创建的。

5）完成全图

图 11-20 是完成后的弧形楼梯模型的效果图。

11.2.2　弧形车道建模

在建筑物的入（出）口处常设有弧形行车车道。图 11-21（a）所示即为某出入口处弧形车道的平面图。现以此为例，介绍其建模步骤。

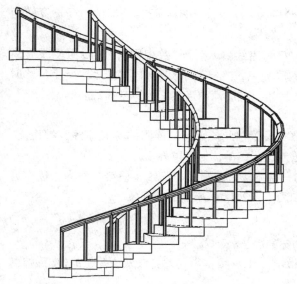

图 11-20 弧形楼梯建模举例之——最终效果

1）创建中间平台及正面台阶

中间平台和正面台阶的模型可利用修改厚度的方法直接获得。最后利用"三维平面"或"面域"命令完成表面封闭，如图 11-21（b）所示。

2）绘制定义曲线

弧形车道建模最麻烦的就是弧形坡面的建模。该坡面用来连接室外地面（低处）与大门平台（高处），是一个非标准曲面，在本例中用一个直纹曲面代替。下面就来介绍创建直纹曲面所需的两条定义曲线的画法。

如图 11-22（a）所示，圆弧 AE、CF 为车道在水平面上投影，图中为相互平行的同心圆弧。而创建直纹曲面所需要的应是 A 与 B、C 与 D 之间的连线，从几何关系看，这两条曲线是椭圆弧。其画法有：

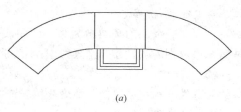

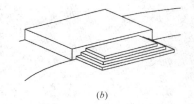

图 11-21　弧形车道建模举例之——车道平面
（a）弧形车道平面图；（b）平台和台阶模型

（1）见图 11-22（b），利用"定数等分（DIVIDE）"命令，将圆弧 AE 作 10 等分。打开对象捕捉工具中的"节点"捕捉，分别过各等分点向上作垂

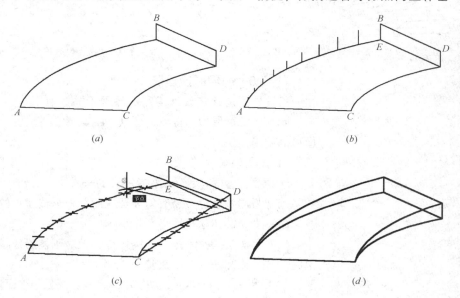

图 11-22　弧形车道建模举例之——定义曲线

直线，从 A 点起，其长度分别为：0、60、120、180、…、600（长度间距与等分数有关）。

或者，同时等分圆弧 AE 和直线 CD（等分数相同），然后用多段线对应、依次的连接两条线上的等分点，连接过程如图 11-22（c）所示，此时所绘多段线即为坡道面上的线段，其终点的连线即为所求曲线。

说明：

此步骤中的等分数可自行设置，此值大，则得到的定义曲线的精度高，但绘制过程麻烦。反之，绘制过程简单，但精度降低。

（2）任选步骤 1）中的一种方法后，利用"三维多段线"命令，逐个连接已画直线的端点，得到如图 11-22（d）所示的椭圆弧。

（3）创建车道模型

命令：RULESURF←━［网格］━➤［图元］━➤［◸］━➤

当前线框密度：SURFTAB1＝12（根据需要改变该系统变量的值，可控制曲面的显示精度）

选择第一条定义曲线：选择 AB

选择第二条定义曲线：选择 CD

同样的方法，改变选择的对象（分别以 AB 和 AE、CD 和 CF 为组合），可创建圆弧坡面车道两侧的圆柱面。结果如图 11-23 所示。

（4）完成建模

根据模型的对称性，利用"镜像"命令获得车道的另一半，完成全部建模。图 11-24 为最终结果（已消隐）。

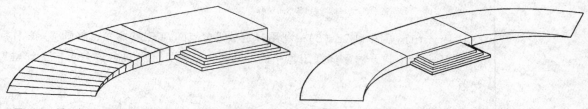

图 11-23　弧形车道建模举例之——车道模型　　　　　图 11-24　弧形车道建模举例之——最终结果

11.2.3　斜坡屋顶建模

斜坡屋顶是建筑设计常用的屋面形式，有很多分类，建模方法也相当多。此处以四坡屋顶为重点，分别介绍盝顶、双坡屋顶、四坡屋顶以及歇山屋顶的建模方法。

1）盝顶建模

所谓盝（音同"录"）原指古代的一种盒子，而"盝顶"就是在平屋顶的基础上将屋檐设计成带有斜坡形式的屋顶。该屋顶的建模方法多样。

（1）盝顶实体建模

虽然实体模型并不是最好的选择，但对于盝顶建模，这确是一个相对简单的方法。该方法分为三大步：

① 利用平面图获取建模所需的路径——屋顶的平面轮廓，见图 11-25（a）；

② 将视图转换至正立面或侧立面，用多段线绘制盝顶断面轮廓，并设

为面域，如图 11-25（*b*）所示；

③ 利用"拉伸"命令完成建模，见图 11-25（*c*）。

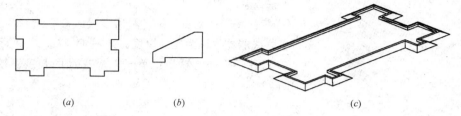

图 11-25　盝顶建模举例之——实体建模

（*a*）屋顶平面轮廓；（*b*）盝顶断面；（*c*）盝顶模型

（2）盝顶表面建模

① 利用平面图获取屋顶的平面轮廓，必须是闭合多段线，设其为平面面域，作为拉伸对象；

② 利用"拉伸"命令，将拉伸的倾斜角设置为屋面斜坡倾角，拉伸高度与盝顶高度相同；结果如图 11-26（*a*）所示。

③ 利用"分解（EXPLODE）"命令将拉伸的实体分解为若干面片。删除最上面的面片，得盝顶模型的雏形；

④ 进一步利用相关命令编辑图形，完成建模工作。例如：选择拉伸后顶面边轮廓（用多段线重新绘制），利用"偏移"、"厚度"等命令进行编辑后，成为盝顶上部内侧表面。最终的建模结果如图 11-26（*b*）所示。

除此之外，盝顶的建模还可以利用实体模型做"差集"运算的方法。读者可自行练习。

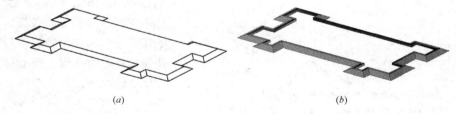

图 11-26　盝顶建模举例之——表面建模

（*a*）拉伸实体（倾斜角 63°）；（*b*）盝顶模型

2）双坡屋顶建模

此处所说的双坡屋顶的建模方法，其实是一种典型形式的双坡屋顶的建模方法，更加普通和复杂形式的双坡顶建模，在下一小节四坡屋顶建模内介绍。

（1）表面建模

方法一：

① 将视图转换到左视图，利用多段线命令绘制"人"字型图形（也可先绘制一斜向直线，再使用"镜像"命令对称复制成"人"字型）。

② 使用"偏移"命令，偏移距离等于屋顶厚度，用多段线连接端点封口，如图 11-27（*a*）所示。

③ 修改多段线的厚度值等于双坡屋顶的长度，转换视图至三维视图，得到图 11-27（b）所示的屋顶模型。

方法二：

① 将视图转换到左视图，利用多段线命令绘制"人"字型图形，注意：需将多段线的宽度设为屋顶厚度，如图 11-27（c）所示。

② 修改多段线的厚度值等于双坡屋顶的长度，转换视图至三维视图，得到图 11-27（d）所示的屋顶模型。

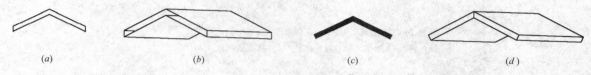

| (a) | (b) | (c) | (d) |

图 11-27　双坡屋顶建模举例之——表面建模

说明：

读者仔细比较 11-27 中（a）、（c）两图可以发现屋顶檐口处收口的不同，建模时应注意区别。另外，在图 11-27（b）中，屋顶的两侧面未封闭，为了逼真的效果，可利用"三维平面"或"面域"命令封闭该面。

（2）实体建模

实体建模是利用"拉伸"命令完成的。其中的拉伸对象可利用图 11-27（a）中的封闭多边形转换面域获得。相比于上述的表面模型，该模型最大的特点是便于编辑。合理利用 AutoCAD 中的布尔运算及其他有关命令，可以将几个如此法建好的屋顶模型组合成各种复杂的屋顶，如图 11-28 所示。

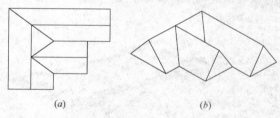

| (a) | (b) |

图 11-28　双坡屋顶建模举例之——双坡组合屋顶实体建模
（a）平面形式；（b）实体模型

3）四坡屋顶建模

此处的四坡屋顶又称为同坡屋顶，是建筑设计中常用的一种屋面造型。由于坡度的大小会影响屋面排水和其他物理指标，所以根据地域及所用屋面材料的不同，屋顶坡度也有变化，但在同一个建筑物上，其沿着各方向排水的坡度应是一致的，故名同坡。从建模的角度考虑，坡度的大小还决定屋顶的高跨比。通常，普通平瓦屋面的坡面角度为 27°左右，此时所对应的高跨比为 1∶4。

四坡屋顶的建模方法也分为两种：表面建筑和实体建模。所谓实体建模，其方法是在上述图 11-28 所示模型的基础上，运用"常用"→"实体编辑"→"剖切（SLICE）"命令进行剖切，完成建模。操作时，为了精确定位，可灵活运用用户坐标系（UCS）和视图转换命令等。

由于实体建模在应用中的多项不足，在工程建模中大多使用表面模型，故本小节重点介绍表面模型的创建方法。

（1）提升屋脊线建模法

该方法的步骤和工程上盖屋顶的步骤相仿：

① 确定屋顶的檐口线。

操作时，可以从已创建的建筑主体模型中提取屋檐线，也可从已绘建筑平面图中获得，如图 11-29（*a*）所示。

② 绘制屋脊线的水平投影

将视图转至俯视图中，过屋檐线上的各顶点，利用直线命令画出屋顶各表面交线的水平投影，如图 11-29（*b*）所示。图中 12、34、56、78 称为屋顶的水平脊线，其余称为屋面斜脊线（有关屋脊线水平投影画法的相关知识可参考画法几何教材）。

③ 提升屋顶的水平脊线

利用二维拉伸（STRETCH）命令，并根据屋顶实际的坡度（高跨比）提升屋顶水平脊线至相应高度。说明：

A. 本例中屋顶的高跨比取 1∶4；

B. 由图 11-29（*b*）可以看出，屋顶模型上的 12、56、78 三条屋脊分别对应的是 aj、gf 和 cd 三条端檐，其高度也分别由 aj、gf 和 cd 三条端檐的长度除以 4 获得；而屋脊线 34 的高度对应的跨度值应是檐口线 ef 与 ij 之间的距离，建模时，应将该值除以 4 得屋脊线 34 的高。

C. 步骤③也可改为直接修改水平脊线的标高。但应注意，此例中屋脊线的绘制使用的是"直线"命令，因其无高度参数，故需使用"多段线修改（PEDIT）"命令进行转换。

④ 调整各斜脊线和斜沟线

在提升水平脊线的同时，将各斜脊线和斜沟线上与之相连的点一并提升，这样一来，图 11-29（*b*）中原来的水平投影线 a1、c7、d7、f6、g6、

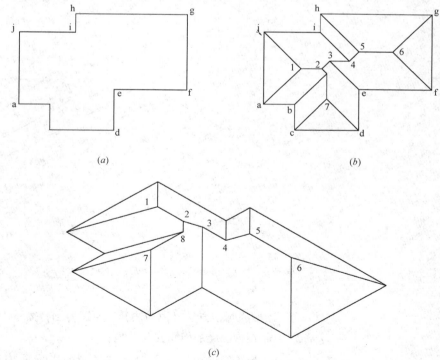

（*c*）

图 11-29　四坡屋顶建模举例之——"提升屋脊线法"建模

（*a*）屋顶檐口线；（*b*）屋脊线的水平投影；（*c*）最终结果

h5、j1 调整为空间斜线（称为斜脊线——对应的是凸角）；b8、e3 和 i4 也调整为空间斜线（称为斜沟线——对应的是凹角）；而 28、23 和 45，它们是用来连接各水平脊线的斜脊线，因为各水平脊线的高度不同，也属斜脊线。

⑤ 转换视图至三维视图，使用"三维面"或"面域"命令封闭四坡屋顶的各表面。完成建模，如图 11-29（c）所示。

(2) 坡面（斜脊线）延伸法

上述方法建模方便，使用命令简单，但需要绘图者有较扎实的画法几何基础。对于该项理论知识掌握不足的读者，也可以使用下面的方法。其具体步骤如下：

① 定义拉伸对象

转换视图至俯视图，用多段线绘制屋顶檐口线，并定义为面域。

② 以屋面坡度角的余角为拉伸倾斜角拉伸面域。注意：拉伸高度可随意指定，但宁小勿大（过大的高度会出现自相交现象而使拉伸无法进行）。转换视图至三维视图，拉伸后的结果见图 11-30（a）。

③ 利用分解（EXPLODE）命令将拉伸体分解成多条直线，删除多余的线段，结果如图 11-30（b）所示。则图中 aj、cd 和 fg 分别为三条端檐。

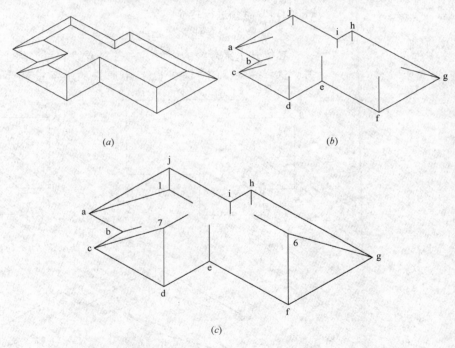

图 11-30　四坡屋顶建模举例之——"坡面延伸法"建模

(a) 拉伸成台体；(b) 分解后的情况；(c) 倒角求作水平脊线

端檐的判别方法（由画法几何原理得到）：

A. 端檐两端的檐角应为凸角；

B. 若相邻端檐均有两个凸角（例如当屋面檐口线成"⌐⌐"的形状时），短的那条为端檐。

④ 利用圆角（FILLET）或倒角（CHAMFER）命令对过端檐两端点的斜脊线进行倒角，得到其水平脊线上的点，见图 11-30（c）。其上的 1、6、7即为所得。

⑤ 分别过 1、6、7 三点作水平脊线，根据分析，继续利用圆角或倒角命令，逐步求出最终结果，见上例图 11-29（c）所示。

在此过程中最为关键的步骤是求水平脊线 34，方法如下：

A. 先求出点 5、8；

B. 在 5、8 中任选一点，如选 5。则过 5 作两表面的斜脊线（应平行于b8），此线与过 h 点的斜脊线交于 4，得水平脊线上的一点（见上例图 11-29b、c）。

C. 过 4 作水平脊线 34 交过 e 点斜沟线于 3 点。

其后的步骤就不再重复。

该方法表面看来是利用延伸斜脊线的方法建模，但究其原理实为坡面之延伸相交，故称为坡面延伸法。

（3）双坡屋顶的表面建模

如图 11-29（c）所示，只要在四坡屋顶的基础上将 1、6、7 三点沿水平脊线方向向外推出，就可得到双坡屋顶的表面模型。"推出"操作使用的命令仍然是二维拉伸。为避免三维空间操作的麻烦，可将其转换至二维空间（例如正面视图空间）进行。同时，利用用户坐标系（UCS）也是一个不错的选择。

推出后的结果如图 11-31（a）所示。图 11-31（b）为增加了封檐板后的结果。

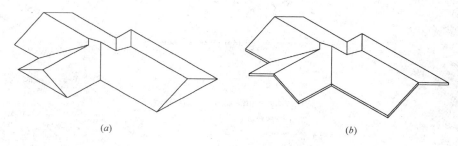

（a）   （b）

图 11-31 双坡屋顶的表面建模举例

（4）歇山屋顶建模

歇山屋顶的表面建模方法也有多种，现简介三种：

① 由屋顶的平、立面图建模

图 11-32（a）所示是某歇山屋顶的平、立面图，其中所标注的点是建模的关键。根据上例的分析，我们可利用二维拉伸（STRETCH）命令将图中的 1、2、3 点直接拉伸到相应的高度，同时与之相连的斜脊线也随之变化。注意：采用此法前，需使用多段线命令重新绘制屋顶轮廓，其中 23 两点间应绘制三条线段：12、13 和 23。拉伸后的结果如图 11-32（b）所示。

② 屋脊延伸法

所谓屋脊延伸法，是在四坡屋顶的基础上，通过延长水平屋脊的一种建

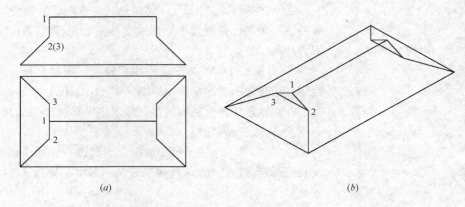

图 11-32　歇山屋顶的表面建模举例之一
(a) 歇山屋顶平、立面图；(b) 拉伸后的立体模型

模方法。其主要步骤为：

    A. 创建一个屋檐线相同的四坡屋顶，如图 11-33 (a) 所示；

    B. 延伸屋脊线至指定长度，如图 11-33 (b) 所示；

    C. 利用拉伸 (STRETCH) 命令移动各顶点至相应位置；

    D. 清理图面，并定义各屋顶表面，完成全图。

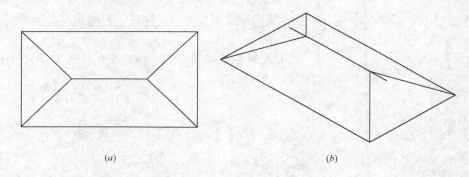

图 11-33　歇山屋顶的表面建模举例之二
(a) 创建四坡屋顶；(b) 延伸屋脊线

③ 坡面延伸法

    该方法与四坡屋顶的步骤基本相同，只是在拉伸锥台时，拉伸高度可直接指定为图 11-32 (b) 中 23 的高度。

11.2.4　曲面墙体建模

    虽然在 11.1.1 建筑墙体建模中，我们已经介绍了圆弧墙体的简单建模方法，但有关平曲面相交（包括两墙体相交和墙体与屋面相交等）、曲面墙体上开洞等情况却未提及。由于实体建模中的相交问题可通过布尔运算解决，因此本小节主要讨论表面建模时的相关问题：

    1) 弧形墙面与斜平面相交

    如图 11-34 (a) 所示，在一个凹弧形墙体的前面有一单坡屋顶建筑，两侧山墙与凹弧面分别相交于两条铅垂线（图中的直线 17，还有点 2 与点

10 的连线）；现要求其斜坡屋面与凹弧面的交线。

由几何原理可知，本例中凹弧面与斜坡屋面的交线是一条具有对称性的平面曲线（如果凹弧墙面为圆弧曲面，则此交线为椭圆弧），且该曲线所在平面与通用坐标系中的 XY、YZ 和 ZX 平面均不平行。对于如此的情况，我们可采用前面 11.2.2 弧形车道建模中的方法建模。具体步骤如下：

（1）求作相交线上的特殊点：

① 如图 11-34（a）所示，连接图中点 1 和点 2，得直线 12，设其中点为 O；

② 调整标高值为 17，在包含直线 12 的水平面上过点 O 作直线 O3，使 O3⊥12，交弧线 12 于点 3（弧线 12 可利用复制命令获得）；

③ 利用 UCS 命令设置新的用户坐标系，其原点位于点 O，XY 面垂直于直线 12；

④ 在新的坐标系中，过点 3 作铅垂直线 35，连接点 6（檐口线 89 的中点）与点 O，得直线 O6；

⑤ 利用圆角或倒角命令修剪直线 35 和 O6，两线的交点为 5；

⑥ 连接点 5 点 6，直线 56 即为单坡建筑斜坡屋面上的线，点 5 就是此线与凹弧墙面的交点。

（2）作出相应的控制点

① 利用等分（DIVIDE）命令，分别等分线段 12、89 和弧线段 132，所有线段的等分数应该相同（等分数的多少可根据绘图精度确定）。

② 重复 1）中的步骤（3）～（6），只是将其中的点 O 改为各对应的等分点。

（3）连接交点得交线

利用三维多段线命令依次连接各控制点，得到斜坡屋面与凹弧墙面的交线。完成任务。

（4）创建表面模型

可利用多种方法给模型添加表面，本例推荐"直纹网格"命令。完成建模后的效果如图 11-34（b）所示。图 11-34（c）所示，为一个矮凸弧墙体

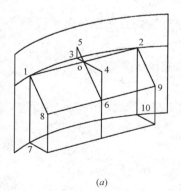

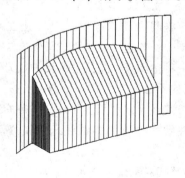

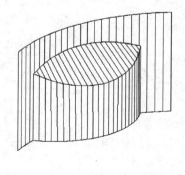

(a)   (b)   (c)

图 11-34　弧型墙面与斜平面相交的应用举例

与凹弧墙面相交的情况，其建模方法和（b）模型相同。

2）曲面墙体开洞

初看起来墙体开洞和墙体相交有着本质的区别，但仔细比较图11-34（b）与11-35（a）中的模型可以发现，其实它们在凹墙面上的交线是一致的，其建模步骤也有许多的相同之处。此处只介绍其不同的部分。

墙体开洞的表面建模，开洞的方法是重点。如果是实体建模，可以利用布尔运算中的"差集"获得；如果开洞墙面为平面，则可以将墙体轮廓和洞口轮廓均设为面域，然后进行二维布尔运算。而本例既非实体建模，又无法使用二维布尔运算，所以必须采用更加复杂的方法。

由图11-35（a）可以看出，该开洞墙面共利用了四个曲面拼合而成。操作时，应先准备好各曲面建模所需的边界条件。本例中都是采用直纹网格曲面，所以需要的是相对应的两条定义曲线。例如：曲线12和ef定义洞口上方的墙面、曲线34和hg定义洞口下方的墙面、曲线ae和dh定义洞口左方的墙面、曲线fb和gc定义洞口右方的墙面。

为了表示墙体厚度可作如图11-35（b）的操作（该处墙体内外壁平行）。图11-35（c）是其按概念模型显示后的效果。

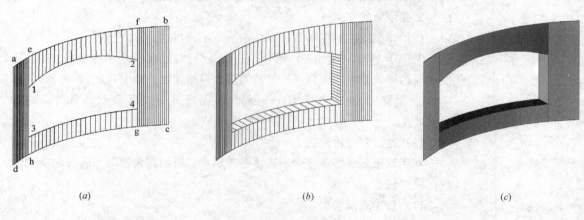

（a）   （b）   （c）

图11-35 弧型墙面开洞的应用举例

11.2.5 起伏地面建模

利用三维网格（3DMESH）命令建立起伏地形面的方法已在前面介绍，在此仅举例介绍其直纹网格面建模的方法。

这是一种适用于小范围的地面建模方法。其建模步骤如下：

1）创建平面等高线。

平面等高线可以利用多段线、样条曲线（SPLINE）等命令绘制，但需注意，样条曲线命令绘制的图线只能用移动命令改变高度，如图11-36（a）所示。

2）按照指定高度上移各条线段。使用命令有：标高和移动。

3）利用"直纹网格"命令逐层创建坡面网格，如图11-36（b）和（c）所示。

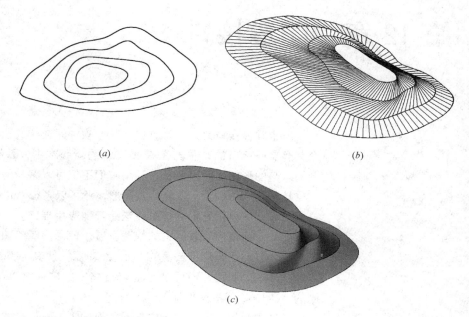

(a)

(b)

(c)

图 11-36 起伏地形面的建模实例

【练习】

    1. 简单叙述三维建筑图的产生方式。

    2. 了解三维建筑建模的工作过程。

    3. 练习使用"多段线"绘制墙体。

    4. 如何使用"拉伸"命令绘制屋顶的基本形状？请自行练习。

    5. 练习绘制坡屋顶。

    6. 练习使用有关命令，在曲面墙体上剪切出门洞和窗洞。

    7. 灵活运用所学知识，练习创建墙体、踏步、楼梯、屋顶、檐口、车道以及地面。

    8. 利用前面所学方法，自选图形，创建一个楼体。

第 12 章　图形接口

　　所谓软件接口是指一个软件与其他软件间交流的通道，AutoCAD 就是一个具有良好接口的软件。在 AutoCAD 的新版本中，系统提供的接口包括图形输入与图形输出两大部分，利用它们不仅可以将其他应用程序中处理好的数据传送给 AutoCAD，以显示其图形，还可以将在 AutoCAD 中绘制好的图形打印出来，或者把它们的信息传送给其他应用程序。

　　此外，为适应互联网络的快速发展，使用户能够快速有效地共享设计信息，AutoCAD 还强化了自身的 Internet 功能，使其与互联网相关的操作更加方便、高效。利用它们可以创建 Web 格式的文件（DWF），还可以将自己绘制的 AutoCAD 图形文件发布到 Web 页。

　　通过本章的学习，读者应掌握图形输入/输出和模型空间与图形空间之间切换的方法，并能够打印出 AutoCAD 图纸。

12.1　文件输入

　　在 AutoCAD 中，文件的输入方式很多。除了可以打开 DWG 格式的图形文件外，还可以导入或插入其他格式的图形，相关命令位于"插入"选项卡中，如图 12-1 所示。下面分别简介其中的部分输入命令。

图 12-1　"插入"选项卡

12.1.1　输入/PDF 输入

　　单击"开始"菜单里的"输入"命令，可得到如图 12-2（a）所示的"从其他格式输入"下拉菜单；或者也可通过单击"插入"选项卡中"输入"选项板内的"PDF 输入"按钮下的箭头，也可得到图 12-2（b）所示的"PDF"下拉菜单。这两个菜单内容相同，均有四个选项。利用它们可以将其他应用程序中处理好的数据文件传送给 AutoCAD，以显示其图形。其功能分别简介如下：

　　1）PDF 输入

　　PDF（Portable Document Format 的简称，意为"便携式文档格式"），是

由 Adobe Systems 用于与应用程序、操作系统、硬件无关的方式进行文件交换所发展出的文件格式。PDF 文件以 PostScript 语言图象模型为基础，无论在哪种打印机上都可保证精确的颜色和准确的打印效果，即 PDF 会忠实地再现原稿的每一个字符、颜色以及图象。在 AutoCAD 中，可利用"PDF 输入"命令，将指定的 PDF 文件中的各个对象转换到 AutoCAD 中。

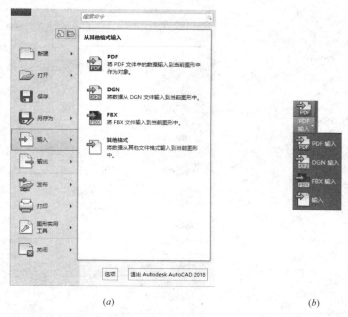

(a)   (b)

图 12-2 "输入/PDF 输入"菜单

命令：PDFIMPORT

选择 PDF 参考底图或[文件(F)]＜文件＞：
指定插入点＜0,0＞：

执行上述操作后，可得到图 12-3 和图 12-4 所示的"选择 PDF 文件"和"输入 PDF 文件"对话框。

利用它们可分别选择需输入的 PDF 文件，并按照图中各项分别设置转换要求。

说明：

(1) 从指定的 PDF 文件转换到 AutoCAD 中的 PDF 对象包括：向量几何图形、实体填充、光栅图像和 TrueType 文字对象。

① 矢量几何图形：PDF 几何数据类型包括线性路径、Beziér 曲线和实体填充区域，它们既可以输入为多段线和二维实体，也可以输入为实体填充的图案填充。类似于圆弧、圆和椭圆的曲线将在公差范围内以此类方式进行插值。图案填充将输入为多个单独的对象。

② 实体填充：包括所有实体填充的区域。如果这些填充的区域最初就从 AutoCAD 输入到 PDF 格式，则实体区域将包括实体填充的图案填充、二维实体、区域覆盖对象、宽多段线以及三角形箭头。

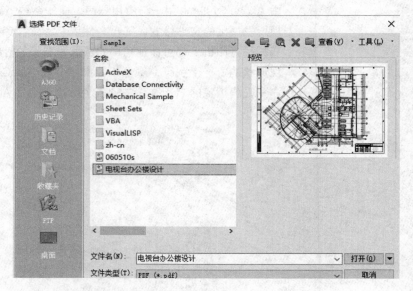

图 12-3 "选择 PDF 文件"对话框

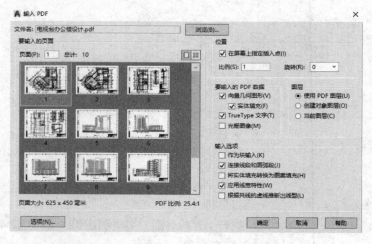

图 12-4 "输入 PDF 文件"对话框

③ TrueType 文字：输入使用 TrueType 字体的文字对象。PDF 文件仅识别 TrueType 文字对象；使用 SHX 字体的文字对象将被视为几何对象。TrueType 字体要么匹配，要么替换为系统上提供的类似字体。输入的文字将指定为 AutoCAD 文字样式，该样式以字符 PDF_ 和 TrueType 字体名称开头。可以使用 STYLE 命令为 PDF 样式指定其他字体。

④ 光栅图像：输入光栅图像，方法是将其保存为 PNG 文件并附着到当前图形中。每个光栅图形的路径由 PDFIMPORTIMAGEPATH 系统变量控制。

(2) 用户可以选择应用什么方法来将输入的对象指定到图层。

① 使用 PDF 图层：选择此项时，系统将从存储在 PDF 文件中的图层自动创建 AutoCAD 图层，并将其应用到输入的对象，且图层名称中自动包含 PDF 前缀。而当 PDF 源文件中未显示任何图层时，将创建对象图层。

② 创建对象图层：此项针对以下每一种从 PDF 文件输入的常规对象类型创建 AutoCAD 图层：PDF_Geometry、PDF_Solid Fills、PDF_Images 和 PDF_Text。

③ 当前图层：将所有指定的 PDF 对象输入到当前图层。

（3）输入选项用于控制在输入 PDF 对象后如何对其进行处理。

① 作为块输入：将 PDF 文件作为块而非单独的对象输入。

② 连接直线段和圆弧段：尽可能将连续的线段连接到多段线。

③ 将实体填充转换为图案填充：将二维实体对象转换为实体填充的图案填充。

④ 应用线宽特性：保留或忽略输入对象的线宽特性。

⑤ 从共线划线类推线型：将各组较短的共线线段合并为单个多段线线段。这些多段线将指定为名为 PDF_Import 的划线线型，并进行线型比例的指定。

2）DGN 输入

DGN 是奔特力（Bentley）工程软件系统有限公司的 MicroStation 和 Intergraph 公司的 Interactive Graphics Design System（IGDS）CAD 程序所支持的文件格式。利用"DGN 输入"命令，可将指定的 DGN 文件中的各个对象转换到 AutoCAD 中。

命令：DGNIMPORT↵<A▾→▢→▢▢><插入→输入→▢▢>

图12-5 所示为"输入 DGN 设置"对话框，用户可根据实际情况自行设置其中各选项。

图 12-5 "输入 DGN 设置"对话框

3）FBX 输入

Autodesk FBX 是 Autodesk 公司出品的一款用于跨平台的免费三维创作与交换格式的软件，通过 FBX 用户能访问大多数三维供应商的三维文件。FBX 文件格式支持所有主要的三维数据元素以及二维、音频和视频媒体元素。利用"FBX 输入"命令，可将数据（包括三维对象、具有厚度的二维对象、光源、相机和材质）从 FBX 文件作为 AutoCAD 对象输入到当前图形中。

FBX 文件格式是用于三维数据传输的开放式框架，它增强了 Autodesk 程序之间的互操作性。例如，在 Autodesk 3ds Max 中，用户可以将文件输出为 FBX 文件，然后在 AutoCAD 中打开该文件以查看和编辑对象、光源、相机和材质。同样，在 AutoCAD 中，亦可以将图形输出为 FBX 文件，然后在 3ds Max 中查看和编辑该文件。

命令：FBXIMPORT

图12-6 "FBX 输入选项"对话框

图 12-6 所示为"FBX 输入选项"对话框，该对话框主要用于指定要输入的内容、为输入的对象分配图层的方式、转换单位以及是否将 FBX 文件作为块输入。用户可根据实际情况自行设置其中各选项。

4）输入（IMPORT）

该选项用于将不同格式的文件输入当前图形中。其允许输入的文件格式如图12-7所示。

图 12-7 "输入文件"对话框

命令：IMPORT

12.1.2 外部参照

所谓外部参照是指将已创建的图形文件插入到当前图形中的一种方法。该方法插入文件的方式与"块"命令不同（块方式是采用的嵌入法），它会将该参照图形链接到当前图形中，如果用户打开或重载外部参照，则其对参照图形所做的任何修改都会显示在当前图形中。

使用参照图形，用户可以通过在图形中参照其他用户的图形来协调用户之间的工作，从而与其他设计师所做的修改保持同步；也可以使用组成图形装配一个主图形，该主图形将随工程的开发而被修改。另外，由于参照文件并没有真正插入当前图形，因此，使用外部参照的图形文件，其大小不会因为增加了图形参照而显著增加。

命令：EXTERNALREFERENCES↵<　插入　→　参照　▼　→↵>

执行上面的操作，将弹出如图 12-8 所示的"外部参照"选项板，利用它可以组织、显示并管理参照文件，例如参照图形（外部参照）、附着的 DWF 参考底图以及输入的光栅图像等。

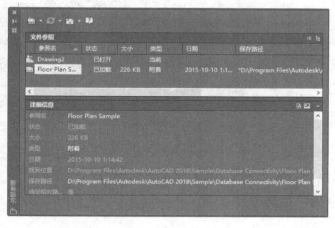

图 12-8　外部参照选项板

图 12-9　"附着文件"下拉菜单

由图 12-8 可知，"外部参照"选项板包含一组工具按钮、两个双模式数据窗格和一个信息框。其主要内容及相关命令分别介绍如下：

1)"外部参照"选项板工具按钮

工具按钮位于"外部参照"选项板顶部，利用它们可以使用户控制能够附着到图形的文件类型，并能刷新已附着的文件参照状态。

主要有："附着文件"下拉菜单和"刷新"下拉菜单

(1)"附着文件"下拉菜单：

"附着文件"下拉菜单是"外部参照"选项板顶部的第一个按钮，它共有七个选项，如图 12-9 所示，用来帮助用户附着 DWG、DWF、DGN、PDF 或光栅图像等。此按钮的初始默认状态为"附着 DWG"，且还可保留上一个使用的附着操作类型。即：如果附着 DWF 文件，那么此按钮的状态将一直设置为"附着 DWF"，直到附着其他文件类型为止。

"附着文件"菜单中的选项有其对应的命令，它们分别是：

① 附着 DWG（D）…

命令：XATTACH↵<　插入　→　参照　▼　→↵→dwg>

该命令用于将 AutoCAD 图形文件参照链接到当前图形中。

鼠标点击上述按钮后，将显示选择"参照文件"对话框，如图12-10所示。选择 DWG 文件后，将显示"附着外部参照"对话框，如图 12-11 所示。其后续提示如下：

附着 外部参照"Floor Plan Sample"：…:\Dadabase connectivity\Floor Plan Sample. dwg

"Floor Plan Sample" 已加载。

指定插入点或[比例(S)/ X/ Y/ Z/ 旋转(R)/ 预览比例(PS)/ PX/ PY/ PZ/ 预览旋转(PR)]：

说明：附着的外部参照具有以下特点：

A．一个图形可以作为外部参照同时附着到多个图形中。反之，也可以将多个图形作为参照图形附着到单个图形。

B．附着到当前图形的外部参照中的对象仅包括模型空间对象。用户可以在模型空间或图纸空间中将外部参照插入到当前图形中，也可以在任何位置，以任何比例和旋转角度附着外部参照。

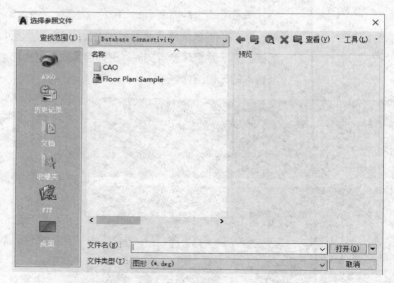

图 12-10 "选择参照文件"对话框

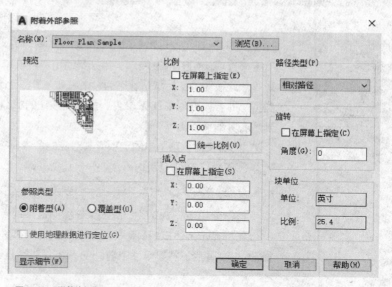

图 12-11 "附着外部参照"对话框

② 附着图像 (I)…

与前面所讲的矢量图形不同,所谓光栅图像是由一些称为像素的小方块或点的矩形栅格组成。例如,房子的照片就是由一系列表示房间外观的着色像素组成。光栅图像参照了特有的栅格上的像素。"附着图像"命令用于将参照插入图像文件中。命令及后续提示如下:

命令:IMAGEATTACH←←< 插入 → 参照 ▼ → ⬛ → ⬛ >

指定插入点<0,0>:

基本图像大小:宽:49.995667,高:40.005001,Millimeters

指定缩放比例因子或[单位(U)]<1>:

说明：

A. 该命令即所谓的光栅图像插入命令，利用它可以参照图像并将它们放在图形文件中。但与外部参照一样，插入的光栅图像并不是图形文件的实际组成部分。

B. 由于插入的图像是通过路径名链接到图形文件的，所以可以通过更改或删除链接的图像路径而达到对光栅图形的替换或删除。

C. 附着后的光栅图像可以像块一样被多次重新附着。每个插入的图像都是一个独立的个体，可以对其进行剪裁边界和亮度、对比度、褪色度及透明度的设置。

D. 该命令的后续提示："指定缩放比例因子或［单位（U）］<1>:"，其默认值为 1，用户可利用对该值的修改，来设定插入后的图像与其本来的大小比例。需要说明的是，该提示无法调整插入图像本身的高宽比例，也就是说原图像中的几何图形比例与插入到图形文件中的几何图形的比例是一致的。

③ 附着 DWF（F）…

用于将 DWF 或 DWFx 文件作为参考底图插入到当前图形中。

命令：DWFATTACH↵< 插入 → 参照 ▼ → → >

指定插入点：

基本图像大小：宽：902.8125，高：588.0125，Millimeters

指定缩放比例因子或［单位(U)］<25.4>:

④ 附着 DGN（N）…

用于将 DGN 文件作为参考底图插入到当前图形中。

命令：DGNATTACH↵< 插入 → 参照 ▼ → → >

指定插入点：

基本图像大小：宽：902.8125，高：588.0125，Millimeters

指定缩放比例因子或［单位(U)］<25.4>:

说明：

该命令不仅仅适用于具有.dgn 扩展名的文件，还支持所有的 DGN 文件，甚至不具有.dgn 扩展名的文件。当用户将 DGN 文件作为参考底图附着时，原 DGN 文件图中的图层将被合并为一个图层。如果原图中存在需要隐藏的 DGN 附件，应在插入前先冻结其所附着的图层。

⑤ 附着 PDF（P）…

用于将 PDF 文件作为参考底图插入到当前图形中。

命令：PDFATTACH↵< 插入 → 参照 ▼ → → >

指定插入点：

说明：

"附着文件"菜单中的"附着 DWF（F)"和"附着 PDF（P)"选项均允许用户从 Autodesk Vault 客户端服务器访问相应的 DWF、DWFx 或 PDF 文件，此时 Vault 文件打开对话框将替代"选择 DWF 文件"或"选择 PDF 文件"对话框，该选项允许用户访问存储在 Vault 客户端中的内容。(注意：该项功能只有当用户是 Autodesk Subscription 客户时才可以使用。这是因为只有 Autodesk Subscription 客户可访问 Vault 客户端。)

⑥ 附着点云（C）…

用于将点云扫描（RCS）或项目文件（RCP）插入到当前图形中。

命令：POINTCLOUDATTACH↵＜ 插入 → 参照▼ → ↘ → ⬚ ＞

指定插入点：

⑦ 附着协调模型（M）…

协调模型是在项目预构建和构建阶段中用于各种交易虚拟协调的模型。它特别是指 NWD 或 NWC 文件。NWD 和 NWC 是 Autodesk Navisworks 的本地文件格式。Autodesk Navisworks 广泛用于将多学科设计数据合并成一个协调模型。CMATTACH 是"附着协调模型"命令的预定义别名，该命令用于将参照插入到协调模型中。

命令：COORDINATIONMODELATTACH↵＜ 插入 → 参照▼ → ↘ →

⬚ ＞

指定插入点：

（2）"刷新"下拉菜单：

"刷新"菜单是"外部参照"选项板顶部的又一个按钮 ⟳▾ ，其作用是在修改过参照文件后，重新同步参照图形文件的状态数据与内存中的数据。该菜单下还有两个选项：刷新（R）和重载所有参照（A）。

2）"文件参照列表图/树状图"窗格

"文件参照"窗格位于"外部参照"选项板的上方，可以设置为显示已附着到图形的所有外部参照列表。它有两种显示模式：列表图（F3）和树状图（F4），可单击图 12-8 右上方的" ⬚ "和" ⬚ "图标进行切换。默认情况下，系统显示模式为列表图。

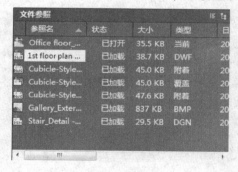

图 12-12 文件参照列表图

（1）列表视图

当"文件参照"窗格设置为列表图时，会显示与图形关联的所有外部参照列表。如图 12-12 所示。在列表图中，可以列出多个参照文件名及相关信息（列出的信息包括参照名、状态、文件大小、文件类型、创建日期和保存路径）。现分别简介各信息的含义：

① 参照图标

——表示当前图形图标。该图标代表所有外部参照附着到的主图形。

DWG——分别表示 DWG（外部参照）附着与绑定。

⬚——表示光栅图像附着。

DWF——表示 DWF 参考底图附着。

DGN——表示 DGN 参考底图附着。

PDF——表示 PDF 参考底图附着。

⬚——表示将点云扫描文件（RCS）或项目文件（RCP）插入到当前图

形中。

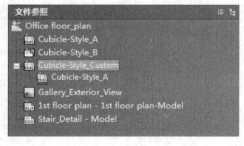——表示将参照插入到协调模型中。

② 参照名

"参照名"列始终将当前图形显示为第一个条目，然后按照其附着次序分别列出其他附着文件。

③ 状态

参照文件的状态包括：

已加载——参照文件当前已附着到图形中。

已卸载——参照文件已从图形中卸载。卸载某个参照文件后，将不显示该参照文件，但可以使用"重新加载"重新显示该文件。

未找到——参照文件不再存在于有效搜索路径中。

未融入——无法读取参照文件。

已孤立——参照文件附着到其他处于未融入、已卸载或未找到状态的文件。

未参照——可以通过删除工具而非拆离工具删除参照文件。

需要重新加载——在宿主图形打开后，已对参照文件做了更新/重新保存。此状态与气泡式通知同时显示在状态栏中，指示外部参照文件已更改。

④ 大小

附着的文件参照的大小。

⑤ 类型

用以显示参照文件的文件类型。若为图形（外部参照）文件，显示为附着；光栅图像则显示其自身的文件格式；而 DWF 参考底图将按照其各自的文件类型列出。

⑥ 日期

表示参照文件的创建日期或上次保存的日期。

⑦ 保存路径

显示附着参照文件时与图形一起保存的路径。

（2）树状图

"文件参照"窗格的树状图模式会显示所有的参照文件定义以及外部参照中的文件参照嵌套层级，如图 12-13 所示。

在树状图中，顶层始终显示当前图形；下一层显示参照文件。通过点击文件名前面的"-"可以打开参照文件自身嵌套的参照文件以显示更深的层级。当用户在树状图中进行选择时，每次只能选择一个文件参照。

3）"文件参照"窗格快捷菜单和功能键

当用户需要使用"文件参照"窗格时，可在文件参照上或窗格的空白区域单击鼠标右键，此时系统会自动显示多个快捷菜单。下面是两种在不同情况下显示的快捷菜单项。

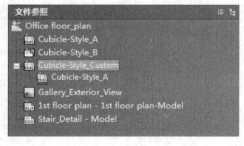

图 12-13　文件参照树状图

（1）未选择对象

如果未选择文件参照就单击鼠标右键，那么打开的快捷菜单将显示如图 12-14（a）中所示的功能。

（2）选定的 DWG、图像、DWF 参照

在选择 DWG、图像或者 DWF 文件参照中任意一个文件的情况下，单击鼠标右键，此时打开的快捷菜单将显示如图 12-14（b）中所示的功能。

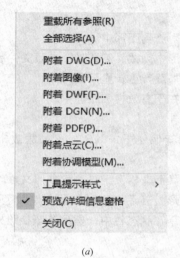

(a)   (b)

图 12-14 "文件参照"窗格快捷菜单

除此之外，用户还可以通过功能键访问"文件参照"窗格中的某些任务。这些功能键以及所起作用分别是：

F2：选定一个文件参照时访问重命名功能。

F3：列表图切换。

F4：树状图切换。

4）"详细信息/预览"窗格

如图 12-8 所示，位于图中选项板下方的"详细信息/预览"窗格，是一个数据显示窗格。它可以显示选定文件参照的特性，或者是选定文件参照的略图预览。其底部有一信息框，用来显示符合特定条件的、有关选定文件参照的信息。

利用窗格右上方的 ▦ 和 ▤ 按钮，可以实现数据窗格中"显示详细信息"与"预览图像"的切换。

（1）"详细信息"窗格：

图 12-8 下方是"详细信息"窗格，在显示详细信息模式时，将报告选定文件参照的特性。每个文件参照都有一组核心特性，且某些文件参照（如参照图像）可以显示文件类型特有的特性。详细信息的核心特性包括有参照名、状态、文件大小、文件类型、创建日期、保存路径、找到位置路径等。

根据事先选择对象的不同，详细信息所包括的核心特性也有区别，例如，当选择参照图像时所显示的特性有：颜色系统、颜色深度、像素宽度、

像素高度、分辨率和以 AutoCAD 单位表示的默认尺寸。

利用"详细信息"窗格可以对其中的某些特性进行编辑，但却无法对所有添加的图像特性进行编辑。

(2)"预览"窗格：

预览模式用来显示在"文件参照"窗格中选定的文件参照的预览，如图 12-15 所示。

未选定参照文件时，预览窗格将显示纯灰色区域，且在窗格中央会显示"不能预览"的字样。

图 12-15　"预览"图像窗格

(3) 信息框：

窗格下方的信息框用于提供有关某些选定文件参照的信息。当选择一个或多个嵌套参照后，信息框中将显示与文件参照相关的信息。如果用户决定更改文件参照的名称，此处也将显示有关信息。

12.1.3　外部参照操作命令

除利用上述"外部参照"选项板外，也可以利用下述操作命令，将外部参照的文件插入到 AutoCAD 的图形文件之中。且与其他许多图形对象一样，插入的参照图形也可以复制、移动或剪裁，另外还可以使用夹点模式。下面分别介绍相关的操作命令：

1）附着（ATTACH）：

命令：ATTACH↵＜　插入　→　参照 ▼　→　◻＞

指定插入点＜0,0＞：

基本图像大小：宽：49.995667，高：40.005001，Millimeters

指定缩放比例因子或[单位(U)]＜1＞：

该命令等同于前面介绍的 XATTACH、IMAGEATTACH、DWFATTACH、DGNATTACH、PDFATTACH 等等，用于将参照插入到外部文件。单击命令图标，将得到如图 12-16 所示的"选择参照文件"对话框。图中下部所示的即为可以选择的插入文件类型。

2）剪裁（CLIP）：

该命令用于将选定对象（如块、外部参照、图像、视口和参考底图）修剪到指定的边界。

说明：

(1) 利用剪裁命令用户可以使屏幕只显示所需的那部分内容，这样可以提高重画速度。同时，还可以定义参照底图、图像、视口或外部参照的显示和打印区域。

(2) 根据用户需要剪裁对象的不同（参考底图、图像、外部参照还是视口），提示列表会有所不同。

命令：CLIP↵＜　插入　→　参照 ▼　→◻＞

选择要剪裁的图像：

图 12-16　"选择参照文件"对话框

输入图像剪裁选项[开(ON)/关(OFF)/删除(D)/新建边界(N)]<新建边界>：

输入剪裁类型[多边形(P)/矩形(R)]<矩形>：

指定第一角点:指定对角点：

说明：

(1)剪裁边界可以是矩形，也可以是顶点限制在参照底图或图像边界内的二维多边形。其可见性由 FRAME 系统变量控制。

(2)参照底图、图像、视口或外部参照的每个实例只能有一个剪裁边界，但同一个参照底图或图像的多个实例可以具有不同的边界。

(3)剪裁参照底图、图像、视口或外部参照的边界可以被反复修改。此时的后续提示为："是否删除旧边界？[否(N)/是(Y)]<是>:"。

3)调整图像（ADJUST）：

该命令用于调整选定参考底图（DWF、DWFx、PDF 或 DGN）或图像的淡入度、对比度和单色设置。

命令:ADJUST↵<　插入　→　参照　▼　→　　>

选择图像：

说明：

(1)淡入度

控制图像中的淡入效果。取值范围在 0～100 之间。该值越大，图像显得越亮，而参考底图中的线条则显得越浅。此设置间接作用于对比效果；设置的淡入度值越大，将图像和参考底图混合到背景中的对比度值就越大。

（2）对比度

控制图像和参考底图的对比度，从而间接控制图像和参考底图中的淡入效果。取值范围在 0 到 100 之间。该值越大，对比度越高。

（3）亮度

控制图像亮度，从而间接控制图像的对比度。取值范围在 0～100 之间。此值越大，图像就越亮，增大对比度时变成白色的像素点也会越多。

（4）单色

在维持亮度不变的情况下控制所有区域的颜色饱和度。启用单色后，如果背景色亮度设定为 50% 或更高，参考底图将从黑色开始以灰度着色显示。如果背景色亮度小于 50%，则颜色将发生反转，即最暗的区域显示为白色，而最亮的区域显示为黑色。

4）"边框可变选项"（FRAME）：

命令：FRAME↵<　插入　→　参照 ▼　→　▢(x)>

该命令用来控制是否显示和打印图像边框。其选项有三：隐藏边框、显示并打印边框和显示但不打印边框。

由于 AutoCAD 系统规定，当参照底图或图像边框不显示时将无法选择，因此，隐藏参照底图或图像边界可以防止打印或显示边界；还可以防止使用定点设备选中，以确保不会因误操作而移动或修改参照底图或图像。

但是，当参照底图或图像边框关闭时，就不能使用 SELECT 命令的"拾取"或"窗口"选项选择图像。只有剪裁（CLIP）命令例外，它在使用时会临时打开参照底图或图像的边框。

12.1.4 链接和嵌入对象 OLE

OLE 是 object linking and embedding（对象链接和嵌入）的缩写形式。这是一种共享信息的方法，使用该方法能将源文档中的数据链接或嵌入到目标文档中。当用户选择目标文档中的数据时，系统将自动打开源应用程序，即可对数据进行编辑。

在 AutoCAD 中，可以使用以下方法将其他应用程序中的信息作为 OLE 对象插入：

➢ 从现有文件中复制或剪切信息，并将其粘贴到图形中；

➢ 输入一个在其他应用程序中创建的现有文件；

➢ 在图形中打开另一个应用程序，并创建要使用的信息。

所有上述方法都是通过下面的命令进行的。

命令：INSERTOBJ↵<✓ 草图与注释　→　插入　→　数据 →　▦>

说明：

（1）进行上面的操作将弹出图 12-17 所示的"插入对象"对话框，现分别介绍对话框中的各项：

① 新建

"新建"选项用于打开"对象类型"列表中亮显的应用程序以创建新的插入对象；

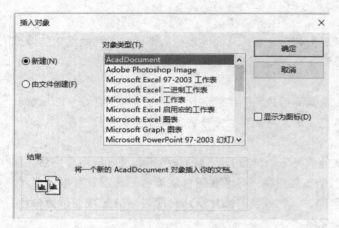

图 12-17 "插入对象"对话框

A. 对象类型

"对象类型"窗格中可列出所有支持链接和嵌入的可用应用程序。用户如果要创建嵌入对象，只需直接双击选中的名称即可打开应用程序。此时，在应用程序的"文件"菜单上，新的"更新"选项将替换"保存"选项，其作用是：选择"更新"可以将对象插入图形或更新此对象。

B. 显示为图标

在该选项的空白处加"√"，可在图形中显示源应用程序的图标。双击该图标将显示嵌入信息。

② 由文件创建

选择"由文件创建"用来指定要链接或嵌入的文件。针对它有以下几点说明：

A. 对话框中的"文件"栏用以指定要链接或嵌入的文件的路径和名称；

B. 点击"浏览"按钮可显示"浏览"对话框（标准文件选择对话框），从中可选择要链接或嵌入的文件；

C. "链接"用于创建到选定文件的链接，该方法不会将对象嵌入文件。

(2) 在系统默认设置下，OLE 对象具有以下特点：

① 所有未打印的 OLE 对象都显示有边框；

② 所有 OLE 对象都是不透明的，其打印的结果也是不透明的；

③ 加入图形文件中的 OLE 对象会覆盖其背景中的对象，但它支持绘图次序。故可以使用下面两种方式中的一个来控制 OLE 对象的显示：

A. 通过设置 OLEHIDE 系统变量，以显示或禁止显示图纸空间和/或模型空间中的所有 OLE 对象。

B. 关闭或冻结图层以禁止在该图层上显示 OLE 对象。

C. 当打印带有文字的 OLE 对象时，文字的大小与其在源应用程序中的大小基本相同。

12.2 文件输出

在 AutoCAD 中，所绘图形的输出方法有多种。既可以以不同样式由绘图仪或打印机输出，也能够创建成其他格式的输出文件，以便于相关应用程序使用。

12.2.1 输出

1) "输出为其他格式"菜单

单击"开始"菜单里的"输出"命令，可得到如图 12-18 所示的"输出为其他格式"下拉菜单。其各项的功能简介如下：

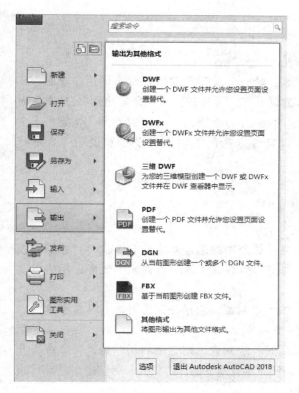

图 12-18 "输出为其他格式"下拉菜单

(1) DWF

命令：EXPORTDWF←<>

创建一个 DWF 文件并使用户可于逐张图纸上设置各个页面设置替代。单击图标"🌑"，将显示"另存为 DWF"对话框。通过此对话框，用户可以指定文件名和位置，还可以更改输出、页面设置和打印戳记设置。若需指定 DWF 的文件位置、密码保护以及是否要包括图层信息常规输出选项，可利用< 输出 → 输出为 DWF/PDF →

>打开"输出为 DWF 选项"对话框，进行设置。

(2) DWFx

命令：EXPORTDWFX←<< A▾ → ⬀ → 🌑 >

< 输出 → 输出为 DWF/PDF → 🌑 >

该命令用于创建一个 DWFx 文件并使用户可于逐张图纸上设置各个页面设置替代。操作及相关提示与 DWF 相同，不再絮叨。

(3) 三维 DWF

命令：3DDWF←< A▾ → ⬀ → 🦴 >< 输出 → 三维打印 → 🦴 >

使用该命令可创建三维模型的三维 DWF 或三维 DWFx 文件，并将其显示在 DWF Viewer 中。鼠标单击"🦴"图标后，将显示"输出三维 DWF"对话框（标准文件选择对话框）。选择其中"文件类型"，可以指定三维 DWF（*.dwf）或三维 DWFx（*.dwfx）文件格式。命名并保存后的文件，可启动 DWF 文件查看器浏览。

(4) PDF

命令：EXPORTPDF←< A▾ → ⬀ → PDF >< 输出 → 输出为 DWF/PDF →

PDF >

该命令用于从模型空间中的单个布局、所有布局或指定区域生成 PDF 文件。调用该命令后将立即显示"另存为 PDF"对话框，使用此对话框可替代设备驱动程序的页面设置选项、添加打印戳记以及更改文件选项。

当在模型空间调用此命令时，系统将模型空间输出为 PDF 文件。若要将布局输出为 PDF 文件，应从布局调用此命令，并在其后显示的"另存为 PDF"对话框中指定输出为布局（选择为单一或所有布局）。

同样可利用< 输出 → 输出为 DWF/PDF → PDF >打开"输出为 PDF 选项"对话框，对输出质量（包括矢量质量、guangshan 图像质量、合并控制）、数据（包括：包含图层信息、包含超链接和创建书签）和字体处理等相关输出选项进行设置。

(5) DGN

命令：DGNEXPORT←<img_1 部分>

使用该命令可从当前图形创建一个或多个 DGN 文件。调用命令后，在其显示的"输出 DGN 设置"对话框中，可对控制将对象输出到 DGN 文件时需处理的对象的方式（例如：外部 DWG 参照、外部 DGN 参照、指定种子文件、将 DWG 特性转换为 DGN 特性选择的映射设置及设置说明等）进行设置。

(6) FBX

命令：FBXEXPORT←

说明：

① 该命令用于创建包含当前图形中的选定对象的 FBX 文件。能够转换的 AutoCAD 对象包括：三维对象、具有厚度的二维对象、光源、相机以及材质。

② 当输出为 FBX 文件时，上述对象（包括：三维对象、具有厚度的二维对象、光源、相机和材质）均将在 Z 轴上旋转 90 度。

③ 如果需要转换没有厚度的二维对象，则必须利用"特性"命令为其增加厚度以转换为三维对象。任何具有厚度的、可见的和可渲染对象都可以输出为 FBX。

(7) 其他格式

该命令用于以（除上述之外的）其他文件格式保存图形中的对象。

命令：EXPORT←

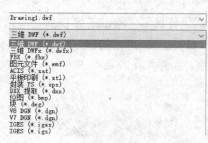

图 12-19 "输出数据"对话框中的文件类型

如图 12-19 所示为该命令"输出数据"对话框中的文件类型列表。其中部分命令的简介见下面。

2）其他格式

(1) 图元文件（.wmf）

WMF（又称 Windows 图元文件格式）文件经常用于生成图形或其他应用程序（例如 Word 等）所需的剪贴画和其他非技术性图像，该文件以".wmf"为扩展名。实际应用时，可以将 WMF 文件作为块插入到图形文件或其他应用程序中。与位图不同，WMF 文件可以包含矢量和光栅两种信息。但在实际使用过程中，程序只使用其中的矢量信息，光栅信息在文件输入到程序中时被忽略，因此对 .wmf 的文件进行调整大小和打印操作时，不会出现分辨率下降的现象。

欲将已绘图形输出为 .wmf 格式，也可执行下面的命令：

命令：WMFOUT←

选择对象：使用对象选择方法并在完成选择对象时按 ENTER 键

键入命令后屏幕将显示"创建 WMF 文件"对话框（又称标准文件选择对话框），利用它可生成扩展名为 .wmf 的文件。

注意：如果生成的 WMF 文件中包含二维实体或宽线，为了加快绘图速度，可以关闭它们的显示。

（2）封装 PS（.eps）

利用"输出（EXPORT）"命令，还可以将图形文件转换为 .eps 格式的文件（PostScript 文件），因为该格式文件具有高分辨率的打印能力，相比之下，它更适用于光栅格式，例如 GIF、PCX 和 TIFF 等。所以在很多桌面发布应用程序中都使用该文件格式。

说明：

在输出为 EPS 文件的过程中，一些对象将被特殊处理，它们是：

① 加粗的文字和文字控制代码

如果文字的厚度超过 0 或包含控制代码（例如％％O 或％％D），虽然该文字已准确打印，但并不以 PostScript 文字打印。只有国际符号和特殊符号（例如％％213）以 PostScript 文字输出。

② ISO8859Latin/1 字符集

当文字使用 127～255 之间的字符代码时，系统将按照 ISO8859Latin/1 字符集解释该文字。如果在映射到 PostScript 的文字中出现这种字符，则将重新映射一个编码矢量，生成这种字体的版本以显示 ISO 字符集。得到的文字将以 PostScript 字体的兼容格式输出。

③ 圆、圆弧、椭圆、椭圆弧

除非圆弧和圆具有厚度，否则它们将转换成相应的 PostScript 路径对象。

④ 填充实体

实体填充将以 PostScript 填充路径打印。

⑤ 二维多线段

具有统一宽度的二维（平面的）多段线以 PostScript 不连续路径输出。其中 PostScript 端点封口和斜接限制变量将设置为近似的线段合并。

（3）位图（.bmp）

位图格式即 BMP 格式，这是一种 Windows 标准的位图图形文件格式，也是一种最常见的图形文件格式。位图文件的扩展名为 .bmp。该操作亦可通过下面的命令实现：

命令：BMPOUT↵

选择对象：使用对象选择方法并在完成选择对象时按 ENTER 键

当用户键入 BMPOUT 命令时，将弹出"创建光栅文件"对话框（这也是一个标准文件选择对话框）。利用它可轻松创建包含选定对象的位图文件。该文件包含用户选择的内容，能够在别的应用软件中使用。

12.2.2　打印输出

打印输出是 AutoCAD 众多接口的一种。用户完成绘图工作之后，通常要将其打印到图纸上，当然，同时也可以生成一份电子图纸，以便从互联网上进行访问。这些都可以通过"打印（PLOT）"命令完成。在 AutoCAD 中，打印还可分为模型空间打印和图纸空间打印两部分，下面分别作简单介绍。图 12-20 所示为"打印"和"三维打印"选项卡。

图 12-20 "打印"和"三维打印"选项卡

1) 模型空间打印输出

模型空间是用来完成绘图和设计工作的一个三维工作空间。在模型空间中可以自由地按照物体的实际尺寸绘制二维或三维图形，同时还可以为之配上必要的尺寸标注和注释等信息。其实在没有引入图纸空间之前，我们使用的都是模型空间。

为了便于从更多的角度来描述建筑形体，用户可以在模型空间中创建多个不重叠的（平铺）视口以展示图形的不同视图。但打印时，每次却只能打印一个。

模型空间的打印输出可使用"打印（PLOT）"命令。该命令的内容及使用简介如下：

命令：PLOT↵<A·>→🖨→🖨><打印>→🖨>

说明：

执行上述命令，弹出如图 12-21 所示的"打印（模型）"对话框，利用该对话框可以指定设备和介质设置并打印图形，其各主要选项的功能和用法为：

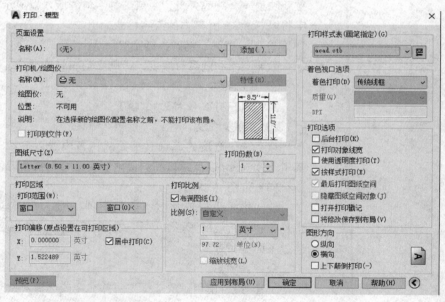

图 12-21 "打印"对话框

(1) 页面设置

该项位于对话框的左上方，用于列出图形中已命名或已保存的页面设置。用户可以将图形中保存的命名页面设置作为当前页面设置；也可以通过在"打印"对话框中单击"添加"而将当前设置创建为一个新的命名页面设置。

另外，还可以通过"页面设置管理器"修改选中的页面设置。

(2) 打印机/绘图仪

用于指定打印布局时使用已配置的打印设备。其中：

① 名称栏

名称栏中会列出可用的 PC3 文件和系统打印机，用户可从中进行选择，以打印当前布局。(注：上述创建 DXB 文件中的 DXB 配置的选择就在此处。)

在显示设备名称时，名称前面会有这样的图标：🖳或🖨。前者表示其为 PC3 文件，后者代表的则是系统打印机。

一旦用户选定绘图仪，由于其不支持布局中选定的图纸尺寸，所以会出现警告提示，此时用户可选择绘图仪的默认图纸尺寸或自定义图纸尺寸。

② 特性

点击"特性"按钮，将显示绘图仪配置编辑器 (PC3 编辑器)，从中可以查看或修改当前绘图仪的配置、端口、设备和介质设置。

③ 打印到文件

该选项设置可将打印内容以图形文件的方式输出。执行下列操作可设定输出文件的默认位置：执行"选项 (OPTION)"命令→选择"打印和发布"页→选择"打印到文件操作的默认位置"栏。

如果"打印到文件"选项已打开，单击"打印"对话框中的"确定"将显示"打印到文件"对话框 (标准文件浏览对话框)。

④ 局部预览

可以精确显示相对于图纸尺寸和可打印区域的有效打印区域。工具栏提示显示图纸尺寸和可打印区域。

(3) 图纸尺寸

显示所选打印设备可用的标准图纸尺寸。如果未选择绘图仪，将显示全部标准图纸尺寸的列表以供选择。通常该尺寸以英寸或毫米为单位，但如果打印的是光栅图像 (如 BMP 或 TIFF 文件)，那么尺寸单位改为像素。

(4) 打印区域

该选项用于指定要打印的图形部分。在"打印范围"下，可以选择要打印的图形区域有：窗口、范围、图形界限和显示四项。分别表示：

窗口——打印指定的图形部分。系统通过由用户指定的两对角点所确定的四边形边界来确定打印区域。

范围——打印包含对象的图形的部分当前空间。此时当前空间内的所有几何图形都将被打印。

图形界限——打印由 LIMITS 定义的整个图形区域。如果当前视口显示的非平面视图，那么该选项与"范围"选项效果相同。

显示——打印选定的"模型"选项卡当前视口中的视图。

(5) 打印偏移

该选项通过在"X 偏移"和"Y 偏移"框中输入正值或负值，来实现对图纸上的几何图形进行偏移操作。若选择一侧的"居中打印"，则系统会自动计算 X 偏移和 Y 偏移值，使打印的图纸左右、上下对称。

(6) 打印比例

该选项用来图形单位与打印单位之间的相对尺寸。用户可利用比例栏直接选用系统提供的比例，也可在下方的栏内自由输入比例值。

（7）其他选项

使用对话框右下侧的"⊙"，可得到扩展后的打印对话框（该按钮共两个："⊙"和"⊙"交错出现），其扩展后的内容包括：

打印样式表（画笔指定）——用来设置、编辑打印样式表，或者创建新的打印样式表。

着色视口选项——指定着色和渲染视口的打印方式，并确定它们的分辨率大小和每英寸的点数（dpi）。

打印选项——用来指定包括线宽、打印样式、着色打印和对象的打印次序等多个选项。使用时如果选项前的"√"变为灰色，表明该选项此情况下不可修改。

图形方向——该项为支持纵向或横向的绘图仪指定图形在图纸上的打印方向。用户可利用旁边的图标判断：图纸图标代表所选图纸的介质方向，而字母图标代表图形在图纸上的方向。

2）图纸空间打印输出

相比于模型空间打印输出，图纸空间打印输出所打印的图形，不仅可以包含图形的单一视图，也可以包括更为复杂的视图排列。根据不同的需要，既可以打印一个或多个视口，还可以通过设置选项以决定打印的内容以及图像在图纸上的布置。

所谓图纸空间可以看成是一张想象中的图纸，该图纸可被分为形状不同的区域（称为视口），用户可将模型空间绘制的对象分放于不同的视口中，然后在不同的视口中以不同的比例和视角观察，同时，这些对象还可利用有关编辑命令随意修改和编辑。更为重要的是，图纸空间的对象在打印时可同时进行，即上述各对象可以被打印在同一张图纸上。

由此看来，利用图纸空间打印输出可以很好的进行工程图纸的排版操作，是一个非常重要的输出方法。

图纸空间打印输出所使用的也是"打印（PLOT）"命令，但打印前需要对打印对象进行有关设置。现以一例说明其作用及用法。

图 12-22 所示为某房屋的建筑图，全图在模型空间共有四个部分组成：房屋平面图（左下方）、房屋立面图两个（位于图纸上方）和房屋的三维模型（位于图纸右下方）。

现拟采用图纸空间的打印输出，以使最终的打印图纸上平、立面图与三维图形共存。主要的步骤如下：

（1）创建图纸空间布局

创建图纸空间布局是利用图纸空间打印输出的第一步，也是非常重要的一步。其操作可利用布局工具栏中的有关命令完成。如图 12-23 所示，是 AutoCAD2018 版中的"布局"和"布局视口"选项板。其中"布局"选项板中共有三个命令，用来完成布局的创建和管理。

① 新建布局

命令：LAYOUT↵◁ 布局 ▷→▣▷

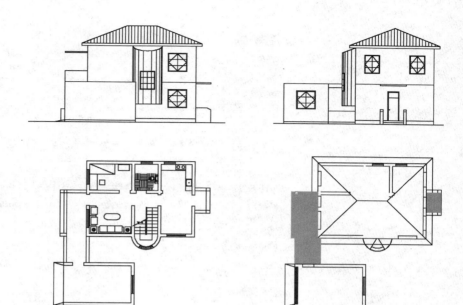

图 12-22　某房屋建筑图在模型空间的情况

图 12-23　"布局"和"布局视口"
选项板

输入布局选项[复制（C）/删除（D）/新建（N）/样板（T）/重命名（R）/另存为（SA）/设置（S）/ ？]＜设置＞：

该命令用于创建新的布局，操作也非常简单。其实任意打开一个 AutoCAD 的图形文件，其中就已经包含了系统预设的布局，用户只需直接点击绘图区下方的选项卡，就能打开该布局。

② 来自样板的布局

命令：LAYOUT↵＜ 布局 →▱＞

为了便于用户操作，系统提供了一些布局样板，可通过"来自样板的布局"命令获得。

③ 页面设置管理器

命令：LAYOUT↵＜ 布局 →▱＞

图 12-24　"页面设置管理器"对话框

新建布局在使用前，需要在"页面设置管理器"对话框中进行页面设置。该对话框的主要内容见图 12-24。点击其中的"修改"按钮，可进入又一"页面设置"对话框（图 12-25）。该对话框的内容和"打印"对话框基本相同，但其中的打印范围已被指定为"布局"（两对话框还有一些小的区别，请读者自己对照比较）。

在执行了上述命令后，系统将自动创建一个包含图形对象的视口（图 12-26a 所示），但图形对象所处位置却不一定理想，这时可通过绘图比例、视口大小等操作进行调整。

（2）设定布局视口

有关布局视口的设置，可通过"布局视口"选

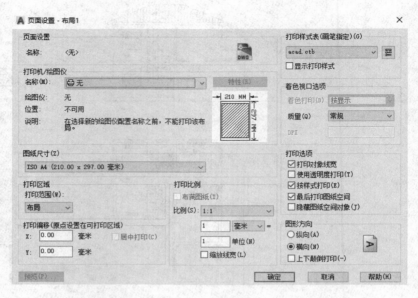

图 12-25 "页面设置" 对话框

项板完成，图 12-23 右侧所示为该选项板的组成。有关该选项板的命令曾在本书 9.4.1 节视口对话框中专门介绍，本处只介绍与布局视口调整有关的 "视口剪裁" 命令。

① 绘图比例和视口大小

选中视口，点击该栏右侧的比例列表，可设置视口的绘图比例。设置时可利用系统提供的常用比例，亦可直接在栏内输入指定比例值。

调整视口大小可利用视口边框，用鼠标分别点击视口边框的四个夹点，则夹点被激活，拖动它们可改变视口的大小。图 12-26 (b) 为调整后的布局视口。

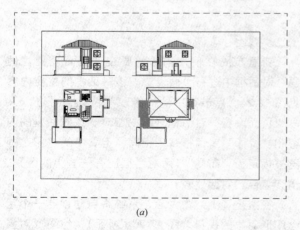

(a)

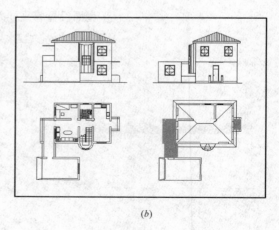

(b)

图 12-26 布局视口的调整
(a) 未调整前；(b) 调整后

② 视口移动

在图纸空间，视口就相当于模型空间的图形对象。因此视口的移动，可使用"移动 (MOVE)"命令。

③ 视口剪裁

命令：VPCLIP← ＜ 布局视口 → □ ＞

选择要剪裁的视口：

选择剪裁对象或［多边形(P)］＜多边形＞：

选择要剪切视口的对象：

该命令只应用于布局中视口的剪裁。通过该操作，可改变视口的大小和形状，将一些不需要显示的图形对象隐去，使其不出现在视口内。使用前应先确定剪裁边框，边框可以是由多段线、矩形、圆、椭圆等命令绘制的闭合图形。剪裁时，框内图形对象保留，框外隐去。例如在图 12-27（a）中，先使用多段线绘制如"┌─┐"形状的闭合线框，其即为定义的剪裁边框，也即上述提示中的多边形的剪裁对象。剪裁后的结果见图 12-27（b）。

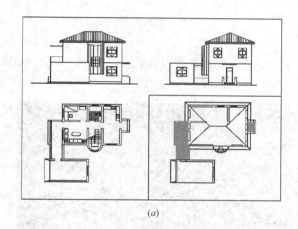 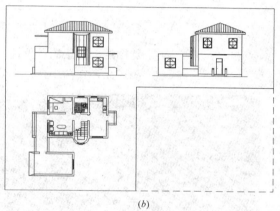

(a)   (b)

图 12-27　布局视口的剪裁

(a) 未剪裁前；(b) 剪裁后

④ 添加视口

添加视口可使用"命令：VPORTS← 布局视口 → □ ＞"。该命令在本书第九章已有交代，请自查。

⑤ 视口内图形的调整

在图纸空间，视口内包含的图形对象属于图纸空间，即模型空间的相关命令在此无法使用。如果必须调整某视口内的图形对象，则应首先激活该视口，然后利用状态栏中的"模型与图纸"按钮进行切换，将视口改为模型空间状态。

如图 12-28 所示，选择新建视口，切换为模型空间，然后使用"视图"→"🧊"→"🧭"命令，得到图示的三维效果图。

⑥ 视口图层

如图 12-29 所示，处于图纸空间的视口，其图层管理器中图层特性栏中会增加两个选项：冻结当前视口和冻结新视口，它们被用来控制某视口内所

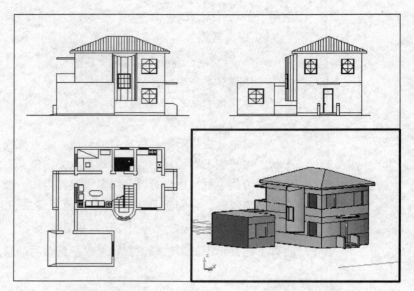

图 12-28　新视口内图形对象的调整

选图层上对象的可见性。这就是所谓的视口图层的概念。另外，AutoCAD 系统还允许在两个视口中分别显示不同的层。

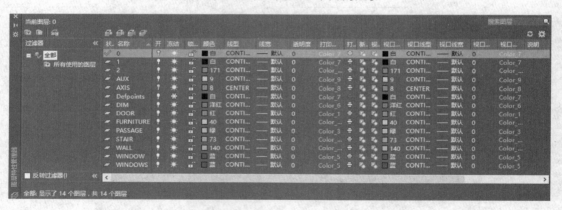

图 12-29　视口图层的概念

利用视口图层的概念，还可以解决图 12-28 中的难题。仔细观察图 12-28 可以发现，在三维图视口中，还包含了二维平、立面图的信息。此时，如果使用"删除（ERASE）"命令去除，那么相关内容在其他视口中也被一并除去。为了解决此类矛盾，可将三维信息和其他信息分放与不同的图层上，然后在三维视口中将非三维信息图层全部冻结，得到图 12-30 所示的效果。

另外，为了在最终的输出结果中不出现视口边框，可将其设为单独的非打印图层。

（3）打印预览和输出

经过上述调整后，就可以将图纸空间布局的图形打印出来了。打印前可使用"打印预览"命令预览打印效果，见图 12-30。

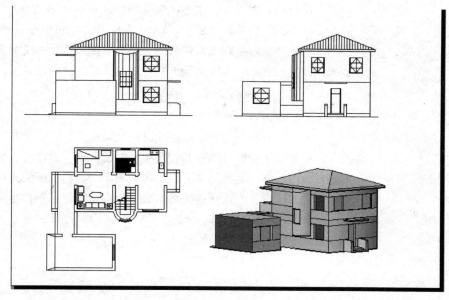

图 12-30　图纸空间打印输出举例的最终结果

12.3　图形发布

在新版的 AutoCAD2018 版中，图形发布有关的命令如图 12-31 所示。它们分别是：

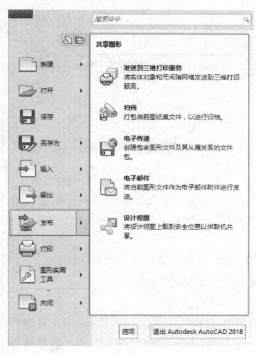

图 12-31　"图形发布"菜单

发布——合并图形图纸集合并将该集合直接发布到图纸及一个或多个 DWF、DWFx 或 PDF 文件。

发送到三维打印服务——将三维模型发送到三维打印服务。

归档——打包当前图纸集文件，以进行归档。

电子传递——创建包含图形文件及其从属关系的文件包。

电子邮件——将当前图形文件作为电子邮件附件进行发送。

设计视图——将设计视图上载到安全位置以供联机共享。

下面简介其中的几个：

12.3.1　发布（PUBLISH）

通过提供便于查看和分发的文件中图形的压缩模式（DWF 格式），发布命令可提供简化的替代方案来打印多个图形。

所谓 DWF 格式（Drawing Web Format，图形网络格式）是目前国际上通常采用的一种图形文件格式。

这种格式的文件可在任何装有网络浏览器和 Autodesk WHIP! 插件的计算机中打开、查看和输出。以 DWF 文件形式发布电子图形集可以节省时间并提高效率，因为它以文件的形式为图形提供精确的压缩表示，而使该文件易于分发和查看。同时这种方式还保留了原图形的完整性。

命令：PUBLISH↵<img_A>→<img_print>>

说明：

（1）执行上述命令后弹出图 12-32 所示的"发布"对话框。该命令用于将发布的图纸（可对其进行组合、重排序、重命名、复制和保存）指定为多页图形集。此图形集可以发布到 DWF 文件，也可以发送到页面设置中指定的绘图仪，进行硬拷贝输出或作为打印文件保存；也可以合并图形集，从而以图形集说明 DSD 文件的形式发布和保存该列表；还可以使用电子邮件、FTP 站点、工程网站或 CD 等形式分发。

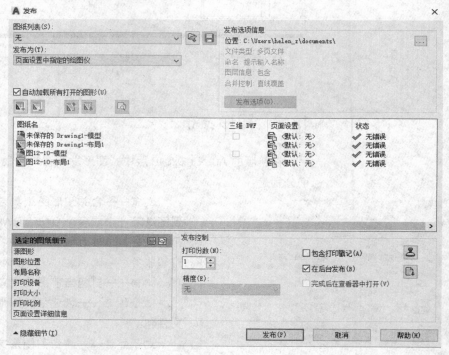

图 12-32 "发布"对话框

（2）"发布"对话框可以为特定用户自定义该图形集合，并且可以随着工程的进展添加和删除图纸。在"发布"对话框中创建图纸列表后，可以将图形发布至以下任意目标：

➢ 每个图纸页面设置中的指定绘图仪（包括要打印至文件的图形）；

➢ 包含二维内容和三维内容的单个多页 DWF；

➢ 包含二维内容和三维内容的多个单页 DWF；

（3）使用三维 DWF 发布（见图中"发布到"项中的选择），用户可以创建并发布三维模型的 DWF 文件，并可以使用 Autodesk DWF Viewer 查看这些文件。

（4）发布 DWF 文件时，将生成 DWF6 文件，为了保证精确性，这些文件以基于矢量的格式（插入的光栅图像内容除外）创建。用户可以使用免费的 DWF 文件查看器来查看或打印 DWF 文件。另外 DWF 文件还可以使用电子邮件、FTP 站点、工程网站或 CD 等形式分发。

（5）在系统默认情况下，当执行发布命令时发布的作业在后台进行处理，因此用户可立即返回到图形而继续别的操作，但后台操作一次只能处理一个发布的作业。在后台处理作业时，可以通过将光标放在状态栏右侧的绘图仪图标上来查看该作业的状态，同时，还可以通过当前任务查看所有已完成打印或发布操作的作业的详细信息。

（6）发布 DWF 文件时，系统支持密码设置功能。设置密码应在"发布选项"对话框中进行（该对话框可由"文件"→"发布"→"发布选项"的操作流程获得）。DWF 密码区分大小写，密码或短语可由字母、数字、标点或非 ASCII 字符组成。

注意：该项操作中的密码，一旦丢失或遗忘，系统是无法恢复的，故请妥善保管。

12.3.2　电子传递（ETRANSMIT）

这是 AutoCAD 较新版本中增加的功能。在将图形文件发送给其他人时，我们经常会碰到这样的问题，因为忽略了包含相关的依赖文件（例如外部参照和字体文件等），以至在某些情况下，接收者会因没有包含这些文件而无法使用图形文件。使用电子传递，可以将要进行 Internet 传递的文件集打包，而传递包中的图形文件会自动包含所有相关的依赖文件，例如外部参照和字体文件等等，这样一来会大大降低出错的可能性。

命令：ETRANSMIT↵<A·→ → >

传递创建于：E:\My Documents\Drawing1-STANDARD.zip。

说明：

该命令用于将一组文件打包以进行 Internet 传递。其主要内容见图 12-33 所示。包括有：

（1）选择要打包的文件

对于单个图形文件，"创建传递"对话框显示两个选项卡——文件树和文件表；对于图纸集或图纸集参照的图形文件，对话框中则显示三个选项卡——图纸、文件树和文件表。使用这些选项卡，可以查看和修改要包含在传递包中的文件。

（2）添加说明

使用该项可在发给接收者的传递包中包含说明。AutoCAD 系统会自动生成一份说明报告文件，其中包含有传递包中的文件列表，还包含说明。在说明中会指出必须对图形依赖文件（例如外部参照和字体文件）进行哪些处理，以使它们可用于包含的图形文件。同时，用户也可以将自己的注释添加到报告文件中。

（3）保存传递设置

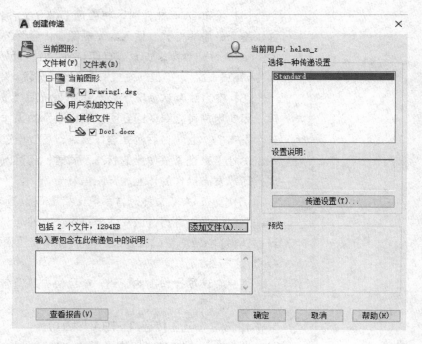

图 12-33 "创建传递"对话框

在一个工程期内,用户可能要多次发送传递包。"传递设置"就是电子传递命令为此提供的一种方法。该方法可以将传递集命名并保存为 transmittal setups。在"传递设置"对话框显示了已保存的传递设置的列表,每次传递文件集时可以从中进行选择。默认的传递设置名称为"标准"。

(4)选择传递选项

利用"传递设置"按钮还可以修改其中的某些选项。这些选项的内容如图 12-34 所示。使用这些选项,用户可以:

① 设置传递包打包类型(ZIP 格式、EXE 格式)和打包保存的位置(如某指定的文件夹)。

② 指定以逻辑层次结构来组织已传递的文件的文件夹结构,将其平展为单个文件夹或将其"按原样"复制到接收者的计算机中。如果指定 FTP 或 HTTP 目标,则传递包使用单个文件夹选项。

③ 向传递包添加密码保护,自动绑定外部参照,将默认绘图仪设置为"无",并设置其他选项。

创建传递包后,可以将其发布到 Internet 位置,也可以电子邮件附件的方式发送给其他人。如果要以电子邮件形式发送传递包,需要使用"修改传递设置"对话框中的相关选项,以自动启动默认的系统电子邮件应用程序。创建传递包后,传递包和传递报告文件会自动附着到新的电子邮件中。

注意:无论为传递包选择何种文件夹结构选项,相关文件的所有绝对路径都将转换为相对路径或"无路径",以确保图形文件能够找到这些相关文件。

(5)传递图纸集

图 12-34 "修改传递设置"对话框

在图纸集管理器中，也可以方便地通过图纸集、图纸子集或图纸创建传递包。操作时使用图纸集管理器指定要传递的文件（有关图纸管理器，因篇幅所限不再展开）。

12.3.3 发送到三维打印服务

三维打印技术，又称快速成型（Rapid Prototyping，RP）技术，是 20 世纪 90 年代开始逐渐兴起的一项先进制造技术。凭借这项技术，人们可用各种材质设计并制造出很多令人惊讶的物品。

在 AutoCAD 新的版本中，利用相关命令，可将三维实体数据转换为由一组三角形组成的镶嵌面网格表示，并保存为 STL 文件（该文件格式是三维打印服务提供商的首选格式）。"发送到三维打印服务"命令，就是其中之一。利用该命令可将三维实体对象和无间隙网格发送到三维打印服务。

命令：3DPRINTSERVICE↵

选择实体或无间隙网格：
选择要打印的对象后，将显示如图 12-35 所示的"三维打印选项"对话框。
说明：
该对话框用于输出的实体对象。选择实体或无间隙网格时，应注意以下几点：

（1）包含实体或无间隙网格的块必须按统一比例缩放。

（2）系统输出的（STL）文件中仅包括选定块和外部参照内部的实体和

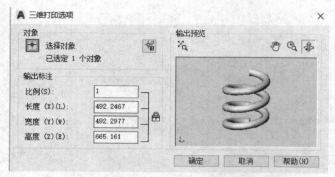

图 12-35 "三维打印选项"对话框

无间隙网格。原图中如包含其他几何图形，将全部被放弃。

（3）选中的无间隙网格将被自动转换为三维实体。实体的转换结果由系统变量（SMOOTHMESHCONVERT）的当前值决定：

值为 0 和 1 时，创建平滑实体；

值为 2 和 3 时，则创建具有镶嵌面的实体。

（4）在此转换过程中，系统不会对面进行优化、合并或共面操作。

其后将弹出如图 12-36 所示的"创建 STL 文件"对话框。该对话框用于创建具有 .stl 文件扩展名的文件。亦可利用（STLOUT）命令直接获得此对话框。

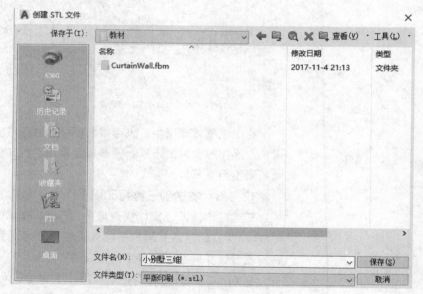

图 12-36 "创建 STL 文件"对话框

命令：STLOUT↵

选择实体或无间隙网格：

创建二进制 STL 文件？［是(Y)／否(N)]＜是＞：

说明：

（1）如果已准备好要进行三维打印的图形，则可以直接使用 STLOUT 命令进行保存。

（2）利用系统变量（FACETRES）可以确定镶嵌实体的方式。选择较大的变量值可创建更精细的网格，从而更精确地表示模型。但此时创建的文件也会相应增大。

12.3.4 网上发布

该命令用于创建带格式的网页。随着软件版本的升级，该命令不再位于功能区内，但用户仍可通过键盘输入使用它。

命令：PUBLISHTOWEB↵

为了便于一般用户操作，系统提供了"网上发布"向导（图12-37）。该向导提供了一个简化的界面，用于创建包含图形的 DWF、JPEG 或 PNG 图像的格式化 Web 页。其中：

➢ DWF 格式不会压缩图形文件；

➢ JPEG 格式采用有损压缩（一种采用故意丢弃一些数据以显著减小压缩文件大小的技术）；

➢ PNG（便携式网络图形）格式采用无损压缩（一种不丢失原始数据就可以减小文件的大小的技术）。

使用该向导，即使是不熟悉 HTML 编码的用户，也可以快速、轻松地创建出精彩的格式化网页。建好的 Web 页，可以非常方便地发布到 Internet 网上。

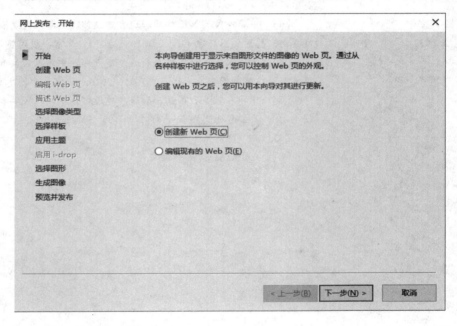

图 12-37 "网上发布"对话框

【练习】

1. 了解 AutoCAD 软件中各种文件的输入方法，熟悉插入菜单下的几个插入命令的使用，自行练习将书中所述文件插入到 AutoCAD 的图形文件中。

2. 了解 AutoCAD 软件中各种文件的输出方法，熟悉输出（EXPORT）命令中的几种文件格式，练习将自己所绘图形分别以不同的文件格式输出。

3. 熟悉 AutoCAD 的打印对话框，并参照图 12-21，练习将自己绘制的图形（在模型空间），打印到一张 A4 图纸上。

4. 参照图 12-22 的例题，自行创建一个新的布局，并将布局中的图形打印到一张 A4 图纸上。

参考文献

［1］　钱敬平. AutoCAD 辅助建筑设计. 南京：南京大学出版社，2005.

［2］　卫兆骥，吉国华，童滋雨等. CAD 在建筑设计中的应用. 北京：中国建筑工业出版社，2016.

［3］　马鑫，戴风光. AutoCAD 建筑制图教程与上机指导. 北京：清华大学出版社，2005.

［4］　JIN FENG. Basic AutoCAD for Interior Designers Using AutoCAD 2002. 美国：Pearson Education Inc.，2002.

［5］　中华人民共和国住房和城乡建设部，中华人民共和国国家质量监督检验检疫总局. 总图制图标准 GB/T 50103—2010. 北京：中国建筑工业出版社，2011.

［6］　中华人民共和国住房和城乡建设部，中华人民共和国国家质量监督检验检疫总局. 建筑制图标准 GB/T 50104—2010. 北京：中国建筑工业出版社，2011.

［7］　中华人民共和国住房和城乡建设部，中华人民共和国国家质量监督检验检疫总局. 房屋建筑制图统一标准 GB/T 50001—2010. 北京：中国建筑工业出版社，2011.

［8］　AutoCAD2018 帮助文件.